详解版

了凡四训

[明]袁了凡 著
陈美锦 编译

中国华侨出版社
·北京·

前言

　　《了凡四训》的作者袁了凡于明朝嘉靖十二年（1533年）出生在嘉善县魏塘镇，年轻时聪颖敏悟，卓有异才，为万历初嘉兴府三名家之一。万历十四年（1586年）中进士，万历十六年（1588年）授宝坻知县，颇有政绩，被誉为"宝坻自金代建县 800 多年来最受人称道的好县令"。万历二十年（1592年），倭寇进犯朝鲜，袁了凡升任兵部职方司主事，不久调任援朝军营赞划，谋划平壤大捷，一举扭转战局。后罢归乡里，著书立说，担任《嘉善县志》主笔，万历三十四（1606）年夏去世，享年 74 岁。天启元年（1621年）追叙袁了凡东征之功，赠尚宝司少卿。清乾隆二年（1737年）入祀魏塘书院"六贤祠"。

　　了凡先生家里并不富有，可是非常喜欢布施，家居生活俭朴，每天诵经持咒，参禅打坐，修习止观。不管公私事务再忙，早晚定课从不间断。在这当中，了凡先生写下四篇短文，当时命名为《戒子文》，用来训诫他儿子袁天启，就是后来广行于世的《了凡四训》这本书。

　　在《了凡四训》里，袁了凡以其毕生的学问与修养，融通儒道佛三家思想，用自己的亲身经历，结合大量真实生动的事例，告诫世人不要被"命"字束缚手脚，要自强不息，改造命运。他在早期验证了命数的准确性，后来进一步通晓了命数的由来，知道人们可以掌握自己的未来，改变自己的命运——光是知命安命是消极的、无益的，而自强不息改造命运的"立命之学"才是积极的、有益的。

　　《了凡四训》虽然文章篇幅短小，但是寓理内涵深刻，兼融儒释道三家思想和真善美中华文化，所以数百年历久不衰，为各界人士欣然传诵，被誉为"东方第一励志奇书"，尤其被佛教界称赞为积德行善、改造命运的典范而广为印行，流传足有几千万册。曾国藩对《了凡四训》最为推崇，读后改号涤生，"涤者，取涤其旧染之污也；生者，取袁了凡之言：'从前种种，譬如昨日死；从后种种，

前言

譬如今日生也。'"并将其列为子侄必读的第一本人生智慧之书。时至今日，《了凡四训》仍然是脍炙人口、滋育身心的杰作。香港中华道德学会赞美袁了凡以"改造命运的精神，创造自己的幸福，以及社会、国家，乃至全人类的光明前途"，称此书是创造幸福的宝典。袁了凡及其《了凡四训》对提高人们的道德素质、改造社会产生了重大影响。在宗教界，在日、韩、美、澳以及东南亚等地，袁了凡享有极高的声誉，目前有几十个专门的研究机构。

作为一本劝善书，《了凡四训》在民间被广泛传阅。考虑到此书流通的广泛性，我们在评注此书时，为了便于大家的理解，将本书分为原文、注释、译文、解读四部分，并且彼此照应，语言力求做到通俗易懂。段落的划分，我们遵循既要便于解读又要照顾文意叙述完整的原则，突出文章的层次感。本书的注释和解读力求详尽，并做到有根有据。因为原文涉及很多传统文化名词概念，不易于读者的阅读和理解，所以我们在解读的过程中，尽量将相关的背景知识作一简明扼要的介绍，同时尽量照顾到文章的原意，对原文予以评点和阐发，并结合历史典故，相互印证推演，这样可以加深理解，同时也能增加阅读的趣味性。

目录

第一篇　立命之学

- 了凡先生弃举业学医 …………… 三
- 慈云寺中缘结命中贵人 …………… 四
- 高人推算皆灵验 …………… 七
- 一生命运已注定 …………… 九
- 暗自怀疑命运的安排 …………… 一一
- 命数皆定无所求 …………… 一二
- 山中静坐拜云谷禅师 …………… 一四
- 静坐无妄念的缘由 …………… 一六
- 所有定数皆变数 …………… 一七
- 命由己作，福亦己求 …………… 二〇
- 了凡先生诉疑惑 …………… 二二
- 云谷禅师答疑解惑指迷津 …………… 二三
- 人生两件要事遭疑问 …………… 二五
- 自我反思不应得功名 …………… 二七
- 讲述无子缘由 …………… 二八
- 人生福祸由心定 …………… 三一
- 改变命运的方法 …………… 三二
- 忘掉过去，从头开始 …………… 三四
- 自己的命运自己做主 …………… 三五
- 自作孽，不可活 …………… 三七
- 要经常自我反省 …………… 三九
- 了凡先生怎么样改变命运 …………… 四〇
- 命运可以改变 …………… 四二
- 功过需记录 …………… 四四
- 不会符箓鬼神笑 …………… 四六
- 心无妄念才能安身立命 …………… 四八
- 心无二念，世界就无差别 …………… 四九
- 改变命运需要修身 …………… 五二
- 心无杂念的念咒才能灵验 …………… 五四

悟道改名	五六
修炼历程	五七
命运开始改变	五九
改变还不够彻底	六〇
了凡生子	六二
继续改变命运	六四
行善作恶皆说明	六七
万件善事其实很好做	六九
只要是真心，就不必在意善事的多少	七一
祸福都是自己求来的	七三
对待人生的思维方法	七五
了凡先生对儿子的期待	七八
反省改过才能进步	八〇
天才也需要努力	八二
总结	八四

第二篇　改过之法

言行举止推测祸福	八九
吉凶祸福有预兆	九一
改错才能得福	九三
要有羞耻心	九四
一事无成的原因	九六
要有敬畏之心	九八
掩饰就是自欺欺人	一〇〇
要懂得悔改	一〇二
不知悔改后果严重	一〇五
要有勇猛的心	一〇七
拥有三心，定能改过	一〇九
从事情上改过	一一一
从道理上改过	一一三
从道理上戒怒	一一六
控制脾气	一一七
避免与人争辩	一二〇

从心里面改正自己的过错·················一二二
从心改过是最高明的方法················一二四
有能力就要选择最好的方法···············一二六
改过之后的效果和反应··················一二八
蘧伯玉改过·······················一三一
罪孽深重的表现·····················一三三

第三篇　积善之方

积善之家有余庆·····················一三七
杨荣家的福报······················一三八
为囚犯下跪求情·····················一四一
杨自惩恻隐之心福荫后代·················一四三
谢都事好生之德福后辈··················一四五
林母好善························一四八
救人一命得福报·····················一五〇
应尚书卖地救人·····················一五二
积德行善鬼神惊叹····················一五五
老父行善，凤竹中举···················一五八
屠勋调查冤狱······················一六一
上奏减刑得批准····················一六四
累举不第的包凭····················一六六
维护公正，支家兴盛··················一六九
行善的分类······················一七二
真善与假善······················一七四
善恶划分的标准····················一七七
谨愿之士和狂狷之士··················一七九
端正之善与扭曲之善··················一八二
阳善与阴德······················一八五
名声的好处与危害···················一八六
子贡赎人不受金是非善·················一八九
子路救人收牛是善···················一九〇
善心做恶事······················一九二
恶心做善事······················一九四
半善和满善······················一九六
千金为半，二文为满··················一九八

不要只考虑眼前 …………………… 二〇一
心中有善 ……………………………… 二〇三
善的大小 ……………………………… 二〇五
从困难处行善 ………………………… 二〇八
随缘行善 ……………………………… 二一〇
与人为善 ……………………………… 二一二
生存的方法 …………………………… 二一四
爱敬存心 ……………………………… 二一六
成人之美 ……………………………… 二一八
环境改变人生 ………………………… 二二〇
劝人为善 ……………………………… 二二三
劝人为善要注重方法 ………………… 二二五
救人危急 ……………………………… 二二六
兴建大利 ……………………………… 二二八
舍财作福 ……………………………… 二三〇
护持正法 ……………………………… 二三二
敬重尊长 ……………………………… 二三四
恻隐之心 ……………………………… 二三七
爱惜物命 ……………………………… 二三九
总结 …………………………………… 二四一

第四篇　谦德之效

满招损，谦受益 ……………………… 二四五
丁宾谦逊得高中 ……………………… 二四七
冯开之自谦得福报 …………………… 二四九
赵裕峰改过后及第 …………………… 二五二
谦虚沉稳能发达 ……………………… 二五四
张畏岩乡试不中致发怒 ……………… 二五六
谦虚行善皆由心 ……………………… 二五八
努力改变得回报 ……………………… 二六〇
举头三尺有神明 ……………………… 二六二
有志者事竟成 ………………………… 二六四
与民同乐和礼乐治国 ………………… 二六六

第一篇　立命之学

了凡先生弃举业学医

【原文】

余童年丧父,老母命弃举业①学医,谓可以养生②,可以济人③,且习一艺④以成名,尔父夙心⑤也。

【注释】

①举业:指应科举考试,明清时专指八股文,这里指学业。
②养生:养活生命,这里意为养活家人。
③济人:救济别人。
④艺:技艺,技能。
⑤夙心:这里意为早年的心愿。夙:早,素有的,旧有的。

【译文】

我很小的时候父亲就去世了,母亲让我放弃学业学习医术。她说,学医不仅可以养活自己和家人,还可以救济别人。医术学得精湛,还可以凭借一身高超的医术成为名医,这是你父亲早年的心愿。

【解读】

袁了凡是明朝重要的思想家,本名袁黄,字庆远,又字坤仪、仪甫,号学海,后改号为了凡,后人便以"了凡"来称呼他。

每个人在小的时候都有梦想,了凡先生也是一样的,他的梦想就是读书、参加科举考试、求取功名、走上仕途。但是,现实是残酷的,了凡先生很小的时候,他的父亲就去世了。父亲的去世,让了凡的生活发生了改变。

了凡先生的父亲去世之后,他只能和母亲相依为命,这样他们的生活就没有了保障。因此,母亲命令了凡放弃参加科举考试的梦想,改行去学医。在了凡先生的母亲看来,让儿子去学医有三个好处。

第一,养生。这里所说的养生和我们现在所说的养生很不一样。我们现在所说的养生,是指通过各种方法颐养生命、增强体质、预防疾病,从而达到延年益寿目的的一种医事活动,主要作用其实是保健。而在本文段中,了凡先生的母亲所说的养生其实是指养家糊口。这一点很好理解,无论在什么时候,吃饭都是人们生活中的一件大事。了凡先生的父亲去世之后,他们家的生活陷入了困境。作为家里唯一的男人,了凡先生自然要负担起赚钱养家的责任,而学医恰恰是一个能够赚钱的好方法。

相对学医而言,去参加科举考试不仅不能赚钱,反而要往里面搭钱。读书用的笔墨纸砚要花钱,进京或去外地考试的路费、食宿费也要花钱,这些花费对于生活已经陷入困境的了凡先生的家可谓是雪上加霜。为了能够继续生活下去,为了养家糊口,了凡先生的母亲不得不命令他放弃科举去学医。

第二，济人。济人，就是帮助别人。人的一生中，都难免遇到伤病。一个人有了伤病，最需要的就是医生的帮助。"悬壶济世"就是这个道理，把别人的伤病治好，还病人一个健康的身体，这就是医生济世的途径。

或许有人会说，考中科举当上朝廷的官员之后不是一样可以帮助别人吗？没错，当官之后确实可以帮助别人，而且能够帮助的人比医生能帮助的要多。古人云："不为良相，必为良医。"意思就是说如果做不了宰相，就去做医生。这是为什么呢？因为医生和宰相都是救人的，医生在医院，宰相在政府部门，都是为了"济人"。

但是，想要考中科举走入仕途，比学医成为一名医生要难很多。明朝的科举制度层次结构森严，选拔制度非常严格。读书人要经过多年的刻苦读书，通过层层筛选，从平民到童生，从童生到举人，再考取进士，最终高中状元，获得入仕资格。但成功者可谓万里挑一，无数读书人为之耗尽一生心血，皓首穷经也难圆仕进之梦。相比较而言，学医是养家糊口最有效的途径。

第三，学医是了凡父亲的夙心。也就是说，让了凡先生学医是他父亲的愿望。了凡先生的父亲其实就是一名医生，他自然希望自己的儿子能够子承父业，将自己的家学医术传扬下去。现在了凡先生的父亲去世了，那么他的愿望就成为遗愿。作为儿子去完成父亲的遗愿，那是再好不过的。如果了凡能够成为名医，可以救治更多的人，他就会声名远扬。天下传，人人夸，自然就是光宗耀祖了。

了凡先生听从母亲的安排，打算去学医。一方面是因为母亲说得很有道理，另一方面也体现了了凡的孝顺。在中国传统文化中，"孝道"分为三个方面：养父母之身，养父母之心，养父母之志。意思是：要照顾父母的身体，顺从父母的心愿，完成父母的志向。了凡的母亲让他去学医，说这是他父亲的心愿，了凡先生答应并且去做，这便是做到了孝顺三个方面中最为重要的一个方面——能够养父母之志，便可称为大孝之人。百善孝为先，了凡先生的孝顺和善良，也为他后来的奇遇埋下了伏笔。

慈云寺中缘结命中贵人

【原文】

后余在慈云寺①，遇一老者，修髯②伟貌，飘飘若仙，余敬礼之。

语余曰："子仕路中人也，明年即进学，何不读书？"余告以故，并叩老者姓氏里居。曰："吾姓孔，云南人也。得邵子③《皇极数》④正传，数该传汝⑤。"余引之归，告母。母曰："善待之。"试其数，纤悉皆验。

【注释】

①慈云寺：初建于南宋咸淳年间，原名广济寺，明朝天顺年间改为慈云寺。寺，一般指佛教出家人居住的地方。在古代，寺也可指古代官署名，例如太常寺，是古

掌管宗庙礼仪的官署。

②髯：两侧面颊腮部的胡子，也泛指胡子。

③邵子：即邵雍，字尧夫，谥号康节，是中国思想史上一位著名的易学家。

④《皇极数》：指的是邵雍著的《皇极经世书》，这本书收在《四库全书》中，主要是以八卦之数推算人的祸福吉凶。

⑤汝：你。

【译文】

有一次我去慈云寺，遇到了一位老者，这位老者满腮长须，身材雄伟，看起来飘然若仙，我很恭敬地向他行礼。

老人对我说："你是官场中人，明年参加考试后就能考中秀才，如今怎么还不去读书呢？"我便把自己不去读书的缘故告诉他，并且询问老人的姓氏、籍贯和住所。老人说："我姓孔，是云南人，早年有幸得到宋朝邵康节先生《皇极数》的真传，如今按照注定的命数，我应该把《皇极数》的精华传授给你。"我带这位老人回到家，并将发生的情形告诉母亲。母亲说："你要好好招待他。"试探孔先生的数术，即便是推算很小的事情，都很灵验。

【解读】

了凡放弃了参加科举的念头，转而学医。对于任何人来讲，如果不能做自己想做的事，心里都是难以接受的。了凡也一样，虽然决定了学医，心里却还是对科举念念不忘。就在这个时候，了凡生命中的贵人出现了，一次去慈云寺，了凡遇到了自己的贵人。

了凡遇到的是一位老者，"修髯伟貌，飘飘若仙"，这样的相貌也引起了了凡注意。古人认为，大凡是伟人或者是奇异有才人，长相都是异于常人的。比如《史记》中对孔子的描述："长九尺六寸，人皆谓之长人而异之。"《史记》成书于西汉，按照西汉的算法，一尺等于二十三厘米多，那么孔子的身高就有两米二以上了，对于平常人来说，这当然是相当奇异的。同时，孔子的相貌长得也很奇特，《史记》上记载的是"生而首上圩顶"。所谓的圩顶，说简单一点就是中间低而四周高，这相当怪异。另外，古代在形容一个人仪表不俗的时候，常常会配上一把长长的胡须。古代是以长须为美的，比如千古武圣、义薄云天的关二爷，就长了"美须髯"，诸葛亮更是直接称呼他为"美髯公"。由此可见，这位老者给了凡的第一印象就是仪态不凡，令人尊敬。了凡先生见到这位老者之后，连忙"敬礼之"，在他毕恭毕敬地行完礼之后，老者说了一番让他震惊的话。

老人家说的第一句话是这样的："子仕路中人也，明年即进学，何不读书？"意思就是：你命中注定是官场中人，仕途比较发达，官运也很亨通，如果参加考试的话，明年就能考取秀才，你有这样的官运，为什么不去读书考科举呢？从了凡先生的叙述中我们可以看出，他和那个老者在当时是不认识的，但老者一下子就能看出了凡没有准备参加科举。另外，老者居然还说了凡如果参加科举，第二年就能考中科举并且官运旺盛。

　　了凡心里本就没有彻底放下参加科举的念头，现在听了老者的话，自然也是非常惊喜。他详细地把母亲命令自己放弃科举转而学医的事情告诉了老者，并询问老者来历。经过一番询问，了凡得知这个老者姓孔，是云南人。孔老先生说自己得到了宋朝邵雍先生《皇极数》的真传，通过对《皇极数》的研究发现，这个《皇极数》注定要传授给了凡先生，因此才有了他们的这次相遇。

　　那么，邵雍是什么人呢？《皇极数》又是一本什么书呢？孔老先生和了凡先生谈话中所提到的邵雍是北宋哲学家、易学家，后人称他为"百源先生"，有"内圣外王"的美誉。邵雍根据《易经》关于八卦形成的解释，融合道教思想，虚构出宇宙构造图式和学说体系，建立了他的象数之学，也叫先天学。邵雍是宋朝非常有名的占卜术士，占卜之术十分准确。他在继承传统《易经》的基础上，对其进行了改进与创造，发明出了"梅花易数"的占卜方法，曾留下了"二鹊闹梅""马踏牡丹"等占卜佳话。而孔老先生提到的《皇极数》，正是邵雍著作的《皇极经世书》，它的内容是依照《易经》的理论来推算命运。《皇极数》所推算命运的范围非常广泛，上至朝代的兴亡，下至个人的吉凶，都可以从数理上推算出来，是一种精妙高深的学问。

　　对于孔老先生说的要把《皇极数》传授给自己这件事，了凡并不敢擅自做主，他把孔老先生带回家去见自己的母亲，询问母亲的意思。当然，也许了凡把孔老先生带回家并不仅仅是为了请教母亲能否学习《皇极数》，更深一层的原因可能是了凡被孔老先生所说的话打动了，他内心深处参加科举的梦想也重被唤醒了。前文讲到，了凡转而去学医的一个重要原因就是害怕长时间参加科举却考不上，耽误了赚钱养家。但是现在，孔老先生说他第二年就能考中，那么这个担忧就没有了。就这样，了凡把孔老先生带回家里，希望能够找个机会说服自己的母亲。

　　了凡把慈云寺中的事情告诉母亲之后，母亲半信半疑。因为很多江湖术士都能够察言观色，猜测出一个人的心理，进而说出一些故弄玄虚的话。为了证实孔老先生预言的准确性，了凡的母亲亲自验证孔老先生算得究竟准不准。结果，大大小小的事情，孔老先生全都能算对，没有一丝一毫的错谬。这就说明孔老先生之前对了凡说的话也都是可信的，了凡的仕途确实能够一帆风顺，读书去参加科举才是他真正的命运。既然如此，了凡的母亲也不再强迫他去学医了。

　　虽然在之后，孔老先生的预言也给了凡带来了巨大的烦恼，让他陷入迷惘，但不可否认，孔老先生的出现，使了凡不必再去学习自己不喜欢的医术，可以去实现自己的梦想了，因此，他算得上是了凡命中的贵人。

高人推算皆灵验

【原文】

余遂启读书之念，谋之表兄沈称，言："郁海谷先生，在沈友夫家开馆①，我送汝寄学②甚便。"余遂礼③郁为师。

孔为余起数：县考童生④，当十四名；府考⑤七十一名，提学⑥考第九名。明年赴考，三处名数皆合。

【注释】

①开馆：开设学馆，教授生徒。

②寄学：古代指在州县官学就学的外地士人。在明朝，凡是习举业的读书人，通过捐纳或经提学考试核准，取得同秀才相同的待遇，也称为"寄学"。

③礼：行礼，表示尊敬的态度和行为。

④童生：明清的科举制度，凡是习举业的读书人，不管年龄大小，未考取秀才之前，都称为童生或儒童。

⑤府考：府考是中国古代明、清两朝科举考试程序中，"童试"的其中一关。通过县试后的考生有资格参加府考。府考在管辖本县的府进行，由知府主持。

⑥提学：提学是"提督学政"的简称，是古代专门负责文化教育的高级地方行政官。

【译文】

我听了孔先生的话，就动了读书的念头，于是和表哥沈称商量。表哥对我说："我的好朋友郁海谷先生在沈友夫家里开设了学馆，教授学生功课，我送你去他那里读书，非常方便。"于是我便拜了郁海谷先生为老师。

孔先生为我推算命数。他告诉我，在参加县考，考取童生时，我会考第十四名；参加府考，会考第七十一名；参加考取提学的考试中，会考第九名。到了第二年，我去应考，这三处的成绩果然跟孔先生推算的一模一样。

【解读】

在看到孔老先生能把所有的事情都推算得丝毫不差之后，了凡先生的母亲自然无法制止了凡先生参加科举考试了。想要去参加科举考试，就必须先去上学，真正学习考试能用到的东西，于是了凡先生就去找了他自己的表兄商量自己上学的事情。

既然是上学那当然是要去学校的，古代民间兴办的学校不叫学校，而是叫作私塾。在我国古代私塾有很多种：有塾师自己办的教馆、学馆、村校；有地主、商人设立的私塾；还有用祠堂、庙宇的地租收入或私人捐款兴办的义塾。私塾产生于春秋时期，在漫长的封建社会，除秦朝曾短暂停废外，两千余年延绵不衰。私塾作为私人办的学校，教学内容丰富，以儒家思想为中心，是私学的重要组成部分。私塾教授的东西对参加科举考试的帮助非常大，了凡先生找他的表哥商量的就是怎么进学校的事情。

　　了凡先生的表哥在接到了凡先生的请求后，准备让了凡到沈友夫家里的学馆读书。沈家的教书先生是了凡先生的表哥的好朋友郁海谷先生，因此愿意接收了凡。就这样，了凡先生成功地走进了学堂，拜了郁海谷先生为师。

　　当初，孔老先生预测了凡先生参加科举考试能取得的名次，但了凡先生也不是全信，他只是把孔老先生的预测当成一个重新追逐梦想的借口或者说是说服母亲让自己重新参加科举考试的理由。在他的心里面，肯定还是认为科举考试究竟能够取得什么样的成绩还是需要自己的努力。

　　虽说不全信，但孔老先生的预测还是在了凡先生的心里面留下了印象。第二年考试的成绩出来之后，了凡先生就惊呆了。为什么？因为了凡先生考试考出来的成绩和结果与孔老先生当初的预测是一模一样的，丝毫不差。

　　孔老先生能够推算未来，丝毫不差，确实令人惊讶。其实，翻阅古典，我们就会发现，类似这种算命精准的例子有很多。比如中国古代第一女神相——许负，她为周亚夫和邓通看相就看得十分精准。

　　许负本来是一个很普通的妇人，因为会给人看相而著名，汉高祖封她为雌亭侯。根据《怀庆府志》记载，许负还著有《德器歌》《五官杂论》《听声相行》等书。后来因为看相救了汉文帝母子，被汉文帝认为义母。许负在归隐之前，汉文帝特意把她接入宫中，为当时身为汉文帝宠臣的周亚夫和邓通看相。当时的周亚夫身为河内使，邓通为黄头郎，两人都颇受汉文帝看重，汉文帝想要提拔他们，但又拿不定主意，所以想请许负给他们看过相以后再做决定。许负说他们虽然是富贵之人，但两人最终的结局很相似。周亚夫和邓通便要求许负告知他们的具体命运如何。许负对周亚夫说："将军三年后定然被封侯，封侯之后再过八年，定为将相，持国柄，贵重一时，人臣中再无胜过将军者。不过，为相后再过九年会饿死。"周亚夫听完后并不相信，认为许负在开玩笑。他说自己的兄长已经继承了父亲的侯爵之位，自己不可能被封侯，再有，既然他自己以后尊荣显贵，更不可能被饿死。

　　汉文帝又请许负为邓通看相。汉文帝听了许负对周亚夫和邓通的预测，也不相信，以为周亚夫和邓通对许负礼数不周到，许负说的那些话是在挖苦他们。没想到，事情的发展果然跟许负说的一样，三年以后，周亚夫被封为条侯。八年后，到了汉景帝时期，周亚夫任太尉，因平定七王之乱有功，升为丞相。后因他的儿子私自购买皇家用品，受到牵连入狱。周亚夫一怒之下绝食而死。至于邓通，因受文帝提拔，很快以黄头郎升为上大夫，受到无数的封赏，汉文帝甚至将蜀郡严道的铜山赐给他，允许他自己铸造铜钱，邓氏钱币遍布全国，他的名字遂成为富有的代名词。但到汉景帝即位，邓通因罪被免官，不久万贯家财便被抄尽。邓通只好寄住朋友家里，最终因穷困潦倒而饿死。由此可见，当年许负对周亚夫和邓通最终饿死的预言，一点儿也没错。

　　除了许负之外，唐朝的袁天罡给别人看面相和算命也很准，而他最为人称道的一个预言是预言武则天称帝。除此之外，袁天罡还对他自己的死期做了一个准确的预言，《新唐书》还有这样的记载：当时高士廉看袁天罡为他人看相预测很准，就让袁天罡对自己做一个预言，看一下自己的命运到底如何，能做什么官。袁天罡说道："我以后的官位不再会上升，因为我的阳数将尽，就在今年夏天四月。"果然如他自己所说，在当年的四月，袁天罡便与世长辞。

虽然古代有很多精准算命故事的记载，但如今还无法完全考究出这些故事的真实性，后人只能把这些故事作为一种参考。算命先生其实也都是普通人，怎么可能有前知五百年，后知五百载，断人一生福祸，预测吉凶兴衰的本事呢？古时候之所以有算命这回事，和中国几千年的封建帝制及封建文化有关。在封建统治时期，执政者最希望百姓乐天认命，不反抗，不斗争。封建统治者们孜孜不倦地对百姓进行愚民教化，倡导"生死由命，富贵在天"，让百姓们心甘情愿地臣服在自己的统治之下。算命则恰恰符合封建帝制的需要，它的理论基础便是"人的命，天注定"。算命先生说你一生鸿运的原因是因为你的八字好，说你财运亨通是因为长了一个宽阔的下颚，这些都否认了后天奋斗的价值，蔑视竞争的存在，实在是不够科学。

算命从古延续至今，已有好几千年的历史，如今依然存在算命这一现象，但人们也在不断反思，到底该不该相信命运？曾国藩曾说："信算命，信风水，皆妄念所致。读书明理人以义命自安，便不信也。"了凡先生遇到的这桩奇事，也让他对自己产生了怀疑。该不该信命，自己的努力难道真的没有一点作用吗？当然了，了凡先生的一生都是推翻"天命"的过程，不过这都是后话了。

一生命运已注定

【原文】

复为卜终身休咎（jiù）①，言：某年考第几名，某年当补廪②，某年当贡，贡后某年，当选四川一大尹③，在任三年半，即宜告归④。五十三岁八月十四日丑时，当终于正寝，惜无子。余备录而谨记之。自此以后，凡遇考校⑤，其名数先后，皆不出孔公所悬定⑥者。

【注释】

①休咎：吉凶；善恶。
②补廪（lǐn）：明清科举制度，生员经岁、科两试成绩优秀者，增生可依次升廪生，谓之"补廪"。
③大尹：对府县行政长官的称呼。
④告归：旧时官吏告老还乡或请假回家。
⑤考校：考核，考察。
⑥悬定：预定，算定。

【译文】

孔先生又给我占卜一生的命运和祸福。他推算出了，我某年考试的名次，补廪生的年份，成为贡生的年份，成为贡生后被选为四川一个县的县令的年份，以及任职三年后会辞职回乡的事情。他还推算出我会在五十三岁那年的八月十四日丑时享尽天年寿终，只是我命中没有儿子。我把这些都记录了下来，并且铭记在心。从那以后，我所遇到的考试，所考出的名次先后顺序，都不会超出孔先生预先所算定的名次。

【解读】

　　孔老先生的预言被一一证明之后，了凡就越来越恐慌。假设一下，如果有一天一个算命先生预测了你未来的考试成绩和名次，当未来的某一天你考试结束并且成绩出来的时候，你发现自己的成绩和名次都和预测的一模一样，这是多么令人震惊的一件事啊！遇到这种情况的时候，很多人出于对未来的好奇，都会去找那个算命先生，然后让他给自己算一算这一生的命，比如事业、生活或者是生命结束的日子等，了凡先生也不例外，他发现孔老先生对于他的考试成绩和名次等事情的预测都十分准确的时候，决定去找孔老先生算一算自己的未来。

　　孔老先生没有拒绝，他为了凡先生推算了他以后的生死祸福，尤其是关于他未来仕途发展的前景说得很清楚明白。甚至连哪一年出贡被任命为官吏，哪一年适合卸任归隐，生死之期以及后代子嗣都推算出来告诉他，由于之前孔先生的推算都一个一个应验，因此了凡先生对此也是深信不疑，他十分恭敬地记录下来。

　　明清时期，科举考试制度是很复杂的，从童生到生员，也就是秀才，需要经过三次考试，并且三次考试要全部合格才行。等到了秀才这一级别之后，就成为了府、州、县中的生员，科举之路也才是刚刚开始。除了日常学习要参加岁考的考核之外，还可以参加乡试。那时候，乡试每三年才举行一次，机会非常难得。生员参加乡试考中者，就成为举人。举人还要参加在京城每三年举行一次的会试，会试结束后还有殿试，殿试在皇宫大殿里进行，由皇帝亲自主持。殿试是所有考试中最高级别的考试，取得第一名的就被称为状元。

　　这些就是古代男子科举入仕的正规途径，本段提到的了凡先生某年补廪，某年成为贡生，某年成为大尹，就是科举入仕的另外一种模式。明朝隶属于府、州、县的生员，岁科两试中成绩突出的，依次被补为廪生。廪生是一种资历比较深的生员，他们由国家来供养。生员或廪生乡试未中，但又成绩优异的，经过考试选拔，就可以升入京师国子监读书，成为贡生，贡生就不属于府、州、县了，而是直接听从朝廷的指派。

　　按照明朝初期的定制，朝廷所选的生员名额有限。一般情况下。府学四十人，州学三十人，县学二十人，每人每月供给米粮六斗，称为廪食。后来又增加人数，廪者遂称廪膳生员，增广者称增广生员。又于额外增取，附于诸生之末，谓之"附学生员"，省称"附生"。后凡初入学者皆谓之附生，其岁、科两试等第高者可补为增生、廪生。廪生中食廪年深者可充岁贡。清朝沿袭明朝制度，廪生有廪米有职责，增生则没有，因此增生地位次于廪生。

　　文中所提到的廪生、贡生都是明、清两代依学生的程度而设立的生员名目，不是学位，相当于我们现在的大学生。他们受到国家照顾，由国家发给他们生活的费用。那时候国家主要补给他们米粮，米粮多得吃不完的部分可以拿去卖钱，相当于实物配给。

孔先生推算了凡先生到五十三岁那年，即将寿终正寝。古时候，老死称为寿终。东汉刘熙《释名·释丧制第二十七》云："老死曰寿终。寿，久也。终，尽也。生已久远，气终尽也。"寿，长寿、长久。人活多大年龄为长寿？据古籍记载，人的自然寿命当在百岁以上。张介宾《类经·卷一·摄生类一》注："百岁者，天年之概。"

那么这样测算完之后的结果又是什么呢？结果就是此后了凡先生每次做一件什么事情之后都会把结果与孔老先生的预测相对比。他发现，所有的事实都与孔老先生所预测的结果相同。慢慢地，在了凡先生的心里面生出了一种宿命论的思想，这种思想让了凡陷入了困顿。

什么是宿命论呢？宿命论认为，人间发生的每一件事都是注定的，无论是生老病死、贫贱富贵还是天灾人祸，一切都由上天预先安排，普通人无法依靠自身的力量将其改变。既然是这样的，一个人的努力也就没什么用，了凡先生正是被这样的思想困扰：真的做什么都没有意义了吗？

暗自怀疑命运的安排

【原文】

独算余食廪米①九十一石五斗当出贡②，及食米七十一石，屠宗师即批准补贡，余窃疑之。

【注释】

①廪米：旧指公家发给廪生的粮食。
②出贡：秀才一经成为贡生，就不再受儒学管教，俗称"出贡"。

【译文】

孔先生推算我领廪生的俸米，需要领到九十一石五斗的时候才能出贡，但我吃到七十一石米的时候，屠宗师就已经批准我补了贡生。我暗自就怀疑孔先生所推算的命数有些不灵验了。

【解读】

虽然说了凡先生有了一个模糊的宿命论的思想，但它并不能真正地代表了凡内心最真实的想法，"听天由命"也不是一个有远大志向的人应该有的态度。一个有远大志向的人是轻易不会信命的，了凡先生就是一个这样的人。况且，儒家思想也认为一个人的命运并不是天生就注定的，而是和一个人后天的所作所为有着十分密切的关系，了凡先生是一个读书人、一个坚定的儒家思想信仰者，因此他也不希望自己的命运在生下来的那天就注定。所以，了凡先生期待着某一天出一件事情和孔老先生所预测的不一样，能够让自己推翻宿命论。

不久之后，了凡先生所等待的事情终于发生了。了凡先生从廪生到贡生所需要领的廪米的数量跟孔老先生推断的不一样。

先说一下什么是廪米：所谓的廪米就是指朝廷发放给廪生的俸禄米。当时的廪生是由国家供养的，他们每个月都会领到国家发放的粮食。只要领取到了一定数量的廪米之后，廪生就可以升级成贡生了。古时候读书人从廪生提升到贡生之后，朝廷就不再提供廪米了，廪生的缺也会让人来替补。这也相当于是一种官位上的提升。

按照孔老先生之前的推算，了凡先生应该是在一共领取廪米九十一石五斗的时候，才能够"出贡"，也就是成为贡生。但是，当了凡先生真正地开始成为廪生、开始享受国家发给他的廪米的时候，却出现了与孔老先生推测完全不一样的结果。

了凡在领取到第七十一石的时候，就因为被屠宗师批准补贡而成为一名贡生了。补贡和出贡是不一样的：出贡是一个廪生领取廪米到了一定的数量之后，就自动升级为贡生了；而补贡是廪生在领取廪米的时候，由于某些特殊的原因，而被特别批准成为贡生。虽然事情的过程是不一样的，但是结果都是一样的，那就是了凡先生成为了贡生。文中提到的"屠宗师"是当时的提学，他看中了了凡先生的修养学识，觉得了凡先生的文章写得不错，是个人才，于是提前提拔了凡先生补贡。

这件事情让了凡先生非常开心。首先，贡生要比廪生高出一个等级，也就是说从廪生升级成为贡生就相当于升官或者是升职了，这种时候作为当事人当然是十分高兴的了。另外，这样的一个结果证明了一件事情，那就是孔老先生的推测不准确，也就间接地证明了人的命运不是天生就注定的。这一点才是了凡先生最关注的。

这个小小的插曲，也能提醒我们，对于别人的评价或推断，不能盲目地信服，更不能持宿命论，听天由命，而是要有质疑的精神，自己的命运自己做主。了凡先生的这次小小的怀疑，便是他"命由我造"思想的萌芽。

命数皆定无所求

【原文】

后果为署印①杨公所驳，直至丁卯年，殷秋溟宗师见余场中备卷，叹曰："五策②，即五篇奏议③也，岂可使博洽淹贯④之儒，老于窗下乎！"遂依县申文⑤准贡，连前食米计之，实九十一石五斗⑥也。余因此益信进退有命，迟速有时，澹然⑦无求矣。

【注释】

①署印：这里指代理提学之职的杨姓官员，旧时官印最重要，同于官位。
②策：在中国古代科举中，策指的是"策问""对策"。
③奏议：臣子向皇帝上书言事、条议是非的文字的统称。包括《文心雕龙》中的"章表""奏启""议对"这三类。

④博洽淹贯：指学识广博、深通广晓的人。博洽，学识广博。
⑤申文：行文呈报。
⑥斗：中国市制容量单位，十升为一斗，十斗为一石。
⑦澹然：恬静的样子。

【译文】

后来我补贡生的事情，果然被另外一位代理的学台杨宗师驳回。直到丁卯年，殷秋溟宗师看见我在考场中的备选试卷，感叹道：这本卷子所作的五篇策，就如同上给皇帝的奏折一样。像这样博才多学的读书人，怎么能让他埋没到老呢？于是他就让县官依照行文向上级呈报，准许我补了贡生。加上以前所吃的七十一石廪米，刚好是九十一石五斗。我因此就更加相信，升官与贬职都有一定的命数。升官发财的快慢都有一定的时机，因此对一切都看得很淡然，没有太多的追求了。

【解读】

孔老先生的推算出现了偏差，了凡先生还没高兴多久呢，就被打击了。就在屠宗师批准了凡先生补贡成为贡生之后，屠宗师却因为某些原因离开了那个职位，接替他的杨公不认可了凡先生的能力和水平，驳回了屠宗师关于了凡先生补贡成为贡生的批准。

了凡先生一下从贡生又降级回到了廪生，继续过着领取廪米的日子。降级对于了凡先生来说并不重要，重要的是，什么时候真的变成贡生又不确定了。

不久，殷秋溟宗师在看过了凡先生以前的试卷之后，觉得了凡先生是一个有大学问的读书人，这样的人不应该继续做廪生了，而是应该成为贡生，走进仕途。于是，他批准了凡先生补贡成为贡生。这件事情并没有让了凡先生感到开心，反而让他在心里面产生了一丝绝望。

从成为廪生开始领取廪米的时候算起，一直到正式成为贡生，了凡领取的廪米的数量，恰好和当初孔老先生所推算的数量一模一样，刚刚好是九十一石五斗。了凡先生在精神上受到了很严重的打击，因为从最开始他就期待着孔老先生推算出的他的命运是错误的。可是无情的事实一次又一次粉碎他的想法。好不容易证明孔老先生的推算错误，可是到头来还是自己错了，孔老先生的推算又一次得到了验证。

了凡先生对于孔老先生的推算，再也没有任何的怀疑的态度了。这样的结果使得了凡先生开始在心里面相信命运，相信自己在出生的那天起一切都已经注定。了凡先生觉得此生一切荣华富贵都已经被注定，只能顺着命运的安排走下去，自己无力改变了。

自身的遭遇和孔老先生的推算相同，了凡只得把所有的原因都归结到命运上面去。这是可以理解的，因为古代有很多的典籍都记载着关于命运的事件。

例如《左传》中记载："周内史叔服如鲁，公孙敖闻其能相人也，见其二子焉。叔服曰：'谷也食子，难也收子。谷也丰下，必有后于鲁国。'"叔服看到孙叔敖的两个儿子，看了看就说他的儿子谷能够奉养孙叔敖，而另一个儿子难，可以安葬孙叔敖。谷一定会在鲁国兴旺发达。假如没有命运，叔服如何这样评判呢？

《左传》记载道："楚子将以商臣为太子，访诸令尹子上。子上曰：'是人也，蜂目豺声，忍人也。不可立也。'弗听。后谋反，以宫甲围成王，缢之。"子上认为商臣是个残忍之人，劝国君不要立为太子，结果国君不听，最后商臣果然反叛，如果没有命运，子上怎么知道不能立商臣为太子呢？

《汉书》也有记载："高祖立濞为吴王。已拜，上相之曰：'汝面状有反相，汉后五十年，东南有乱，岂非汝耶？天下一家，慎无反。'"汉高祖看到吴王濞有反相，并告诫他不要反，天下都是我们刘家的，你千万不要反，但是后来吴王濞还是反了，如果没有命运，看相的不准，高祖刘邦怎么知道吴王濞要反呢？以上的例子都是出自二十四史，或出自儒家经典，这些事情虽不足以支持宿命论，但至少说明古人能够根据一个人的性格状态做出一定的推断。

言归正传，了凡先生最终产生了宿命论的思想是可以理解的。其实不光是了凡先生，如果了凡先生所经历的这些事情发生在我们身上，我们也会对命运产生敬畏。

总之，了凡先生已经被补贡成为贡生之后，由于之前的事情和孔老先生的推测没有任何差别，了凡先生就成了一个坚定的宿命论思想者，他现在就认为人的命运是天生就注定的，后天干什么都是无法改变的。因此他整个人突然间好像产生了一种无欲无求的感觉。

山中静坐拜云谷禅师

【原文】

贡入燕都①，留京一年，终日静坐②，不阅文字。己巳归，游南雍③，未入监④，先访云谷禅师于栖霞山中，对坐一室，凡⑤三昼夜不瞑目。

【注释】

①燕都：也称燕京，即现在的北京。原为燕国都城，后为元、明、清三朝的都城。

②静坐：是佛家、道家以及儒家所共同推崇的一种修行方式。

③南雍：南京的国子监。明朝由于首都北迁，在北京和南京分别都设有国子监，设在南京的国子监被称为"南监"或"南雍"，设在北京的国子监则被称为"北监"或"北雍"。

④监：指国子监。国子监是中国古代隋朝以后的中央官学，是中国古代教育体系中的最高学府。

⑤凡：总共。

【译文】

我在燕京做了贡生，留在京城里一年，整天静坐，也不看任何书籍文字。到了己巳年，回到南京游玩，在未进南雍之前，我先去栖霞山拜访云谷禅师，我与云谷禅师在一个房间里对坐，总共三天三夜都没有闭过眼睛。

【解读】

明朝有一个专门教授学生的机构，叫作国子监。按照当时的规定，一旦读书人被选为贡生之后，就可以到京城的国子监去读书。了凡先生选为贡生之后，就去京城的国子监读书。但是，由于了凡先生相信了孔老先生为他推算的命运，相信了自己的命运是上天早就决定好的，因此他在京城这一年根本就没有好好地读书。了凡先生在京城待的一年里，每天什么也不做，既没有翻看任何书籍，也没有游山玩水，更没有四处结交朋友，一切都安于平静，终日在屋子里静坐。

静坐并不单单是坐着，静坐其实是一种修身养性的方法，并且是儒、释、道三家共同的修养方法，儒家有所谓的"主静"，有"半日读书，半日静坐"；道家有"心斋""坐忘"；佛家讲究的是禅定，"戒、定、慧"是"三学"之一。当然，关于静坐，有更详细的解释，近代大文豪、著名学者郭沫若在《静坐的功夫》一文中谈道："静坐这项功夫，在宋、明诸儒是很注重的，论者多以为是从禅而来，但我觉得，当渊源于颜回。《庄子》上有颜回'坐忘'之说，这怕是我国静坐的起源。"颜回的静坐外忘其形，内超其心，和大自然融为一体，表明静坐可以达到高超境界。

郭沫若所说的"坐忘"，来自于《庄子·大宗师》。文中写道：

颜回曰："回益矣。"仲尼曰："何谓也？"曰："回忘仁义矣。"曰："可矣，犹未也。"他日复见，曰："回益矣。"曰："何谓也？"曰："回忘礼乐矣！"曰："可矣，犹未也。"他日复见，曰："回益矣！"曰："何谓也？"曰："回坐忘矣。"仲尼蹴然曰："何谓坐忘？"颜回曰："堕肢体，黜聪明，离形去知，同于大通，此谓'坐忘'。"仲尼曰："同则无好也，化则无常也。而果其贤乎！丘也请从而后也。"

由此可知，"坐忘"就是忘掉了自己的身体，忘掉了聪明，把形象和知识统统忘掉，通达于大道，这就是坐忘。颜回的坐忘令孔子都五体投地，甘心谦虚地向他学习，可见这是一种很高深的思想境界。

我们不知道了凡先生究竟达到了什么样的思想境界，但是由于他已经相信了命运，无欲无求，也就对于自己的聪明、形象和知识都不在意了。这一点跟颜回所说的"坐忘"是一致的。也就是说，了凡先生这段时间虽然没有好好读书，没有做什么具体的事情，但是他内心空明，对于很多事看得更加通透，这也为了凡之后的思想变化提供了支持。

明朝最开始是定都南京，后来迁都北京，但是南京国子监并没有取消。了凡先生在北京城待了一年以后，因为某种原因，到南京游玩。了凡对读书或者做官什么的事情并不是很感兴趣，反而是有了一种看破红尘的感觉。所以，在到达南京之后，他并没有急着进南京的国子监读书，而是先去山里拜访当时的佛门高僧云谷禅师。

云谷禅师是当时的一个佛门高僧，他的法号是"法会"，云谷是他的号。他很早就看破红尘出家为僧了，最开始是拜在他本乡寺庙里的一个老和尚座下。根据明代憨山德清撰写的《云古大师传》的记载，云谷禅师青年时期曾经遍访名师问道，并且拜道济禅师为师，修习天台小止观法门。道济禅师曾指点他："止观之要，不依身心气息，内外脱然。子之所修，流于下乘，岂西来的意耶？学道必以悟心为主。"意思就是说不必拘于禅定，而应终于心悟。当然，云谷禅师也不是生下来就是得道高僧，他也曾一度执迷于道济禅师的教化之语，日夜参究，废寝忘食。一天吃饭时连自己吃完了也不知道，不小心将碗掉在了地上，当即顿悟，放下一切执着，回归本心。后来云谷禅师成为当时的佛门高僧，隐居在栖霞山中，做一些煮饭挑水的仆役工作，来磨炼自己。云谷禅师平日动静语默，整天默然端坐在一个佛笼子里，不做任何迎来送往的事，足不出寺门，整整三年，也从来没有人知道报恩寺里有这个出家人。云谷禅师住在山中清修，坚持不懈，终日拜佛诵经。

了凡先生在见到云谷禅师之后没有请教任何的问题，也没有听云谷禅师讲道，而是和云谷禅师相对而坐，像得道高僧一样不眠不休地静坐了三个日夜。为什么会发生这样的事情呢？因为了凡先生认为现在他已经对自己的命运了如指掌了，心里非常空明，安下心来静坐三天三夜也是可以理解的。

静坐无妄念的缘由

【原文】

云谷问曰："凡人所以不得作圣者，只为妄念相缠耳。汝坐三日，不见起一妄念①，何也？"余曰："吾为孔先生算定，荣辱生死，皆有定数②，即要妄想③，亦无可妄想。"云谷笑曰："我待汝是豪杰④，原来只是凡夫⑤。"

【注释】

①妄念：虚妄的意念，也指凡夫贪恋六尘境界的心。

②定数：一定的气数，命运。

③妄想：狂妄的想法。

④豪杰：才智勇力出众的人。

⑤凡夫：佛教用语，相对于圣者而言。在佛教里，凡是还没有证悟四圣谛者都称为凡夫。

【译文】

云谷禅师问我道："凡人之所以不能够成为圣人，就是因为心中有太多的妄念缠绕；而你静坐了三天，没有起一个妄念，这是什么原因呢？"我回答道："我的命运已经被孔先生算定，荣华富贵，生死荣辱，都有定数，即使想要胡思乱想，也没有什么可想的。"云谷禅师笑道："我以为你是一个才智勇力出众的人，原来你也只是一个庸俗的凡夫俗子。"

【解读】

云谷禅师认为凡夫之所以不能成为圣人，是因为心里面不切实际的想法太多了，正如《华严经》上所说："一切众生皆有如来智慧德相，但以妄想执着而不能证得。"究根结底就在于妄想，"妄念相缠"，不得作圣。

妄念是什么呢？佛教认为妄念就是人们虚妄不实的心念，也可以说是无明或迷妄的执念。这是因为大多数人内心容易生出许多迷误，不知道世间一切法的真正意义。凡夫内心时时刻刻充满了欲望，颠倒妄念，产生迷误虚妄情景，从而生发出错误思考和心念。据《大乘起信论》记载，此妄念能搅动平等之真如海，而现出万象差别之波浪，若能远离，则得入觉悟之境界。所以说妄念是凡夫心中不断升起和牵扯的念头。念不能断，烦恼便无穷无尽。如果能找到妄念产生的源头，凡夫也能看破一切，会心而笑，原本是空无一物，庸人自扰之。而了凡先生此时的表现，显然是一副看破世间一切俗物的表现，这种表现让云谷禅师感觉到一丝诧异，为什么一个凡夫俗子的心里面居然没有任何的、一丝一毫的念想呢？因此云谷禅师才有了对了凡先生的疑问。

了凡先生当然不是达到了觉悟的境界，他之所以心里没有妄念，是因为他觉得自己的命运已经被决定了，自己做任何的事情都没有意义了，这样的情况下，心里自然是空明的。当云谷禅师询问了凡的时候，他很诚实地回答云谷大师说："我的命运早已被孔先生算定了，一生的吉凶祸福都已注定了，还有什么好想的呢？想也没用，所以干脆就不想了。"

对于了凡先生自己来说，这就是他内心里最真实的想法。因为孔老先生确实给他推算过命运了，而经过无数次事实和结果的证明，孔老先生的推测也确实是正确的，所以他心中没有什么期待。其实对于任何人都一样，如果能预知未来，而且难以改变，当然不会有对于未来的向往，也不会有自己亲手创造未来的动力。

听了了凡先生的回答之后，云谷禅师自然是有点失望。他本来以为了凡先生有这样的表现是因为他是一个真正的智慧非常高的人，或者说是一个和佛教很有渊源的人，没想到了凡先生的心里面什么都不想的原因是他认为想什么都没有意义。因此他对了凡先生说："我待汝是豪杰，原来只是凡夫。"意思就是说他本来以为了凡先生是一个才智勇力出众的豪杰丈夫，却发现了凡先生原来也只是一个庸俗的凡夫俗子。

所有定数皆变数

【原文】

问其故，曰："人未能无心①，终为阴阳所缚，安得无数②？但惟凡人有数；极善之人，数固③拘他不定；极恶之人，数亦拘他不定。汝二十年来，被他算定，不曾转动一毫，岂非是凡夫？"

【注释】

①心：这里指妄想心。
②数：命运，天命。

③固：固然，自然。

【译文】

我问他原因，云谷禅师说道："人不可能没有妄想心，既然有妄心在，终究还是会被阴阳气数束缚，怎么能说没有命运呢？但是只有凡夫俗子才有一定的命运。最善良的人，命运自然束缚不住他；最邪恶的人，命运也依然拘束不住他。你二十年来的命运，都被孔老先生算定，自己不去改变一丝一毫，反而让命运把你给拘束住，难道不是凡夫俗子吗？"

【解读】

了凡先生就问云谷禅师这样说的原因。云谷禅师回答："人未能无心，终为阴阳所缚，安得无数？"这句话说白了就是肯定了命运的存在，意思是说每个人都存在着一颗妄想的心，既然这颗妄想心存在，那么人就要受到天地的束缚；既然人受到了天地的束缚，那么也就是说命运是存在的。佛教经典《楞伽经》中有这样的话："妄想自缠，如蚕作茧。一切众生，从无始来，生死相续，皆由不知常住真心性净明体。用诸妄想，此想不真，故有轮转。"意思就是说一个人如果陷入自身的妄想之心而无法自拔的话，就相当于作茧自缚，逐渐生出无穷无尽的烦恼，反而使得原本清净的心性陷入命运的流转，被命运所束缚。

既然每个人都有妄想心，那为什么前面云谷禅师还说凡夫俗子和圣人的区别就在于一颗妄想心呢？难道是说圣人已经超脱了人类的范畴了吗？当然不是这样的。联系前后文，我们可以看出来，云谷禅师要表达的意思是每个人都有一颗妄想心，也就是每个人都是有自己的命运的。但是这个世界上却还是有圣人，也有凡夫俗子，造成这样的结果的原因就是凡夫俗子受到了自身的妄想心的束缚，而圣人是超脱了或者说是看透了妄想心。

正如佛教中的六道轮回：六道即天、人、阿修罗、畜生、饿鬼、地狱，并且分成善恶等级之别。六道又名六趣、六凡或六道轮回，是众生轮回的通道。六道分为三善道和三恶道。三善道为天、人、阿修罗；三恶道为畜生、饿鬼、地狱。但阿修罗虽为善道，因德不及天，故曰非天；以其苦道，尚甚于人，故有时被列入三恶道中，合称为四恶道。佛教相信，任何人若遵守五戒，可得六根整然人身。若在五戒上，再加行十善，即可生到天界。众生由于其未尽之业，故于六道中受无穷流转生死轮回之苦，佛教中称之为六道轮回。世间众生无不在六道轮回之中，只有大罗金仙以及佛菩萨、罗汉因为超脱于世间才能够跳出三界，不入轮回。

云谷禅师继续说："但惟凡人有数；极善之人，数固拘他不定；极恶之人，数亦拘他不定。"云谷禅师的这句话其实是在给了凡先生讲述一个道理，那就是命运是存在的，虽然有定数，但是也有变数。云谷禅师认为，只有凡夫俗子的命运才是一定的，才是不会发生变化的，才是那所谓的定数；也只有凡夫俗子才会相信命运，遵循命运的安排。

这是为什么呢？因为这个世界上的人，都是有妄想心的，人都无法避免自己起心动念，即以虚妄颠倒之心去分辨各种各样的事情。凡夫俗子会因为自己内心的执着而无法如实知见事物本身，从而产生错误的判断。

当然了，云谷禅师认为人的命运有定数，但也存在变数。对于人的命运之中存在的变数，云谷禅师是通过例子来说明的：极其善良的人，他们是不会受到命运的束缚的。为什么？因为一个极其善良的人，自身的福德和功德会随着自己所做的善行的增多而逐渐地增加，而当自身的功德增长到了一定程度之后，就会受到上天赐给的福报，这样的话就已经算是改变了天生的命运。极其凶恶的人，他们同样难以受到命运的拘束。为什么？因为极其凶恶的人，随着自身的恶行的逐渐增加，自身的功德就会慢慢地减少，或者说是自身的罪业在逐渐地增加，所谓恶有恶报，当一个人自身的罪业增加到一定程度的话，那么就会遭到上天降下的祸患的惩罚，同样，这也是超脱了命运的范畴。因此才说极善的人和极恶的人的命运都是存在着变数的。其实从这里也可以看出凡夫俗子的命运为什么是定数了，因为凡夫俗子只会纠缠于自身的妄想心，或者深陷于自身的所谓的命运之中，不去做别的事情，也不去想着改变，因此才会被命运所束缚，因此才说凡夫俗子的命运是注定的，是定数。

接着云谷禅师还有一句话："汝二十年来，被他算定，不曾转动一毫，岂非是凡夫？"这句话，就明确解释了为什么云谷禅师会说了凡先生并不是一个豪杰丈夫而仍然只是一个凡夫俗子的原因。云谷禅师这么说是有道理的，了凡先生并不是没有妄念，并不是没有妄想心，自从他的命运被算定二十年来，他始终执着于不想，心里面始终都认为自己的命运已经被限定被决定了，这也属于妄念范畴，而非真正的大彻大悟。正因为了凡先生执着于这样的妄念中，因而他的命运就被拘束于定数之中，不能有丝毫的动弹。了凡先生自己也没有想要去突破这样的既定命运，甘愿顺着命运安排的一切走完一生。所以说，了凡先生仍然只是一个凡夫俗子而已。

这里要注意一点，了凡先生的命运被孔老先生算定后，"不曾转动一毫"，这里提到这个"转"字，也许《六祖坛经》中有一段记载，可以给我们的人生态度和思维方式提供一些启迪。唐代有位七岁出家的僧人，名号是法达，他常常念诵《法华经》。当他念到三千遍《法华经》的时候，便去参访六祖慧能。由于法达当时的态度十分轻狂傲慢，慧能大师一语点破他，说他其实是"心迷法华转，心悟转法华"。意思就是说法达诵经陷入了执着的心念中，行为也只停留在事物的表象。法达顿时恍然大悟，只有口诵经文并且心能行其义，才能够转得动经文；倘若只是口诵经文，而心不能行其义，则就只能被经文所转。

《孟子·尽心上》有这样的记载："行之而不著焉，习矣而不察焉，终身由之而不知其道者，众也。"这句话的意思是，做了仁义的事，却不明白为什么要做，天天习以为常却不知道所以然，一天都按着道去做，却不想想什么是道，这种人有很多。了凡先生没有遇到云谷大师之前，就是这样的人。他虽然从孔老先生那里知道了自己的命运大致走向，却不知道为什么会这样，索性什么都不去争取努力了，顺其自然地按照命运里该发生的事情，一直走下去。当然了，云谷禅师的出现，让了凡的命运又走到了转折点上。

命由己作，福亦己求

【原文】

余问曰："然则①数可逃乎？"曰："命由我作，福自己求。《诗》《书》所称，的为明训②。我教典③中说：'求富贵得富贵，求男女得男女，求长寿得长寿。'夫妄语乃释迦大戒，诸佛菩萨岂诳语④欺人？"

【注释】

①然则：那么。
②明训：明确的训诫。
③教典：佛教的经典。
④诳语：自大的、自负的、欺骗的迷惑人们的话。

【译文】

我问道："那么命运可以逃开吗？"云谷禅师说："命运由自己创造的，福由自己求。《诗》《书》中所写的，的确是明白的训诫。佛经里说，一个人求富贵就得富贵，求儿女就得儿女，求长寿就得长寿。说谎是佛家的大戒，所有佛菩萨又怎么会说谎欺骗人呢？"

【解读】

对于云谷禅师所做出的解释，了凡先生是不能理解的，特别是关于命运的定数和变数的问题。在了凡先生的心里面，他还是根深蒂固地认为自己的命运已经在出生的那天就注定了，就是孔老先生所推算出来的那样。其他人的命运也是一样的，也都是从生下来的时候开始就是被上天所注定的。既然命运是注定的东西，那么怎么可能存在着变数呢？怎么可能被随意地改变呢？了凡先生就继续问云谷禅师："难道一个人真的可以不按照被注定的命运走下去吗？"

云谷禅师回答说："命由我作，福自己求。《诗》《书》所称，的为明训。我教典中说：'求富贵得富贵，求男女得男女，求长寿得长寿。'夫妄语乃释迦大戒，诸佛菩萨岂诳语欺人？"整段话中看似没有直接去回答了凡先生所提出的问题，但是仔细地品味一下就会发现，云谷禅师给出的答案是肯定的，那个所谓的上天注定的命运确实是可以改变的。而且如何改变还是需要靠自己去创造的，意思就是说想要改变命运需要自己的努力。

云谷禅师本身是承认命运的存在的，对于世俗所讲的命运，他也是持有一个肯定的态度，正如他前面所说的"人未能无心，终为阴阳所缚，安得无数"。对于命运的定数这一方面，他是认可了凡先生的。但是了凡先生认为命运中只存在着定数，而云谷禅师却认为命运不光有定数，还有变数，人可以通过自身的努力改变命运。

其实了凡先生和云谷禅师这两种观点上的区别，就是两种不同的思想之间的区别。了凡先生的想法属于宿命论的思想，宿命论认为"人的命天注定"，一个人的命运从出生的那天开始就是上天所注定好的，是不能够被改变的，人只能按照既定的命运走下去；而云谷禅师的思想其实也就是佛教一直坚持的思想，那就是创命论思想，创命论认为"我命由我不由天"，没有人能够决定别人的命运，一个人的命运完全是由自己去创造的，就算是人在出生的时候被上天赋予了一个命运，也是可以通过自己的努力而改变的，命运不是一成不变的，想要有一个好的命运，就需要自己去努力，自己去改变。

"命由我作，福自己求。"意思就是说命运是可以由自己创造的，福报也是由自己去求来的，不是别人施舍来的。关于这一点，在古代的典籍中就有明确提到过。例如《诗经·大雅·文王》之中就有"无念尔祖，聿修厥德。永言配命，自求多福。"意思就是说不能忘记祖先的意旨，努力修养自身的德行。长久地顺应天命，才能求得多种福分。这就明确说明了所谓的命运和福报都是自己去争取来的，而不是别人给的。人的命运都是自己创造的，遇到困境时，怨天尤人是没有任何意义的，必须好好地反省自己，是不是因为自己不够努力；人的福报也是要自己去争取的，如果一个人受到的祸患太多，这种时候也应该努力地反省自己，想一想是不是自己做出的恶行太多，善行太少，是否应该去多多行善了。这些东西才是真正决定一个人的命运的。

所谓"求富贵得富贵，求男女得男女，求长寿得长寿"这句话就更是明明白白地说明人的命运都是靠自己去创造的，想要得到某种命运就需要向着那种命运的方向去努力。这句话不是云谷禅师随便说的，而是佛教的经典里面说的。

这句话其实也可以说是古人对佛教的认知的真实体现。古代科学技术不发达，很多人在遇到大的事情的时候，一般都会去求神拜佛。比如说出征打仗会向佛祖祈求平安；生活不顺利也会去向佛祖祈求保佑；不孕不育也会向观音求子；病入膏肓也会向佛祖祈求早日康复……这些全都表现出了人们对佛教的信任。

那么佛教真的就是有求必应的吗？当然不是，佛教的有求必应也是有条件的。对于这一点，章嘉大师就对佛门的"有求必应"有着很好的解释。他认为，倘若在佛门中有所求，若要有求必应，就要懂得佛的理论，掌握一定的方法，不能盲目地去求。倘若要求福报，那就得消除自身的业障，进行自我修炼，弃恶扬善，广结善缘，这样才能得到善果。这样去求，内心的大小愿望，就都可以实现。

道理很简单，如果一个人真正地想改变自身的某种境况的话，不是靠向佛祖诉说和祈求就可以的，而是需要自身去努力，达到改变这种状况的条件。只要做到这一点，那么一个人想要改变的东西自然而然就改变了。

总体来看，云谷禅师的这段话就是要告诉了凡先生：人的命运虽然被天注定了，但也不是一成不变的，它是可以朝着人自身期待的方向前进的。但是前提是人自己要努力，不要想着依靠别人，也不要等待别人的施舍，只有自己去努力，去改变，命运才能真正地走上符合自己所想的道路。

了凡先生诉疑惑

【原文】

余进曰："孟子言：求则得之①，是求在我者也。道德仁义，可以力求②；功名富贵，如何求得？"

【注释】

①求则得之：出自《孟子·尽心上》："求则得之，舍则失之。"意思是，仁、义、礼、智，并不是从外面来历练我的，而是我自己本来就有的。所以说，追求就能得到它，舍弃就会失去它。

②力求：极力追求。

【译文】

我又进一步追问："孟子曾说，心里有所求，就能够得到，这种追求取决于自己。道德仁义，可以尽力去追求。至于功名利禄，荣华富贵，我要怎样才可以求到呢？"

【解读】

这段其实就是了凡先生对云谷禅师的话的进一步追问。

云谷禅师认为，人们想得到的一切的东西，都是可以通过自身的努力追求而得到的，哪怕是想得到一个好的命运。这个道理让了凡先生想到了孟子曾经说过的话。

这句话出自《孟子·尽心上》，原话是："求则得之，舍则失之，是求有益于得也，求在我者也。求之有道，得之有命，是求无益于得也，求在外者也。"这句话的意思是说，想要得到就能得到，想要放弃便会失去，这种追求有益于得到，因为所求的东西就在我自身。追求有一定的方法，能否得到却决定于天命，这种追求无益于得到，因为所求的东西是身外之物。

人和人是不同的，这里的不同包括所处的时代、外部的环境、家庭的背景、所受到的教育、内心的思想等各个方面，所以有时候人们说出一句话的时候或许只有自己能够理解这句话的真正的意思，其他人有其他的理解。对于孟子说的话，了凡先生当然也有自己的理解。不是说了凡先生对孟子的话理解出现了偏差，只是因为他们所处的环境，所面对的东西以及自身的状态不同导致认识不同而已。了凡先生认为，孟子这句话的意思就是说假使我所追求的对象，在于我的内心，积极去追求便可以获得，但如果"求在外者"，虽然有一定的方式，积极探求，但能否获得就在于命运了。

总的来说，了凡先生还是坚持认为他的命运是天生就注定的，甚至连孟子的话都被他拿出来作为理论根据。他认为，命中注定有的东西，那就一定会得到；命中注定没有的东西，无论如何也是不会有的，因此也不用去强求。人的一生中，离不开一些自身的东西，例如自身知识的积累、思想的修养、人生境界的追求等等，其实这就是所谓的精神世界；当然，人的一生还要伴随着许多的身外之物，就比如说金钱富贵、名誉地位等等，也就是所谓的物质世界。人的一生最好的状态就是无论精神世界还是物质世界都是饱满的。

根据孟子所说的话，了凡先生认为精神世界是否饱满在于自身，只要坚持追求，最终就一定能够得到，毕竟精神世界是可以自我完善的，所以叫"求则得之，舍则失之"。相对而言，了凡先生认为物质世界就是谋事在人，成事在天，并不是一个人一厢情愿地去追求就可以得到，而是要看命中到底有还是没有。所以，"命里有时终须有，命里无时莫强求"。总而言之，物质世界是否饱满，那就要顺其自然了，不能强求，那是靠命运决定的。

正因为这样的理论，了凡先生觉得"道德仁义，可以力求"，但"功名富贵，如何求得？"人能否求到功名或富贵，是命里注定的。命里注定有就有，命里如果没有，也求不来。

了凡先生将精神世界和物质世界分开，这并没有什么不对，但他认为物质世界难以改变，是典型的宿命论观点。云谷禅师想让他明白，命中既定所有的一切，全都是前生所造的因，在今生应得的果报。但是靠他今生的努力，只要努力修行造福因，不仅精神世界，物质世界也能够得到满足。

对于任何人而言都是这样，无论任何东西，只要内心想追求，努力改变，即使不能完全实现，也能够造成变化，让你更加接近你的期待。

云谷禅师答疑解惑指迷津

【原文】

云谷曰："孟子之言不错，汝自错解耳。汝不见六祖说：'一切福田①，不离方寸②；从心而觅，感无不通。'求在我，不独得道德仁义，亦得功名富贵；内外双得，是求有益于得也。若不反躬内省③，而徒向外驰求，则求之有道，而得之有命矣，内外双失，故无益。"

【注释】

①福田：佛教以为供养布施，行善修德，能受福报，犹如播种田亩，有秋收之利，故称福田。

②方寸：指人的内心、心绪。

③内省：内心自我反省。即在内心省察自己的思想、言行有无过失。

【译文】

云谷禅师说：孟子的话没有错，你自己理解错了。你没听过六祖慧能大师说，每个人的福田，全在自己的内心。只要从心里去求福，就没有感应不到的。从自己心里去求，不只是道德仁义可以求得，身外的功名富贵也可以求到，这种内外双得，是有利于得到的。如果不能自己反省自己，而是盲目地追求身外的名利福寿，那就只能像孟子所说的，"求之有道，得之有命"了。最终内外都有损失，因此没有什么益处。

【解读】

这段话是云谷禅师针对前面了凡先生所提出的问题而进行的回答，当然，也可以说是为自己的观点做解释。

云谷禅师认为，孟子的话表达的意思是正确的，但是了凡先生自己在理解这句话的时候出现了偏差，他根本没有明白这句话所包含的真正的道理。云谷禅师认为，对于孟子的话，了凡先生只是理解对了一半。孟子说："求则得之，舍则失之。是求有益于得也，求在我者也"，真正的意思是说仁义道德，是内心追求的，可以获得，荣华富贵虽然是外在的东西，但是它的本质未尝不是内心所追求的，所以应该也是可以获得的。

那么云谷禅师为什么会这么说呢？他这么解释孟子的话根据又是什么呢？云谷禅师的根据就是六祖曾经说过的一句话，那就是"一切福田，不离方寸；从心而觅，感无不通"。

六祖是指佛教禅宗的第六代祖师慧能，前面的五代分别是初祖达摩、二祖慧可、三祖僧璨、四祖道信、五祖弘忍。或许有人不知道慧能禅师，但是有一句话大家一定知道，那就是"菩提本无树，明镜亦非台，本来无一物，何处惹尘埃"。根据记载，慧能祖师的家庭很贫穷，并且幼年丧父，是在偶然的情况下看到了《金刚经》之后才萌生了出家的想法，于是便拜入五祖弘忍的座下学习佛法。慧能大兴禅学，使得禅宗风靡全国，甚至是传播到海外，他总计说法三十七年。慧能是中国历史上影响重大的高僧之一，著有《六祖坛经》流传于世。

《六祖坛经》和《金刚经》《楞严经》一起，自古以来被大家公认是三部佛教经典之作。《六祖坛经》，佛教禅宗典籍，亦称《坛经》《六祖大师法宝坛经》。六祖慧能以及他的著作，在中国佛教发展史上具有里程碑的意义。六祖将自己修行中的内心体验记录下来，将原始佛教中的抽象本体转换成便于中国百姓理解和参悟的心性。正是他这一大改革，使得禅宗成为隋唐以后最具影响力的佛家宗派。

六祖慧能禅师这句"一切福田，不离方寸；从心而觅，感无不通"就是出自《六祖坛经》，大概意思是说，一切福田，皆在自己的内心，向自己的内心探求寻觅，便没有什么是感应不到的。遵循自己的内心，不仅可以获得内在修养，也能够体现自己的外在价值。

这段话中还有一个很重要的观点就是"求在我，不独得道德仁义，亦得功名富贵；内外双得，是求有益于得也"。无论是内在的精神需求还是外在的物质追求，全部都需要向内心求取。反过来说，只要是用真心去追求，不论是内在的精神追求还是外在的功名利禄都是能够得到的。只有用真心去求取才能算作是真正的追求，才能真正帮助人们得到所追求的东西。

云谷禅师在这里所讲述的重点就是"求在我"，只要是能够做到这一点，那么内在的精神世界和外在的物质世界是都能够得到满足的。而做不到这一点的呢，那就会像了凡先生一样，内心之中没有太多的妄想，因而精神的世界还算清静；但是由于把自己的命运归结于上天的注定，导致没有了对外部物质的追求，因而就得不到物质世界的满足。

像了凡先生一样的状态毫无疑问是不正常的。每个人来到这个世界上都是希望能够把握自己的命运，有谁不想有一个精彩的人生呢？那么要想实现自己所追求的命运要怎么样做呢？那就应该多向自己的内心去寻觅，去追求。人们无论是求内在的德行，还是求外在的富贵，都必须在自我的内心之中进行自我省察。通过内心的自我分析，来取得自身的进步，最终才能获得自己想要的命运。相反，什么事都不花费真心去追求，而总是想着依靠外力的帮助，就只能看上天的安排了。

当然了，求索必须结合实际，必须向善。如果贪得无厌，有损别人的利益，就会迷失自己。人们在世间往来求索，因为一时的贪念，在盲目追求中就会迷失自我，迷失原本清净的心性。或者被外界形形色色的欲求扰得方寸大乱，或因为求而不得，导致内心悲观绝望，这样不仅外部欲求得不到满足，就连内心的宁静也失去了。

总之，想要得到某些东西或者是想要掌控自己的命运，就要听从自己的内心，坚定下去。只有清晰地认识自己的内心，才能真正地走出一个属于自己的人生。

人生两件要事遭疑问

【原文】

因问："孔公算①汝终身若何？"余以实告。云谷曰："汝自揣②应得科第否？应生子否？"

【注释】

①算：推测、预计。
②揣：估量，忖度。

【译文】

云谷禅师问我："孔先生推算你一生的命运是怎样的呢？"我就如实地把孔先生为我推算的命运告诉了他。云谷禅师说："你自己认真忖度思量一下，你是否应该考得功名？生命中应该有儿子吗？"

【解读】

了凡先生对孔老先生给自己推算出来的命运深信不疑，这一点让云谷禅师十分不理解。到底孔老先生给了凡先生推算出来的命运是什么样的呢？到底是发生了什么才让了凡先生有现在的这种表现呢？

对于云谷禅师的问题，了凡先生仍然是如实给出了回答。他把孔老先生给自己推算出来的命运全部都告诉了云谷禅师，其中包括什么时候能考中科举、什么时候能够做官、会在什么地方做官、什么时候死亡还有命中无子等等。

听完了凡先生的话，云谷禅师就更加不能理解了，为什么？因为孔老先生为了凡先生推算出来的命运并不是很好。

就拿命中无子这件事情来说，古人都重视孝道，都讲究忠、孝、仁、义，儒家思想是十分重视孝道的。孟子曰："不孝有三，无后为大。舜不告而娶，为无后也。君子以为犹告也。"这句话是说，古时候不孝的情况有三种，其中以没有后代的罪过为最大。舜没有禀告父母就娶妻，就是害怕没有后代。汉族传统上十分重视对祖先的祭祀，历史上长期有设立宗祠和祖坟的传统，即便是到了现代，汉族百姓依然保留着清明节上坟的习俗。传统上，男性后裔肩负着祭祀祖先、上坟扫墓的职责，如果一个家庭没有男性后代，其先祖就会无人祭祀，成为孤魂野鬼，这一情形被称为"绝后"，就是对先祖最大的不孝。所以，重视传宗接代成为汉文化的一个核心观念。如果了凡先生命中没有儿子，在当时来说，就是最大的不孝。

了凡先生的命运如此不好，他自己却不去想办法改变，而是坚持了二十年，一直认为自己的命运就是像孔老先生当初所推算的那样的，一副认命的样子。云谷禅师觉得了凡先生的这种行为是不对的，于是便问了凡先生："汝自揣应得科第否？应生子否？"云谷禅师的意思其实就是问了凡先生自己觉得到底应不应该考中科举，应不应该有儿子。

自从孔老先生的推算被一一验证之后，了凡先生就没有再反思过孔先生为他算定的命运有没有不妥之处，也从未怀疑自己的人生有没有缺憾，能不能活得更圆满。他早已被孔先生的预言牢牢束缚住，认为自己的人生就只能如孔老先生所说的那样走下去。

当然，云谷禅师提出的这个问题不一定是非要了凡先生给出明确的答案，他只不过是想提醒了凡先生要多想想，引导了凡先生反观自己的命运。

人只有经常反思自己的思想和行为，才能发现自己的不足之处，不断提高自己；只有去怀疑，才能具备改变命运的想法。当局者迷，旁观者清，一般来说，当一个人深深地陷入某些事情当中不能自拔的时候，这种情况下人是看不清自己的。就像了凡先生一样，他只是深深地陷入了孔老先生为他推算出来的命运中，为此他忘记了去学习，忘记了自己的追求，也不知道自己应该干什么了，只知道按着那个命运走下去。但是不可否认，当一个人能够真正地静下心来思考的时候，才知道自己应该做什么，应该追求什么样的人生。

但是，了凡此时并没有想通，这从他的回答里面可以看出。

自我反思不应得功名

【原文】

余追省良久，曰："不应也。科第中人，类有福相，余福薄，又不能积功累行①，以基厚福；兼不耐烦剧②，不能容人；时或③以才智盖人，直心直行，轻言妄谈。凡此皆薄福之相也，岂宜④科第哉！"

【注释】

①积功累行：长期行善，积累功德。
②烦剧：指繁重的事务。剧，复杂，繁难。
③时或：有时，偶尔。
④宜：应当。

【译文】

我反思了很久，说："这些都是我不应该得到的。应该得到这些的人，大多有福相。我的福气薄弱，也没有长期行善，积累深厚的功德。并且我还没有足够的耐心，去承担琐碎繁重的事情，不能容忍别人做得不对的地方。有时候我还自以为是，认为自己的才智胜过别人。心里想什么就做什么，直言不讳，言语轻狂从不收敛。凡此种种，都是薄福的相，怎么适合考取功名呢？"

【解读】

云谷禅师的第一个问题是问了凡先生是否应该考中科举，了凡先生思考之后得出的答案是不应该。他明明都已经是一个贡生了，怎么能说考中科举是他不应该得到的东西呢。在了凡先生看来，自己之所以认为考中科举不应该是他得到的东西，是因为他是"薄福之相"，而拥有一个好的福相的人才最应该考中科举。

了凡先生的回答是有他的依据的。在古人看来，凡是科第之人，从面相上来说，都会是福相，也就是说从政的人首先自己要有福相。只有一个有福相的人，才能给他自己统辖下的百姓们带来好的福气。当然了，官位越高，需要的福相越好、越大。"福相"究竟是什么？

这里所说的相并不是一个人的长相，而福相也不是一个人长得看起来很有福气的样子。这里所谓的福相其实是指为官者要有一定的德行，有宽广的胸怀，还要有一颗积极为百姓谋福利的心。

当然，所谓的福相是可以通过一个人长期地积德行善和自我修行而改变出来的。佛教经典《无常经》中所记载的"世事无相，相由心生"，其实说的就是这个道理。就比如说唐朝的裴度，少年时候是穷困不堪、一副因饥饿而死的凶相。可是后来他经过别人的劝说和鼓励，开始行善积德，自我改变，最终把凶相变成了福相，有了宰相之风。

　　了凡先生之所以认为自己不应该考中科举，是因为他认为自己没有福相。了凡先生认为他自己没有福相具体是表现在哪些方面呢？第一就是"不耐烦剧"，也就是说了凡先生性情急躁；第二就是"不能容人"，这里是指了凡先生没有一颗宽容的心；第三就是"时或以才智盖人，直心直行"，也就是说了凡先生的性格刚烈，有时候会强词夺理，不能够以理服人，性情太过于耿直；第四就是"轻言妄谈"，这是说了凡先生不注重细节，言谈举止不谨慎。正是因为他性情急躁，说话做事经常没有耐心，自然没有容人之心。并且了凡先生言语过于耿直，往往不能令人心悦诚服地接受，说话没有威信，所以无法领导别人，没有当父母官的风范。

　　客观来讲，了凡先生对自己看得还是非常透彻的，经过了认真的思考和深刻的自我剖析，他清楚地看到了自己的缺点与不足。从这一点来说是很不容易的。我们从中还可以看出了凡先生是一个很坦诚的人，他对于自己的缺点毫不逃避隐瞒，开诚布公地说给云谷禅师听。

　　了凡先生这一点难能可贵，很多人都是把自己好的方面拿出来炫耀，而把自己的缺点和不足都深深地隐藏、掩盖起来，不让别人知道。就像成语"讳疾忌医"所说的蔡桓公，不相信扁鹊给自己看出的病症，最后不治而亡。宋朝的周敦颐在《周子通书·过》中引用过这样的话："今人有过，不喜人规，如护疾而忌医，宁灭其身而无悟也。"意思是隐瞒疾病，不愿医治，喻指那些害怕别人批评而掩饰自己的缺点和错误。

　　了凡先生却有勇气把自己的缺点和不足当着云谷禅师的面说出来，可见他非常率直，非常真实。但是，了凡先生做得还不够。他认识到了自己的不足，却又不愿意行善积德、积极地改变自己。这样一来，了凡先生对自己清晰的认识就没有什么意义。不过，经过了凡先生开诚布公地介绍，云谷禅师就知道了他的问题，可以"对症下药"，为他指点迷津了。

　　这个道理对于任何人都一样，做人就不要害怕把自己的缺点暴露出来，每个人都有缺点和不足，只有把缺点和不足展现出来才能充分地去改正，暴露得越早改正得也就越早。

讲述无子缘由

【原文】

　　"地之秽者多生物，水之清者常无鱼，余好洁，宜无子者一；和气能育万物，余善怒，宜无子者二；爱为生生①之本，忍为不育之根，余矜惜②名节，常不能舍己救人，宜无子者三；多言耗气，宜无子者四；喜饮铄精，宜无子者五；好彻夜长坐，而不知葆元毓神③，宜无子者六。其余过恶尚多，不能悉数④。"

【注释】

①生生：指事物的不断产生、变化。
②矜惜：怜惜，珍惜。
③葆元毓神：保养元气，安定心神。葆，保持。毓，养育。
④悉数：全部数出，完全列举。

【译文】

地上的污秽能衍生出很多生命，水太清澈却常常不会有鱼。我非常喜欢洁净，这是我没有儿子的第一种缘故。和气才能孕育万物，我非常容易生气，这是我没有儿子的第二种缘故。仁爱，是生命的根本，残忍是不能生养的根本；我只知道爱惜自己的名节，不肯牺牲自己，去成全别人，这是我没有儿子的第三种缘故。言论太多容易伤气，这是我没有儿子的第四种缘故。我喜欢喝酒，过度消耗精神，这是我没有儿子的第五种缘故。我喜欢整夜不眠长坐，没有保养元气，安定心神，这是我没有儿子的第六种缘故。其他的过失和罪恶还有很多，无法全都说完。

【解读】

云谷禅师让了凡先生反思的第二个问题是了凡先生这辈子到底应不应该有儿子。前面就已经说过了，古人对后代这个问题看得是十分重要的，在古代，有儿子是每个人最大的愿望之一，因为这样是对自己的祖先有个交代，同样也是对自己有了一个交代，没有谁会觉得自己不应该有孩子。

但是了凡先生在被云谷禅师问到这个问题的时候，他回答说他这辈子不应该有孩子。对于这个回答，了凡先生给出了自己的原因。

第一点："地之秽者多生物，水之清者常无鱼，余好洁，宜无子者一。"意思是说大地虽然脏乱，却能够生长万物；而水很清澈的地方却没有鱼的存在。了凡先生过分地喜欢清洁，这是他不应该有儿子的第一个原因。

其实这一点很好理解，大地的确是脏乱驳杂的，但也正是因为这样的原因才能生长出植物，生长出五谷杂粮，因为所有的东西都能够给植物的生长提供养分，如果大地是干干净净的，那么万物生长所需要的养分等又从哪里来呢？难道万物的生长什么都不需要吗？清澈的水域一般也没有鱼的存在，这就更简单了，因为清澈的水中缺乏鱼生存所需要的养料。《汉书·东方朔传》有句名言："水至清则无鱼，人至察则无徒"，意思是说人不要太苛刻，看问题不要过于严厉，否则，就容易使大家因害怕而不愿意与之打交道，就像水过于清澈养不住鱼儿一样。

然而了凡先生确实一个过分喜欢清洁的人，而且他喜欢清洁超过了那个度，这时候就像鱼儿不能存在清水中一样，没有人能够忍受他这个问题，因此才说这是他命中注定不该有儿子的第一个原因。

第二点："和气能育万物，余善怒，宜无子者二。"意思是说天地之间也需要一个和气的自然环境才能孕育万物。而了凡先生不但不和气，并且还非常容易生气，这是他没有儿子的第二种原因。

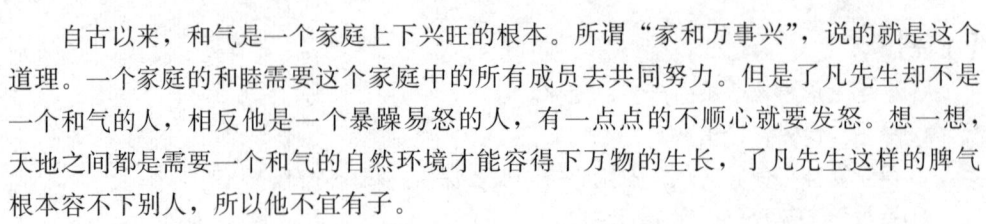

自古以来，和气是一个家庭上下兴旺的根本。所谓"家和万事兴"，说的就是这个道理。一个家庭的和睦需要这个家庭中的所有成员去共同努力。但是了凡先生却不是一个和气的人，相反他是一个暴躁易怒的人，有一点点的不顺心就要发怒。想一想，天地之间都是需要一个和气的自然环境才能容得下万物的生长，了凡先生这样的脾气根本容不下别人，所以他不宜有子。

　　第三点："爱为生生之本，忍为不育之根；余矜惜名节，常不能舍己救人，宜无子者三。"意思是说仁爱是生命的根本，残忍是不能生养的根本；然而了凡先生只知道爱惜自己的名节，不肯牺牲自己去成全别人，这是他没有儿子的第三种缘故。

　　仁爱是万物生长的根本，就比如说上天为万物生长提供了阳光雨露一样；残忍刻薄会导致万物不能生根，就比如说如果上天不为万物提供阳光雨露的话，万物是不可能生长的。这是一个很明确的道理，对于这个道理了凡先生自己也很理解。但实际上，了凡先生爱惜名节，不懂得去成全别人。

　　第四点："多言耗气，宜无子者四。"意思是说话太多就容易伤气，而伤气就会导致身体不好，这是了凡先生没有儿子的第四种缘故。

　　"多言耗气"是一种养生理论，是在唐代的时候由药王孙思邈提出来的。我国民间也有谚语："宁做蚂蚁腿，勿学麻雀嘴。"宋人陈直在一部关于养生的书中，将"少言语，内养气"排在首位，可见其重要性。《论语》中也说："君子敏于行，而讷于言。"少言语，不仅是一个重要的养生原则，更是一种修养。了凡先生爱说话，喜欢评论是非，这对于内气的养护是非常不适宜的，内气的养护不足，外在的身体就不好，这是他没有儿子的第四个因素。

　　第五点："喜饮铄精，宜无子者五。"意思是说了凡先生还喜欢喝酒，这是他不应该有儿子的第五点原因。

　　我国从古以来就有着悠久的酒文化。古往今来，很多仁人志士都是酒中豪杰。例如唐代的大诗人、诗仙李白就曾留下过"李白一斗诗百篇，长安市上酒家眠"和"烹羊宰牛且为乐，会须一饮三百杯"这样的句子。但是饮酒虽好，喝多了却很容易伤害身体。对于饮酒，孔子认为应该根据自己的酒量适可而止。《论语》中就有"惟酒无量，不及乱"的说法。佛教更是有酒戒，而且还是大戒之一。由此可见饮酒对身体的伤害。然而了凡先生不仅喜欢喝酒，还喜欢过量地喝酒，这样一来，酒精就伤害了他身体的元气，而人的生命是离不开精气神的，元气的损伤必然会造成身体上的伤害，这是了凡先生没有儿子的第五个原因。

　　第六点："好彻夜长坐，而不知葆元毓神，宜无子者六。"意思就是说了凡先生经常彻夜不眠，不懂得保护自己的精气神，这是他不应该有儿子的第六个原因。

　　良好的睡眠可以使人的大脑得到充分的休息，消除身体的疲劳，恢复体力。对于这一点来说，生活中每个人都应该能体会得到。但是，了凡先生喜欢彻夜长坐，身体和大脑得不到正常的调整和休息，日积月累，必然导致身体健康状况不佳。他没有用心保养自己的身体，这就是导致他不应该有儿子的第六个原因。

　　从以上种种原因看来，了凡先生很诚实，对自身的认识也是十分全面，很具备佛家所说的慧根。佛门讲"忏除业障"，只有真心忏悔，才可以把自身的业障除去。能够发现自己身上存在的种种缺点，这叫"开悟"。觉悟以后又能把所有的缺点改正过来，这叫"修行"。倘若连自己有什么不足都不知道，那该从哪里修起呢？"修"是修正，"行"是错误的行为，把错误的思想、行为修改过来，这就叫"修行"。所以修正行为最关键的，就是要知道自己的错误行为。

经过云谷禅师的提点，了凡先生很清楚地总结了自身的不足之处。他诚心地忏悔，把自己所有的毛病都坦诚地说出来，毫无隐瞒。这是了凡先生掌握自己的命运、改变自己命运的一小步，也是后来他能够改造自己命运的根本原因。

人生福祸由心定

【原文】

云谷曰："岂惟①科第哉。世间享千金之产者，定是千金人物；享百金之产者，定是百金人物；应饿死者，定是饿死人物；天不过因材而笃②，几曾加纤毫意思。即如生子，有百世之德者，定有百世子孙保之；有十世之德者，定有十世子孙保之；有三世二世之德者，定有三世二世子孙保之；其斩③焉无后者，德至薄也。"

【注释】

①惟：只有。
②笃：厚实，结实。
③斩：断绝。

【译文】

云谷禅师说：不止是登科及第。世上能够拥有千金产业的人，一定是享有千金福报的人；能够拥有百金产业的人，一定是享有百金福报的人；应该饿死的人，一定是应该受饿死报应的人。上天不过让每个人得到他们应该得到的，并没有加进任何别的意思。就像生儿子，如果一个人积了一百代的功德，就一定有一百代的子孙来保住他的福。积了十代的功德，就一定有十代的子孙来保住他的福。积了三代或者两代的功德，就一定有三代或者两代的子孙来保住他的福。至于那些没有子孙后代延续的人，那是他功德极薄的缘故。

【解读】

了凡先生深刻地反省了自己，认为自己这辈子就不应该考中科举也不应该有儿子，并且说出了为什么不应该得到这些的原因。

云谷禅师听了之后认为，了凡先生不仅不应该有登科及第这样的东西，就连财富也不应该拥有。这是为什么呢？因为"世间享千金之产者，定是千金人物；享百金之产者，定是百金人物；应饿死者，定是饿死人物"，说白了就是了凡先生没有那样的

福气。即便是命中注定的财富也要有地方存放，难道真的是把亿万的财产存进金库就可以吗？当然不是，真正的财富是要存在心中的，只有宽广的心胸才能存放下亿万的财富。就比如说范蠡，也就是我们常说的"财神爷"，他三次都达到了富可敌国的地位，又三次散尽家产，三聚三散，传为美谈。财富来了，没见范蠡兴奋；散尽家产，没见范蠡沮丧，范蠡真正达到了"不以物喜，不以己悲"的境界。而也正是因为这样，他才能够拥有那富可敌国的财富。

回过头再来看现在的很多人，因为丢失了几十块钱，心疼一个星期；因为几百块引发纠纷，大打出手。如果是这样的心胸，即使给你亿万家财，你装在哪里？心胸就像一个仓库，仓库太小，财富来了都没地方装。如果你的心胸无限宽，整个大地都是你的仓库，把大地铺满黄金，你的仓库依然能绰绰有余，那你何止亿万家财！

那么，怎样才能让自己配得上富贵，让自己有一个好命呢？云谷禅师认为，主要是靠自己修行。"天不过因材而笃，几曾加纤毫意思。"意思就是说上天不过就是让每个人得到他们应该得到的。说到底，上天要是真的赏赐给一个人什么东西的话，那么这个人必须有满足得到这件东西的条件。也就是说想要得到一个满意的结果，自身就必须达到一定的条件，让上天有理由、有原因把这个东西赐给你。这其实就是佛家所宣扬的"因果"之说，而因果联系正是万物发展的规律。

怎样才能让自己达到富贵的条件呢？那就是行善积德。就比如说生子这件事情，子孙绵延不绝，个个都是孝子贤孙，这必然是祖先有大的功德的原因。再比如说家族的延续，如果一个人积了一百代的功德，就一定有一百代的子孙来保住他的福泽。积了十代的功德，就一定有十代的子孙来保住他的福泽。积了三代或者两代的功德，就一定有三代或者两代的子孙来保住他的福泽。至于那些没有子孙后代延续的人，那是他功德极薄的缘故。

云谷禅师所说的改变命运，就是行善积德，让自己变得更好。一个人究竟能不能考中科举、到底会不会有子孙后代、究竟会有一个什么样的命运或者是福祸，全部都是由自身的功德所决定的；而一个人到底有没有功德或者有多少功德，都是由这个人自己的所作所为来决定的。所以说，人的命运终究是自己来决定的。

改变命运的方法

【原文】

汝今既知非，将向来不发[①]科第，及不生子之相，尽情改刷[②]；务要积德，务要包荒[③]，务要和爱，务要惜精神。

【注释】

①发：开展，张大，扩大。

②刷：剔除，淘汰。

③包荒：这里是宽容、包涵的意思。

【译文】

你如今既然知道自己的过错，就应该把你以前不能得到功名和没有儿子的各种福薄之相，全部改变过来。一定要积善积德，一定要包涵宽容，一定要温和慈爱，一定要爱惜自己的精神。

【解读】

了凡先生非常清楚自己错在哪里，为什么会是那样的命运。既然如此，就需要积极修行，通过完善自己，进而改变命运。具体怎么做呢？云谷禅师给了凡先生提出了几条改变他命运的做法。

第一点是积德。本来，人的本性之中就具有圆满的德行，你只需要恢复你的本性，圆满的道德自然就显露出来了。但是，人们既然生活在这个世界上，就要和外界发生接触，和外界发生接触之后，就很容易受到外部环境的影响。在这种情况下，人就很可能在外部环境的影响下发生改变，而这种改变给人们带来的很可能就是恶行，有了恶行之后，人们的德就会越来越少。恶行会让人付出相当大的代价，甚至有时候是人们根本不可能承受得了的。在人们必须和外界产生接触的情况下，最好的办法就是努力去积德。积德不但能够让人的恶行减轻，还能带来大富大贵，带来健康长寿，带来万事如意，这也是因果定律。古人说"勿以善小而不为"，说的也是积德的道理。

第二点就是要包荒。包荒其实就是包容，这是人积福必具的品性。德国哲学家莱布尼茨曾经说过："世界上没有两片完全相同的树叶。"同样地，世界上也没有两个完全相同的人，即使是双胞胎也是有区别的。在这个世界上，人和人之间有着巨大的差异性，但是人和人之间也需要共存，差异性的存在又是人和人交往的拦路虎，因此，这个社会想要和谐地存在，人与人之间的差异性必须要得到容忍，这就要求人们有容忍别人的不同的心胸，也就是说人要有包容的心理。如果没有一个包容性很强的心的话，那么人们拥有的只能是无穷无尽的烦恼。人生在世，只有容得下别人的过错，才能见得到别人的美好，才能提升自己。古人说"海纳百川，有容乃大"，如果没有一颗包容之心，大海何以成其广大无涯？因此，有一颗包容的心是一个人修身的要点。

第三点就是和爱。和爱，也就是和气爱物。和就是和气，有道是：和气生财，和气能够带来吉祥。和气的态度能够使人渐渐地具有容人之量，具有包容之心。爱就是慈悲之心，是宇宙的本质。可以想象一下，一个和气并且有慈悲之心的人，一定是一个心地善良的人；一个心地善良的人一定会经常地行善积德。而要想改变命运是需要很大的功德的，了凡先生自己在前面已经讲到了自己不够和气，容易暴躁，因此，他需要改掉毛病，变得和爱。

第四点就是要惜精神。精神就是指一个人的精、气、神，惜精神也就是说人要保重身体的意思。身体是革命的本钱，无论人做什么样的事情，都离不开一个健康的身

体。不注意身体，必定致病，一个身体不健康的人是谈不上有一个好的命运的。另外，古人认为，不珍惜身体也是不孝的一种表现。《孝经》中说："身体发肤受之父母，不敢毁伤，孝之始也。"《论语》中说："父母惟其疾之忧。"《弟子规》中说："身有伤，贻亲忧。"这都是说不注意保养身体，破坏自己的身体，父母必定会担忧，让父母担忧就是不孝。因此，珍惜身体一方面能够保证自己有一个健康的身体去创造自己想要的命运，另外一方面又保全了孝道，是一件十分重要的事情。

了凡先生想要改变自己的命运，就必须做到以上的几个方面。其实，现代人也是一样的，要想自己的生活、自己的人生和命运更加美满幸福，也要努力做到上面那几个方面。

忘掉过去，从头开始

【原文】

从前种种①，譬如昨日死；从后种种，譬如今日生；此义理②再生之身。

【注释】

①种种：指从前发生的一切。

②义理：义理道德。

【译文】

从前的一切，就像昨天一样已经过去，以后的一切就像今天一样刚刚开始。明白了这个道理，你就如同重新获得了新的生命一样。

【解读】

这段话看起来很短，意思也很好理解，但是这句话所包含的意义是很深刻的。云谷禅师告诉了凡先生的一个做人的道理：做人不能老是沉浸在过去的事情当中无法自拔，而是要放眼未来，以前的事情，都和昨天一样一同成为过去，每一天都是一个新的开始。云谷禅师对了凡先生说这句话其实是劝慰，也是告诫。明确地告诉了凡先生不应该沉浸在过去之中。

了凡先生当时去拜访云谷禅师的时候已经人到中年了，但是基本上什么成就也没有，他的前半生可以说是碌碌无为，虽然说因为参加科举成为一名贡生，但是这也并不能说明什么。在当时来说，他身为一个读书人，通过参加科举成为一名父母官了吗？没有。他有让自己的名字名扬天下吗？没有。他做出了什么光宗耀祖的事情了吗？没有。他有后代吗？没有。所以说，了凡的前半生应该是失败的。

或许有人会说，当初孔老先生给他算过命，他以后是会当上官的，也就是说了凡先生以后会成功。没错，孔老先生当初确实是给了凡先生算过命，也确实算出来了凡先生将来会成为一个国家的官员。但是，了凡先生这不成功的前半生，归根结底也是因为孔老先生给他算过命的缘故。为什么这么说呢？大家都知道，孔老先生给了凡先生推算命运已经是二十年前的事情了，这个时间可不算短了，或许就连孔老先生自己都忘记了这件事情。但是了凡先生呢？在这二十年时光中，他做了什么事情呢？说起来其实很简单，了凡先生这二十年的时光中一直在回忆着孔老先生在当初给他推算的命运，为了验证当初孔老先生给他推算的命运是不是正确而活着。他这二十年就是生活在对于过去的纠结中，从来没有考虑过以后的事情，这才是他这二十年一事无成的根本原因。

既然这样的生活方式是不正确的，那么正确的生活方式应该是什么呢？云谷先生认为"从后种种，譬如今日生"，意思是说以后的一切就像今天一样刚刚开始，也就是说要认真地努力，把握好今天。为什么这样说呢，有句话叫作"活在当下"，人们生活的时间叫作现在，所以只有把现在做好了才能真正地算是有意义的生活，也只有认真地对待现在的生活，才是真正对得起自己这一生。

当然了，说起来容易做起来难，回忆过去并沉浸其中是一个人下意识的、本能的、条件反射似的反应，很多时候人们根本不能自己去控制，这才导致了人们总是生活在回忆之中。真正能够做到重视现在的人，大多数是那些看破了红尘间的俗事的人，就像东晋时期的大文学家陶渊明也只是在不为五斗米折腰、辞官以后才懂得了"悟以往之不谏，知来者之可追"这个道理。

云谷禅师所说的这个道理是了凡先生必须理解的，也必须去这么做的，否则的话他以后依然会像前二十年那样一事无成，估计也会像自己所说的那样不应该考中科举也不应该有儿子。只有做到忘记过去正视今天，才能真正开始改变自己的命运。云谷禅师认为，了凡先生只要能够从现在开始去努力，去改正以往的错误，去行善积德，就能够得到一个与义理道德相应的身体和生命。

当然，现实中也肯定有人因回忆过去而忽略了现在，如果想要改掉错误，想重新规划自己的人生，不妨将这句"从前种种，譬如昨日死；从后种种，譬如今日生"作为自己的座右铭，它将为你提供强大的精神动力。能够从自己的内心真正履行这句话，那你的人生定会有所改变；能够真正做到这句话的人，最后一定能够做到"我的命运我做主"。

自己的命运自己做主

【原文】

　　夫血肉之身，尚然有数；义理之身，岂不能格天①？

【注释】

　　①格天：感通上天。

【译文】

一般人的血肉之躯尚且还有一定的命运，而义理道德的生命，难道还不能感动上天？

【解读】

按照云谷禅师的说法来看，一个人的身体应该分为两个部分，即血肉之身和义理之身。

所谓的血肉之身，就是指我们每个人都拥有的身体，这个是客观存在的，是看得见、摸得着的。就比如说我们平时总是说我们看见了一个人，这里所说的看见那个人就是指看见了那个人的血肉之身。人的血肉之身是客观存在的，并且是不以一个人的意志为转移的，换一种说法就是人的血肉之身是天生就注定的，是附和先天的定数的，人是不能够选择自己的血肉之身的。

确实如此，每个人的身体都是这个人的父母赐给他的，而每个人来到这个世界上最不能去做选择的就是他的父母。也就是说一个人的美丑、身体是否有缺陷，这些东西都是与生俱来的，命中注定的，一个人就算再怎么样做都是没有办法改变的。

当然了，这里所说的血肉之身也不单单是指人客观存在的身体，还包括人所拥有的财富、地位，人是贫穷或者是富贵还有一个人一生中所要经历的福泽、祸患等等。财富、地位、福祸等东西全都是先天所决定的，不是随随便便就能拥有的，其实这就是大家平常所说的命中注定，或者说是命运。

佛教中有三世轮回的理论，认为人都是由死去的人转世轮回再投胎之后来的，而一个人这一生的贫富、福祸等都是由于这个人上辈子做的事情的好坏和这个人上辈子是善是恶、功德多少决定的。比如你前世积功累德，也就是善业多，那这个血肉之身就会非常优秀，有好的相貌，会健康长寿，大富大贵，吉祥如意，等等。你今生万事如意，锦绣前程，那是因为先天的善业所致。相反，如果先天罪业累累，那这个"血肉之身"今生就要遭受贫穷、疾病、夭折、百事不顺，这是由先天的罪业所决定的。由于上辈子的因在上辈子就已经注定了，所以说人的这辈子的福祸、贫富等在出生的时候也是注定的。所以说，我们现在这个血肉之身，是天生就决定的。

那么什么是义理之身呢？所谓的义理之身，就是符合义理道德的身体，它或许只是一个虚幻的存在，是看不见、摸不着的，但是禅宗认为，义理之身才是人们的真身，才是一个人的本来面目。

血肉之身是天生就有的，而义理之身却是需要人不断地修养自己的德行，按照圣贤的教诲不断地修炼，拿出一股不见义理之身誓不罢休的勇气才能够见到。也就是说义理之身需要人们自身去创造。在中国古代，人们就已经有了对于义理之身的追求，因此很多学派都有对于见到义理之身的步骤的描绘。比如在《论语》中孔子这样说："吾十五而志于学，三十而立，四十而不惑，五十而知天命，六十而耳顺，七十而从心所欲，不逾矩。"这句话描绘了孔子见到义理之身的过程，也可以说这是圣人的悟道次第。

佛家认为义理之身就是法身，就像虚空一样不生不灭。佛陀为了能够让众生见到义理之身，开设了种种方便法，所谓"八万四千法门"，都是为了让人能够见到义理之身。佛教的每个宗派都有自己的一种方法去见到义理之身，比如禅宗就是用参禅顿悟的办法来办到的，再比如天台宗是通过修止观，净土宗是通过念佛，律宗是通过持戒，密宗是通过持咒等，都有着非常完备的理论和方法。

　　云谷禅师在这里所说的"义理之身，岂不能格天"的意思是说义理之身要与上天保持一致，要符合天道的规律。义理之身决定着一个人真正的命运，而义理之身究竟是什么样子的是由一个人自己所决定的，因为义理之身究竟符不符合天道的规律要看一个人的所作所为到底符不符合天道的规律，比如说行善积德就符合天道的规律，经常作恶就不符合天道的规律，所以说一个人的命运最终究竟是什么样子的，其实是由自己决定的。

　　这也就是说，我们平时不要总是看到别人的处境好而自己的处境不好就去抱怨命运的不公，其实这些都是自身的原因，我们的确无法选择自己的出身，但是我们可以选择自己的未来，只要平时多多地去行善积德，就可以改变自己的命运。

自作孽，不可活

【原文】

　　《太甲》①曰："天作孽，犹可违；自作孽，不可活②。"

【注释】

　　①《太甲》：《尚书》篇名。分上、中、下三篇，记载商王太甲与伊尹的事迹。
　　②活：通"逭"，意为逃脱。

【译文】

　　《尚书·太甲》中说："上天带来的灾害或许还可以躲避，自己做了恶事而带来的灾难，就无法逃脱。"

【解读】

　　这段主要是借用古书上的话来说明人的命运是由自己决定的这个道理的。

　　这里所说的《太甲》是指《尚书·太甲》。《尚书》是我国现存的最早的史书，包含多种体裁，有《虞书》《夏书》《商书》《周书》等几个部分。而这里面所说的《太甲》就是属于《商书》中的一个部分，主要讲的是商朝的一位叫作太甲的君王的故事。

　　太甲本是商朝第一位君王汤的嫡长孙，由于当时的君主继承是世袭制，太甲顺理成章当上了商朝的君王。开始的时候太甲并不是一个合格的君主，他即位之初残害百姓，随便发号施令，不尊祖制，不守礼法，做了很多不好的事情，使得他统治的百姓

对他离心离德。

　　当时有一个大忠臣，名字叫作伊尹。伊尹是辅佐汤建立商朝的元老，同时也是汤的老师，更是中国历史上第一个奴隶出身的宰相。伊尹曾经多次劝告过太甲，希望他能改邪归正，像汤一样做一个明君，但是太甲不听伊尹的劝告，依旧我行我素。为了阻止太甲的胡作非为，为了能够让商朝继续延续下去，同时为了教育太甲、给他一个改过自新的机会，伊尹用自己的影响力想办法把太甲放逐到了桐宫，让他闭门思过。太甲在桐宫思过，整整持续了三年的时间。在无所事事的时候，太甲也开始反思自己，开始反省自己过去做出的事情，发自内心地检讨自己，决心改过自新。伊尹又重新把他接回都城。太甲回到都城之后，重新当政。不过他已经不是当初那个昏庸无道的太甲了，经过三年的反省，他改过自新，行善积德，最终使天下的诸侯都归顺了他，他自己所统治的百姓也都安居乐业了。

　　而这句"天作孽，犹可违；自作孽，不可活"正是太甲从桐宫回到都城之后，为了感激伊尹的教诲、反省了自己之前的过失之后所说出来的话。

　　"天作孽，犹可违"，意思是说上天所注定的东西，有时候是可以违抗的。就比如说一个人的命运。每个人生来的时候上天都会给他安排一个命运，按照云谷禅师的说法或者是佛教的一些思想来看，这个命运并不是上天随意安排的，不是说上天看谁不顺眼就可以让他一辈子都过得不好，而是上天根据这个人上辈子的表现，是善还是恶、有没有功德等来决定的，这是上天安排的。前世行善，这辈子就会得到好报；前世作恶，这辈子就要遭到报应。但是，上天安排的这个命运却是可以改变的，譬如说前世作恶，那么这辈子上天安排的就应该是一个不好的命运。但是，如果人们不满意的话，那么只要这辈子多多行善，多多积累功德，只要积累功德够多，那么是可以改变这个结果的，是可以获得一个好的命运的；相反，如果因为上辈子行善积德而这辈子获得了一个好的命运，就总是作恶，那么上辈子所积累的功德早晚都会被败光，只剩下恶行了，那么这辈子就会得到一个不好的命运。总之就是善有善报，恶有恶报，这其实就是佛教中所说的命由己造的思想。

　　"自作孽，不可活"，意思就是如果自己做出了什么天怒人怨的事情的话，那么就活该得到报应了。前面就已经说过很多次了，行善会积累功德，而作恶的话就会得到罪行；功德积累多了能把不好的命运变成好的命运，而罪行积累多的话那么好的命运也会变成坏的命运，受到严重的惩罚。罪行积累得多的话就可以称之为作孽，那不可活的意思自然就是没有好的下场了。说白了这句话就是说如果一个人作恶的话，那到最后也只能是自己害自己。

　　或许有些人会认为这些所谓的因果报应要到下辈子才会实现，那么就先享受好这辈子再说，谁还去管下辈子的事情啊。其实要是这样想的话那就大错特错了，因为这些事情其实是一个功德和罪行相互抵消的事情。就好比说每个人出生的时候都有一定数量的功德；如果这个人行善的话，那么功德就会逐渐地增加；而这个人要是作恶的话，功德就会被罪行相抵消而逐渐减少。等到功德耗尽，只剩下罪行的时候，那么报应就来了。所以，可以说报应不是只会在下辈子才来，而是在你自身的功德消耗殆尽的时候就会到来。

其实这些都是云谷禅师在劝慰和告诫了凡先生，人的命运是自己决定的。如果因为自己不努力的原因而得到了一个不好的命运，那就只能说活该了。其实现在的人们也是一样，不要成天怨天尤人，而是应该从自身做起，与人为善，努力改变自己的处境，积累到一定的时候，就会产生好的效果。

要经常自我反省

【原文】

诗云："永言配命①，自求多福。"

【注释】

①配命：配合天命。

【译文】

《诗经》上也说："人应该常常想着自己的所作所为，是不是合乎天道，自己要多求福报。"

【解读】

这句话是云谷禅师引用古代经典来告诫和教育了凡先生的。

"永言配命，自求多福"出自《诗经·大雅·文王》，看起来很短，但是它的意思却是很深刻的。一个人应该经常想一想自己的所作所为，看看到底是不是符合天道的规律。很多的时候，只要做的事情符合天道的规律，那么自然就能获得很多的福报。因此，一个人是不是有一个好的命运，是不是有很多的福报，是看自己所做的事情到底是什么性质的。

《诗经》是我国历史上第一部诗歌总集，是我国古代劳动人民根据一些现实的事情创作并汇编而成，是我国现实主义诗歌的源头。《诗经》虽然是一部诗歌总集，但是作为一部反映现实主义的作品，它其中的大多数作品都是根据现实创作而成，非常符合现实规律或者是天道的规律，其中的道理也都是值得人们借鉴的。一个人要多想一想自己所做出来的事情到底符不符合天道的规律，也就是说一个人做出来的事情应该是符合天道的，这样人才能获得更多的福报。

佛教学说虽然不认为人的命运是上天决定的，但是佛教认为一个人想要获得好的命运就必须要符合天道。当然了，在古代中国占统治地位的儒家思想，对天也是很敬畏的，比如说儒家的第一圣人孔子认为君子有三畏：畏天命、畏大人、畏圣人之言。在这里天命可是排在第一位的。《论语·泰伯》中也有"巍巍乎，唯天为大"的说法，就是因为孔子认为天是至高无上的，所以才产生了对天的无限的敬仰之情。

这里再说一下天道。我们每个人做事情都有自己的一套方法，为人处世也有自己的一套原则，违背原则的事情是不能做的。上天有自己的一套判断是非的准则，这套准则适用于这个世界上的所有人，符合天的准则的人上天就会奖励他，而违背天的准则的人天就会惩罚他。这个上天用来判断别人是非对错的准则，就可以理解为是天道。

仔细分析一下这句话。首先是"永言配命"。这里的"永言"其实也包含着很深刻的意思，意思是圣人永远都这么说。要知道，这里的圣人可不仅仅指的是孔子，还包括伏羲、黄帝、尧、舜、禹、商汤、文王等等，甚至还包括佛教的祖师们。"配命"，"配"是符合的意思，"命"指天命、天心，意思是符合天心，符合天道。连在一起就是说人们做事情之后要经常反省自己做的事情到底符不符合天道。

一个人做了什么事，是不是符合天道，他自己最清楚。因此，想要明了自己的对错，反省就是一种很好的方法。自我反省可以算作是人们的一种很好的自我修行方式，一种修炼自己的方式。古代很多人都懂得多多自我反省的道理，比如孔子的弟子曾参就曾经说过："吾日三省吾身，为人谋而不忠乎？与朋友交而不信乎？传不习乎？"其实每个人或许都有自己的修行方式，但是自我反省的效果无疑是最好的，因为这样做最能发现问题，只有发现了问题之后才能去谈解决问题。再有，佛门每天都需要诵经，其实这也是一种自我反省的方式，洗涤心灵，安安静静。当然，只要每个人都能懂得自我反省，然后做事情符合天道，那么最终才能真正地决定自己的命运。

人在自我反省之后就会明白自己的得失，多做符合天道的事情，也就可以"自求多福"。或许有人认为自求多福的意思是自己去祈求上天的保佑，祈求有很多的福气，其实这是十分片面的。它的意思是说人有没有福气都是自己决定的，是要看自己所做出的事情到底符不符合天道。

人的命运最终还是要靠自己去决定的，不要指望着别人的帮助，不要指望着父母亲属的提携，更不能指望着上天的眷顾，每个人都要靠自己的双手去创造未来。

了凡先生怎么样改变命运

【原文】

孔先生算汝不登科第，不生子者，此天作之孽，犹可得而违；汝今扩充德性①，力行善事，多积阴德②，此自己所作之福也，安得③而不受享乎？

【注释】

①德性：这里指人的品德性情。
②阴德：指在人世间所做的而在阴间可以记功的善事。
③安得：怎么可能。

【译文】

孔先生推算你今生不能登科及第，没有儿子，这是上天所给你制造的灾祸，还可以改变。你如今不断提高自己的品德，平日里多做好事，为以后多积累些阴德，这是你自己所造的福，怎么可能享受不到积攒的福气呢？

【解读】

　　这段话就是云谷禅师针对了凡先生现在的实际情况对他进行指点了，也就是告诉了凡先生想要改变他自己那天生的命运的话，到底应该怎么做。

　　当初孔老先生给了凡先生推算出来的命运毫无疑问也不是很好，但是了凡先生却接受了、顺从了。云谷禅师的话就是要告诉他，不能听从命运的摆布，需要做出改变。

　　云谷禅师认为孔老先生为了凡先生所推算出来的命运或者说是上天注定赐给了凡先生的命运是不好的，但这只是上天注定的，是天作孽，是可以改变的。当然了，如果了凡先生想要改变这样的命运的话，是需要特定的方法的。

　　第一就是要扩充自己的德性。所谓的德性，就是指上天所赋予一个人的道德本性，就是一个人内心最本质、最纯正的东西，也就是一个人的真诚之心。而扩充德性就是说扩充一个人的道德本性，也就是使一个人的真诚之心增加。前面说过，一个人的命运到底如何，很重要的一点是要看这个人内心的追求，求什么得什么，内心真诚增加了，那么获得好的命运的机会也就变大了。

　　第二点便是多做善事，行善积德。有道是"积善之家，必有余庆"，做好事的人总是会得到好报的。当然，这里所说的主要不是做善事，主要是积累阴德和功德。因为做善事有很多种：有些人出于某种目的才去做善事，这样的人完全是为了自己，这种做善事是不可能获得功德的；而另外的一些人则是发自内心地做善事，只有这样的人在做完善事之后才能获得功德。前面就说过，真正能够改变命运的东西其实是功德积累的多少，所以说做多少善事并不重要，多积累一些功德才是最重要的。

　　其实这些东西都是很好理解的，道理也是很简单的，这就是佛教经常说的因果报应。佛教认为每个人都有过去、现在和未来三世，而这三世之间是有一定的联系的，这就是因果联系。正所谓欲知前世因，今生受者是；欲知来生事，今生做者是。善有善报恶有恶报，只要积德行善有善心，就一定能够得到好报的。

　　云谷禅师的意思就是告诉了凡先生，只要他能够有一些善心，并且多多行善积德，那么他就能够自己为自己创造出很多的福报。这些福报都是掌握在他自己手中的，最终给他带来的也就是命运的转变。也就是说，了凡先生可以通过自身的努力和改变，去改变孔老先生所推算的那个命运，获得一个更好的命运，或许能够考上科举或者生个儿子。

　　其实这几点不单单是适用于了凡先生的，对于每个人都是适用的。如果有人对自己的命运或是现在生活的处境不满意的话，那么就照着云谷禅师的方法去做。只要相信善有善报，就一定能够改变自己的命运和处境。

命运可以改变

【原文】

　　《易》为君子谋，趋吉避凶；若言天命有常①，吉何可趋②，凶何可避？开章第一义，便说："'积善之家，必有余庆③。'汝信得及④否？"

　　余信其言，拜而受教⑤。因将往日之罪，佛前尽情发露⑥，为疏⑦一通，先求登科⑧；誓行善事三千条，以报天地祖宗之德。

【注释】

①常：长久，经久不变。

②趋：追求，追逐。

③积善之家，必有余庆：积德行善之家，必定会恩泽及于子孙后代。余庆：指先代的遗泽。

④信得及：能够相信。

⑤受教：接受教诲。

⑥发露：揭露，这里是说向佛祖说出自己所犯的错误，没有一点隐瞒。

⑦疏：奏章的一种，有使下情向上传达、上下疏通之义。本意指文章，这里用作动词，即写文章。

⑧登科：指科举考中进士，也称"登第"。

【译文】

　　《易经》上也有一些告诫君子的言论，凡事都要趋向吉利，避免灾祸。如果说命运是固定不变的，那么吉祥又从哪里去寻找，凶险又怎么去躲避呢？《易经》第一章就有：积善积德的家族，必定会有福报恩泽于子孙后代。你相信这个道理吗？

　　我相信了云谷禅师所说的话，接受他的教诲并向他拜谢。我在佛祖面前把自己过去所有的罪恶，全部说出来忏悔。然后写了一篇文章，先向佛祖祈求，希望自己在科举考试中能够考中进士，并且发誓，以后要做三千件好事，来报答天地先祖对我的恩惠。

【解读】

　　在这段中，云谷禅师又用《易经》中的话和其中所包含的道理来告诫了凡先生。

　　《易经》也叫《周易》，它是我国古代的一部哲学书籍，是我国现存最古老的一部关于占卜的书籍。传说中《易经》所包含的内容是由伏羲氏和周文王先后总结和概括出来的，司马迁就曾经有"文王拘而演周易"这样的话。

　　《易经》这部书本是讲述天道运行的书籍，记载着一些对未来的事态发展预测的理论，包含着十分深刻的哲理，可以根据书中的内容推算出过去和未来的所有的事件，让人们能够懂得天道运行的规律，并根据天道的规律去做事情。从古至今研究《易经》的人也是十分多的，毕竟这是一部关于天道运行规律的书籍，天又是人们内心中最神秘的存在。就比如了凡先生在他这本《了凡四训》中所提到的给他算命的孔老先生和孔老先生所说的邵子，都是对《易经》有很深的研究的人，邵子所写的《皇极经世书》也是根据《易经》而发展出来的。

《易经》是讲述天道运行规律的书籍，所以《易经》也可以说是君子安身立命所要依托的典籍。为什么这么说呢？因为这部书中包含着一个很重要的道理或者说是教人们一个很重要的东西，那就是趋吉避凶。

趋吉避凶，这句话不论是古代人还是现代人都经常说。古代的人经常会去一些寺庙里面求一些所谓的平安符的东西来保佑自己或者家人的平安；现代人则会去商场买个辟邪的物件戴在身上。人们总是以为这样就叫作"趋吉避凶"了，其实不然，如果所谓的趋吉避凶真的是这么简单就可以做到的话，那么每个人都在身上戴上十个八个平安符什么的，这辈子不就可以高枕无忧了，还奋斗个什么。《易经》中所说的趋吉避凶其实是教导人们命运是可以改变的，或者说是教导人们改善命运的方法。想要趋吉避凶，就一定要懂得最正确的方法。其实这个方法也是很简单的，那就是无论做什么事情都要符合天道。不管多么富贵，多么有钱有地位，如果不懂得天道的话，就永远不会知道趋吉避凶的方法。

《易经》开篇的第一句话就是"积善之家，必有余庆；积不善之家，必有余殃"。其实这就是天道的规律。只要一心向善，必然有多余的喜庆，也必然会有福气的降临；一心向恶，必然有多余的灾变，也必然会有祸患的到来。《尚书》中说："惠迪吉，从逆凶，惟影响。"这句话是大禹说的，意思是顺应天道而行，就会吉祥；违逆天道而为，必然凶险，这如同影之随形，响之应声一样。

云谷禅师的话对于了凡先生产生了巨大的影响，了凡先生听到了云谷禅师的改命理论，如同醍醐灌顶一般，他相信了云谷禅师，发现自己前二十年就是活在了错误之中。

了凡先生对于云谷禅师的信任，其实是产生出了一种信仰。所以，了凡先生接下来所做的事情就是改变。当然，所谓的改变也不是一朝一夕就可以做到的，他先是对于云谷禅师表示了感谢，这表示出对于云谷禅师的尊敬。同时，趁着云谷禅师在的机会做了几件事情。

第一件事情就是忏悔，在佛前向佛祖忏悔。首先我们要知道什么是忏悔，按照一般人的理解，忏悔就是对着佛祖或者是神仙什么的反省自己的错误，这么理解没有什么错误。其实忏悔本来是佛教中的一种意识，出家人每隔半个月要集合进行诵戒，犯戒者要自己陈述自己的错误，进行忏悔祈福，慢慢地忏悔就发展成为一种很好的修行方式。其实如果把忏悔看成是一个过程的话，我们可以把这个过程分成两个部分：首先要认识到自己的错误，承认自己犯了错误；然后要在内心中进行反思。那么了凡先生为什么要进行忏悔呢？一方面这是表达一种自己真诚悔改、改正错误的态度；另一方面是因为佛教认为一个人隐瞒自己的罪孽的话，就会累积成罪行，最后得到恶报，如果将自己的罪行说出来，受到别人的指责和责难，就能够消除罪业。所以了凡先生的忏悔其实就是为了这个过程，为了消除自己的罪孽。

第二就是立志或者说是祈求，那就是中举。既然云谷禅师给了凡先生讲述了人可以自己改变命运的道理，了凡先生也明白了这个道理，那么了凡先生当然就想要改变自己的命运了。那么了凡先生希望改变自己什么样的命运呢？首先他想到的就是他自己不登科第的命运，于是他第一件事情就是在内心中祈求自己能考中科举。了凡先生在自己的心里面给自己树立了一个明确的目标，那就是要考上科举，毕竟如果没有一个目标的话，那么了凡先生和之前不还是一个样子吗？有目标就要照着目标去努力，要想改变命运除了要在内心深处祈求之外，还要在实际行动中多多地行善积德。

第三点就是发誓，或者也可以说是了凡先生的目标，那就是以后要做三千件善事。当然，这不是说具体的数量就是要做三千件的善事，而应该是一个泛指，应该是说做善事要做到一定的程度，正如《太上感应篇》中所说的，能够做到三千条善事，就能够做地仙了，由此就可以看出三千件并不是为了说明具体的数量的。当然了，要想做好这三千件善事其实也并不是一件容易的事情，这需要一个长期的过程，也需要有持久的恒心、毅力，并且还要有一颗真诚的心，只有这样才能真正地做到完成三千件善事。

功过需记录

【原文】

云谷出功过格①示余，令所行之事，逐日登记；善则记数，恶则退除，且教持准提咒②，以期③必验。

【注释】

①功过格：初指道士逐日登记行为善恶以自勉自省的簿格，及后流行于民间，泛指用分数来表现行为善恶程度、使行善戒恶得到具体指导的一类善书。

②准提咒：又称佛母准提神咒，目前在《佛教念诵集》中作为"十小咒"之一。

③期：盼望，希望。

【译文】

云谷禅师拿出功过格给我看，让我把自己所做的事情，每天都登记在功过格上。如果做了善事则记功，倘若做了恶事，便要减去积累的功德。云谷禅师还教我念准提咒，使我所求的事一定应验。

【解读】

了凡先生为了改变自己那不好的命运，当着云谷禅师的面，做了几件事情，其中就包括他发了一个誓，说是要在以后的日子里做上三千件的善事。为了防止了凡先生用不正确的方法去做事，或者说半途而废，云谷禅师就想出了一个办法，那就是记录功过格。

功过格是一种修行的参考模式，用这种方法有助于人们修炼自身。功过格最早出现应该是在道教，道士们平时需要记载自己的善恶功德，而功过格就是道士记载这些东西时所用的簿册。从中我们就可以看出来，这个所谓的功过格应该分为两个部分或者说是应该分为两本，即专门记载功德善行的功格和专门记载恶行的过格。

那么道教中的道士为什么要记录这些东西呢？因为他们都属于修真之士，他们认为"修真之士，应该自记功过，自知功过多寡。功者多得福，过者多得咎"。其实这就是道教的道士自我约束言行、积德行善的修养方法。另外，《抱朴子·内篇·对俗》中记载："人欲地仙，当立三百善；欲天仙，立千两百善；若有千一百九十九善，而忽复中行一恶，则前善尽失，乃当复更起善数矣。故善不在大，恶不在小也。"所以说，功过格其实是为了能够提醒修真之人要多做善事，同时也是防止他们忘记做了多少善事，让他们有目标，更是为了防止他们去作恶。通过功过格修真之士能够知道自己一天、一月或者是一年的功过得失。后来，功过格流传到民间，很多修身养性的人或是积德行善的家庭也都开始用这个法宝。

每天反省自己，然后把善事记在功格上，用正数来表示；把恶事记在过格上，用负数来表示，这样就知道自己一天的功与过了。千万不能小看了功过格，他对勉励人改过从善具有莫大之功。长期坚持下去，必然就会像《弟子规》中所说的一样，"德日进，过日少"，渐而变成纯善无恶，达到儒家所说的"至善"境界，这是不可思议的功德。

了凡先生发誓说要做足三千件的善事，所以云谷禅师就向他展示了功过格，其实为的就是要了凡先生按照功过格的方法去修行，同时也是为了不让了凡先生忘记自己的誓言，把每天做的事情，无论是善还是恶都记录下来。同时，云谷禅师也是希望了凡先生能根据自己在功过格中所记录的东西，每天都能够去自我反省，明白自己的对错，明白天道的规律，这样才能够真正地做到改变命运。

为了能够帮助了凡先生实现他改变命运的想法，云谷禅师不光是传授了他的功过格，还交给了了凡先生另一个法宝，那就是被佛教列为十小咒之一的准提咒。准提咒是佛教的一个重要咒语，在寺庙内，每天早上，僧人们上早课的时候都要读诵它。佛教的咒语都是没有任何的功利性的，准提咒也是一样的，诵读它只是可以恢复清静的心态，达到心无妄念的境界。了凡先生想要改变命运，首先就要做到内心清净，没有妄念，所以多诵念准提咒对他有好处。另外，根据佛经的记载，念诵准提咒的功德很大，可以消除罪恶，所求如意，所以不管是僧人还是在家居士，自古以来持诵的人非常多。佛教咒语中，很多咒语都具有灭罪和所求如意的功用，了凡先生想要改变命运，就是因为他以前的罪恶太多，功德太少，所以也应该多诵读一下准提咒，这样对于他改变命运有很大的帮助。

诵读佛教的咒语能够使内心清净，这一点很好理解，其实无论做什么事情只要专一去做，内心什么都不去想，都能够达到内心清净。那么为什么说诵读准提咒可以消除罪恶呢？只是动动嘴又没有具体地去做什么事情，怎么可能消除罪恶呢？

当一个人很认真很专一地诵念一个佛咒的时候，比如诵念准提咒，这个时候他内心的烦恼会被准提咒代替，烦恼会被压制住。如果继续念下去，烦恼就会彻底消失，此时这个人的内心中就只剩下准提咒了。那么这个时候人的那些罪行到哪里去了呢？这个时候人的那些罪行早就被福德和智慧代替了。如同一个空杯子，本来空空的，但你注入了清水，杯子的空间立刻就被你所注入的清水代替了，念准提咒能消灭罪恶也是这个道理。

云谷禅师把这些东西都交给了了凡先生，其实就是希望了凡先生能够真正地实现他改变命运的愿望。

不会符箓鬼神笑

【原文】

语余曰："符箓①家有云：'不会书符，被鬼神笑。'此有秘传，只是不动念也。执笔书符，先把万缘放下，一尘不起。从此念头不动处，下一点，谓之混沌开基。由此而一笔挥成，更无思虑，此符便灵。"

【注释】

①符箓（lù）：符箓是道教中的一种法术，亦称"符字""墨箓""丹书"。符箓是符和箓的合称。符指书写于黄色纸、帛上的笔画屈曲、似字非字、似图非图的符号、图形；箓指记录于诸符间的天神名讳秘文，一般也书写于黄色纸、帛上。

【译文】

云谷禅师对我说："画符箓的专家曾说：一个人如果不会画符，就会被鬼神耻笑。有一种神秘的画符方法，就是不动念头。拿笔画符的时候，要把所有念头都放下，心里一丝杂念都不能有。首先要不起杂念，用笔在纸上点一点，这一点就叫混沌开基，从这一点开始一直到画完整个符，这个过程中如果没有复杂的思绪，这道符就会灵验。"

【解读】

这段虽然说的主要是道家的学问，但是云谷禅师在这里并不是要宣扬道家的学说，而是想借用道家的学说来说明做人不应该在心里动妄念这个道理，也就是说人们在做任何事情的时候都不要去胡思乱想。云谷禅师所说的符箓其实就是道教的基本法术之一，也可以说是道教为了实现人和鬼神之间的沟通而创造出来的秘宝。

道教是中国最古老的宗教，也是在中国土生土长的宗教，深深地扎根于中华的传统文化当中。鲁迅先生认为，中国的根柢全在道教。道教的最高信仰是"道"，把对神仙的信仰当成是核心的内容，把得道成仙当成是修炼的最终极的目标，因此道教对于人和鬼神之间的关系是十分重视的，所以才创造出了符箓。

符箓包括两个部分：一部分是符，也就是我们经常在电视和电影上看到的那种介于字画之间的神秘的鬼画符。道士们认为这种东西能够召来天上的神仙相助，认为符可以驱鬼辟邪，这也就是影视剧中道士们驱鬼的方法多半是往鬼的脸上贴一张符的原因。当然，符这种东西也不是随便什么人都能够画出来的，因为那些符号根本不是人们平常经常能够接触到的。同时，符如果画不好的话没有任何的用处，正所谓"画符不知窍，反惹鬼神笑；画符若知窍，惊得鬼神叫"。还有一部分就是箓，这是在请求神仙的帮助时用来书写神仙名字和所求之事的文书。因为这是写给神仙的东西，所以携带着这些箓的人，是会在冥冥之中受到神仙的保佑的。直到后来符和箓才合二为一，用来为人民祈福、消灾、除病、驱邪。

那么为什么要说"不会书符，被鬼神笑"？画符箓并不难是因为画符箓的要求很简单，和我们平时写字画画什么的都是一样的，有纸有笔就可以了，反正就是在纸上画出一些符号而已。但是又说画符箓很难，其实这指的是画好符箓很难，为什么这么说呢？因为在画符箓的时候有一个严格的要求，那就是内心之中不能有任何的妄念，或者说是心里面不能有任何的想法。有道是心诚则灵，符箓是用来祈求保佑和祛病消灾的，所以在画符箓的时候一定要内心清净，毫无杂念。这样的符箓才能真正地管用。当然了，还有很重要的一点就是符箓必须是人们真心画出来的，用其他的办法得到的仍然是不灵的。符箓画不好，就会不灵验，就会受到鬼神的笑话。那么鬼神笑话的真是那个本身没有画好的符箓吗？当然不是。鬼神笑话的是画符箓的人没有足够的道德修养，笑话的是画符箓的人心中有太多的杂念却还在祈求鬼神的帮助。所以说，画符箓的时候最重要的是心无杂念，只有这样才能画出管用、不被鬼神笑话的符箓。

云谷禅师认为："执笔书符，先把万缘放下，一尘不起。从此念头不动处，下一点，谓之混沌开基。"意思就是说在画符箓的时候，把内心的一切东西都放下，心无杂念，在这样的情况下点下一点，叫作混沌开基。混沌开基是什么意思呢？要了解这个词的意思，我们先要知道混沌这个词到底是什么意思。我们常听有人讲上古时代的故事的时候，第一句话总是说在那混沌初开的时候，那么"混沌初开"这个词又是什么意思呢？混沌本是天地未开时的一种存在形式，它是一团元气，没有念头，没有固定的形态，无色无形。混沌开则天地成，天地尚且没有念头，何况这一团元气呢？在无念之中，混沌分为天地，事虽然做了，但没有动念，这是不可思议处。人的念头不动，就如同一团元气，如同混沌，由此下笔，这和混沌开基是一个意思，是在无为之中做有为之事。

其实心无妄念的话，就相当于看破了天道的规律，做事情也会符合天道的规律。一个人做出来的事情要是都能够符合天道的规律的话，什么事情做不好呢？混沌开基其实说的是一种哲学理念，一种做事的方法。

在这里云谷禅师还是为了给了凡先生讲道理，那就是说无论做什么事情都要心无杂念、心无妄念，只有这样做出来的事情才是成功的，才是符合天道规律的。而了凡先生想要改变命运本身就是要符合天道的规律，也就是说了凡先生做任何事情的时候都必须是心无杂念的，要不然的话他是不可能成功改变命运的。

其实我们也是一样的，在平时的生活中不要总是去算计这个算计那个，没有用，你在算计别人的时候别人不也是在算计你吗？所以还是安安心心地做事情，心里不要想其他没用的事情，心无杂念，到最后总是会得到好的结果。

心无妄念才能安身立命

【原文】

凡祈①天立命，都要从无思无虑②处感格③。

【注释】

①祈：祈祷。

②无思无虑：这里是没有妄念的意思。

③感格：感应，灵感。

【译文】

凡是向上天祈祷能够安身立命的人，都必须以没有妄念之心来感应。

【解读】

云谷禅师认为，如果想祈求上天保佑的话，在祈祷的时候必须是心无妄念的，也就是心无杂念，什么都不能想，要专注、认真，这样的祈祷才会有效果。

这里的"祈"就是祈祷的意思，是指向上天祈祷，请求上天保佑。立命，就是修身养性以奉天命。这个词最早出自《墨子·非命上》："覆天下之义者，是立命者也，百姓之谇也。"但是这个时候人们并没有把它当成是一个单独的词语或者是有意义的词语，它作为一个单独的词语存在是开始于中国古典著作《孟子》。

作为一个单独的词语，所谓"立命"，就是我要创造命运，而不是让命运来束缚我。

"立命"这一名称取自《孟子·尽心上》中的"夭寿不贰，修身以俟之，所以立命也"，这句话大概的意思是：作为人，有的早年夭折，有的健康长寿，这都是由天命来决定的，所以要在活着的时候努力修身养性、勤奋学习以待天命，尽到做人的本分。

立命就是努力去实现自己的理想和志向，为人们服务。其实在远古时期就有立命这样的做法或者是与其相似的说法了。根据《黄帝内经》记载，中国远古时期的黄帝就是这样的一个人。黄帝以守道为根本，以讲求诚信为美德。他对天地四方可以洞察秋毫，在即位时还要谦谨地向三方礼让，所以他能成为天下人取法的榜样。他在即位时说："我的德行是禀赋于天，即帝之位是授意于大地，功业建成乃得力于人心。因为我一人的德行可以配天地，所以可以代表上天在人间置天子、封建国家、设立诸侯并分别为他们配置三公、三卿等各级官吏。我通过对日、月、年的筹算制定了历法，使之合乎日、月的运行规律。我的美德如地一样广大，如天一样清明。我敬畏上帝，敬爱大地，爱护人民，立身行事以天命为本，执守道本，立心诚信。我敬畏天命所以上天保佑我，我敬爱大地所以土地不荒废，我爱护人民所以人民不会饥饿疲劳而流于死亡。因为这些，所以我能永守帝位不会失去。我如果再能做到眷爱亲属、起用贤人而屏退不贤，那么就可以说功德圆满无缺憾了。"

　　由于上天在人们心中是至高的存在，是无所不能的，所以人们才会向上天去祈祷保佑自己或者是其他的什么人。祈祷是没有任何的问题的，但是云谷禅师认为，想要自己祈祷或者说是祈求的东西和事情能够得到满足的话，那么在祈祷的时候必须保证一个条件，当然这个条件并不是物质上的，而是内心中的，那就是祈祷的时候要做到心无妄念。

　　那么怎么样才能做到心无妄念呢？其实很简单：第一，那就是祈祷的时候要真诚，用真诚的心去祈祷。第二就是内心要保持清净，不能在祈祷的时候在心里面想别的事情。就是说人在祈祷的时候，祈祷什么在心里面就要想什么，如果想多了的话就不灵验了。第三，那就是要有一颗恭敬的心，要对上天保持尊敬。

心无二念，世界就无差别

【原文】

　　孟子论立命之学，而曰："夭①寿不贰②。"夫夭寿③，至贰者也。当其不动念时，孰为夭，孰为寿？

　　细分之，丰③歉④不贰，然后可立贫富之命。穷通⑤不贰，然后可立贵贱之命。

【注释】

①夭：这里是早死的意思。夭的本意思是草木茂盛美丽。

②不贰：没有差异。

③夭寿：这里指短寿和长寿。

④丰：丰盈。

⑤歉：亏损。

⑥穷通：穷困与显达。

【译文】

　　孟子谈到立命的道理时，说道："短命和长寿其实没有什么不同。"但短命和长命，在一般人看来，就是两个完全相反的意思，怎么会是一样的呢？但当你没有任何妄念的时候，什么是短命？什么又是长寿呢？

　　仔细地分开来讲，丰盈和贫乏也没有什么不同，然后便可以立贫富的命。能把穷困和显达也看作没有什么不同，就可以立贵贱的命。

【解读】

　　这里，云谷禅师提到了一个观点，那就是"短命和长寿其实是一样的"。这个说法看上去难以理解，短命和长寿怎么可能是一样的呢？

　　这句话并不是云谷禅师第一个说的，第一个说这样的话的人其实是孟子，这句话出自《孟子·尽心上》，原话是这样说的："夭寿不贰，修身以俟之，所以立命也。"其中"夭寿不贰"的意思就是说短命和长寿没有什么区别。当然了，在这段中云谷禅师也明确说明了这句话是孟子说的。孟子是儒家先贤，在儒家中最接近于孔子的人，甚至可以和孔子并称为儒家的两大圣人。这句话是孟子在阐述他自己的立命之学的观点时说出来的。

　　孟子的这种说法是代表儒家思想的，或者说这其实就是对前人的思想的总结然后融入到自己的思想之中。在孟子看来，人应该保持本心，培养自己的本性，不产生任何的妄念，这样就会发现什么事情都没有什么区别，这样才是正确地对待天命。既然没有了妄念，什么事情都没有差别，那么短命和长寿当然就是一样的了。而孟子的立命之学中最重要的一点就是没有妄念。一旦产生了妄念，各种各样的事情在内心中产生了差异，那么就不能顺应天命了，也就谈不上立命了，其实这个就是普通人的心态了。

　　其实不只是儒家有这样的思想，道家学说中也有这样的思想。在庄子《齐物论》中有"天下莫大于秋毫之末，而太山为小；莫寿于殇子，而彭祖为夭"，意思是说天地间最大的是秋天鸟兽的细毛，而泰山是最小的；小孩子生下来就死亡是寿命最长的，而活了八百岁的彭祖就是一个短命鬼。总结一下就是什么东西都没有标准，既然没有标准的话那么就是说什么东西都是一样的，就像是长寿和短命其实也没什么区别。

　　普通人认为长寿好，短命不好，而圣人们认为长寿和短命是一样的，为什么会出现这样的差别呢？就是因为在普通人的心里产生了妄念，产生了区别的心，所以长寿和短命自然就有了区别；而圣人们的心里面没有妄念，什么东西都是一样的，所以说长寿和短命就是一样的。

　　其实这里面主要的问题就只有一个，那就是一个人的心里面到底有没有妄念。如果有妄念的话，就会在乎很多的东西，就要被这些东西所拖累，就要为了这些东西去奋斗甚至是做出一些不理智、不符合常理的行为。反过来，如果在内心里面没有妄念的话，那么面对什么东西都是一样的，面对任何事情、任何东西的时候都有一颗平常心，什么都不去妄想，那么自然就能符合天命，自然就会有一个好的命运。就比如说，当一个人心里面没有妄念的时候，丰盈和贫乏就没有差别了，所以贫穷和富贵都是一样的；而当一个人心里面没有妄念的时候，穷困与显达就没有差别了，所以这个时候尊贵和贫贱就都是一样的了。

　　佛教认为，生死都只不过是假名，本来是不存在的，正如在人天生的本性当中，本来是不存在短命和长寿、贫穷和富贵、尊贵和贫贱这样的区别的，当然，这些只是理论上的说法，事实上由于人们在成长过程中，在接触世界的活动中会受到这样或者

是那样的影响，而由于某些影响对人的强大作用，导致人们受到影响后其本性也随之发展和改变，因此普通人才产生了这样和那样的差别。

儒家学说认为，每个人在出生的时候都是一样的，上天赋予每个人的东西其实都是一样的，没有任何差别，不会因为任何原因而改变，人的先天的本性其实都是一样的。人与人之间之所以有差别，是由于一个人在后天所处的环境和自身的某些天赋不同而造成的。

而佛教学说则认为人与人之间的差别是由于人们先天的罪业和后天自身所产生的不同的思想而造成的，佛教认为人要经过三世轮回，要受到因果报应的影响，所以前世的善恶罪孽要影响到今生一个人的发展，而后天人们不同的经历又使人们产生了不同的思想，就比如说你不能指望一个生活在贫困之中的人和在富贵中长大的人所拥有的思想相同，正是由于这样的原因，所以人和人之间在后天才产生了巨大的差异。

无论是儒家思想还是佛教的思想，所表达的意思都是一样的，那就是人受到的外部或其他因素的影响不同，造成了人与人之间的差异。

当然了，由于学派的不同，解决的方法自然也是不同的。就比如说儒家，儒家思想讲求的是大学之道，核心思想是仁，就是以天下为己任，对待所有事物和所有人都一视同仁，都表现出仁的一面。儒家思想认为，只要修行能够达到仁的境界，就能够恢复先天本性，恢复到先天本性之后，人们就都是一样的了，那样的话自然就没有任何差别了，因为人的先天本性都是一样的，上天根本就不会厚此薄彼，所以与其说儒家的最高梦想是仁，不如说是让人恢复到先天本性。

佛教追求的是那种圆满的境界，追求的是积累功德消除罪业，只要人的所有的罪业都能够得到消除，那么每个人都能够达到圆满的境界，就是所谓的成佛，成佛之后当然就是众生平等了，如果能够达到这种众生平等的境界的话，那么当然就是对待什么都是一样的了，这也是让人回到了人的先天的本性。这样的结果也是就等于差异性的消失。所以说，不管是什么样的学说思想的差异，最终所追求的结果都是一样的，那就是恢复人的先天本性，让人们恢复心无妄念的状态。

那么让人们恢复到本性的状态和没有妄念的状态有什么好处吗？当然有好处，往大了说就是没有差异了，世界都一样了；往小了说就是任何人之间不会再有纷争，每个人都能够安心地过自己的日子。如果人没有妄念了，那么贫穷和富贵就是一样的了，高贵和贫贱也是一样的了。比如《论语》中说孔子的弟子颜回能够安贫乐道，这一点使得孔子十分高兴。所以子曰："贤哉，回也！一箪食，一瓢饮，在陋巷，人不堪其忧，回也不改其乐。贤哉，回也！"就是说无论多么地贫穷，颜回都能自得其乐，没有怨天尤人，十分快乐地生活着，这就是因为他恢复到了先天的本性、心中没有妄念的原因。

如果人们的差异性消失了，全部都恢复到先天的本性，全部都心无妄念，那这个世界上哪里会有贫穷和富贵、高贵和贫贱等分别。到时候这个世界该是多么地完美啊。当然了，对于普通人来说可能还做不到这一点，所以就应该更加努力地修行，让自己

达到更高的境界。

改变命运需要修身

【原文】

　　夭寿不贰，然后可立生死之命。人生世间，惟死生为重，曰夭寿，则一切顺逆皆该之矣。

　　至修身以俟①之，乃积德祈天之事。曰修②，则身③有过恶④，皆当治⑤而去之；曰俟，则一毫觊觎⑥，一毫将迎，皆当斩绝之矣。到此地位，直造先天之境，即此便是实学⑦。

【注释】

　　①俟（sì）：等待。
　　②修：修正。
　　③身：包括心和言语。
　　④过恶：错误，罪恶。
　　⑤治：对治，这里指用方法对治。
　　⑥觊觎（jì yú）：这里指非分希望善报、善果早点到来。
　　⑦实学：真正的学问。

【译文】

　　要把短命和长寿看得没有什么不同，然后才能立生死的命。人们活在这个世界上，只有生死是最重要、最基本的，谈到短命与长寿，那么一个人所有的顺境和逆境都应该包含在里面了。

　　自己要时时刻刻修养德行，不要做半点罪恶的事情。至于改变命运，那是自己积德祈求上天的事情。说到修，如果自己的身、语、意三业有罪恶，都应该用正确的方法改正。讲到俟，如果有一丝一毫的非分之想，都要完全地把它斩掉断绝。如果做到了这种地步，便是直接达到了自己本身不动妄念的境界，这才是真正的学问。

【解读】

　　这段话中又引用了孟子的话，那就是夭寿不贰。云谷禅师认为，只要把短命和长寿看得没有什么不同，看得一样，那么这个人就能够看破生死了。而当一个人真正能够看破生死的时候，那么对于世间其他的东西就更不会有什么留恋和在意的了，在这个世间上什么都不在意的结果一定是心中再也没有妄念产生了，这样的人的一生一定是非常顺利的。

　　为什么这么说呢？因为一个人活在这个世界上，对于这个人而言最重要的东西就一定是生和死，只要看破了生和死，就一定能够用最平常的心态来面对生活和享受生

活了。

　　当然了，每个人都恐惧死亡，人们会尽量地远离有危险的地方，因此很少有人会经历过生死的瞬间。所以说现代的人想要达到看破生死的程度就只有自己去领悟、自己去做了，毕竟人的命运是掌握在自己的手中的，只要努力下去，所想的东西或者是包袱，早晚是能够达到这个程度的。只有这样才能真正地体会到生活的乐趣，也只有这样才能够真正地改变自己的命运。

　　命运是决定在自己手中的，要想改变自己的命运就只能靠自己的努力，这个观点是完全正确的，没有任何的异议。但是，不论做任何的事情，都不可能一蹴而就，不论做什么样的事情，想要达到一个完美的结果或者说是能够让自己满意的结果都需要一个过程。改变命运也是一样，人不可能说想改变命运就能够立刻改变命运，而是需要一个改变命运的过程，也就是一个积德行善的过程。这个过程可能是漫长的，因此人们要勤勉谨慎地修正自己的言行，同时也要有一颗淡泊名利、耐得住寂寞的心，这样才能够等待到命运改变的时刻。

　　既然是要改变命运那就得需要一个过程，既然是个过程那总是要做一些什么的，就要有一定的规划。对于这一点云谷禅师有他自己的观点，他认为在这个改变命运的过程中必须"修身以俟之"，就是要人们在改变自己的同时等待着命运去变化。其实这里面的重点一共有两个，一个就是"修"，另外的一个就是"俟"。

　　修其实就是修正的意思，修身也就是改变自身的错误。根据自己的错误或者是过失对症下药，把所有的错误和过失全都像祛除疾病一样除去，自身所有经过长期的积累而养成的坏习惯也一样要摒弃和改变。佛教认为，人们由于受到了社会环境或者是其他因素的影响，产生了很多人的天性中不存在的东西，就比如说一些坏的习惯的养成、一些妄念的产生。由于妄念的产生，就会导致人们去做很多恶行或者说是有罪孽的行为，当人们在积累了无数的罪行之后，就相当于亲自把自己推向了深渊。也正是因为这样的原因，人们才需要修身，需要改正自身的错误，需要斩断恶缘、行善积德和自我救赎。只有不断地进行修身，最后才能够广积善缘、广种善因、厚积善果。其实这就是一个量的积累也就是量变的过程。

　　再来说一下这个"俟"，俟其实就是等待的意思。当然了，所谓的等待有很多种的方式，什么也不干就在家里宅着是一种等待的方式，一边做一些什么事情一边等待也是一种等待的方式。当然，这里所说的等待方式其实就是修身养性。但是，这个并不是这里强调的等待的重点，这里所说的等待的重点是心态的问题，其实这里所说的心态就是要安心、平心静气地等待。人们做事情的时候总是喜欢一步到位、急功近利，当人们有了改变命运的心理和心态之后也是一样的，总是迫切地希望把自己的命运赶紧变好，因此在修身的过程中总是十分地急切，想要达到立竿见影的效果。但这是不可能的，正所谓种瓜得瓜，种豆得豆，没有种下去种子就想要得到，那只能是妄想，怎么可能得到？

　　改变命运这件事情根本就是急不来的，和罗马不是一天建成的是一个道理。这需要不停地积累，日积月累之后才能达到自己想要的结果。这就像是只有经过量的积累才能发生质的改变的道理一样。再说了，人们心中的恶念是根深蒂固的，想要除去的话肯定是要花费一定的时间的，而要想改变命运的话就必须把心中的恶念斩草除根，这就更要求人们一点一点地慢慢来，不能急功近利。所以说，只有真正地有一颗耐得住寂寞的心，真正地能够安心下来等待，才能真正等到斩草除根的机会和改变命运的结果。当然，想要能够安心地等待，前提必须是要在自己的心中相信命运，相信自己能够改变命运，否则的话一切都是徒劳的，毫无意义的。

如果能够用心去体会，就会发现云谷禅师所说的"修身俟之"其实并不是很容易就能做到的。儒家经典《大学》中，治国平天下的前一个步骤就是修身，理学家朱熹在《四书集注》中把《大学章句》放在开头，并标明后学修学的次第，第一本要看《大学》，盛赞其为入道的门径。由此我们可以想见，修身是一件大事。孔子在《论语》中说"吾十五而志于学"，孔子十五岁才开始修身，开始立志从事大学之道，到了七十岁还在实践之中，以孔圣人的天资尚且如此，何况是我们！因此，想要做到修身俟之一定是需要一番辛苦和磨炼的，一定是很艰难的。但是不管怎么样都必须要坚持，因为这是真正能够改变命运的事情，是真正能够让人的命运变得更好的办法。

心无杂念的念咒才能灵验

【原文】

汝未能无心，但能持①准提咒，无记无数，不令间断，持得纯熟②，于持中不持，于不持中持。到得念头不动，则灵验矣。

【注释】

①持：念诵。
②纯熟：熟练，精通。

【译文】

你不能做到不动心的地步，但你如果能够念诵准提咒，不要去记或数自己念的遍数，也不要间断。念到非常熟练的时候，口里在念，自己却不觉得自己在念；在没有念的时候，心里不自觉地还在念。等念咒达到心里没有什么杂念的程度，那么你所念的咒，就会灵验了。

【解读】

为了让了凡先生能够达到做三千件善事、改变自己的命运的目的，为了使得了凡先生能够达到心无杂念、心无妄念的境界，云谷禅师教会了了凡先生念准提咒。在这段中，云谷禅师又一次着重强调了准提咒的作用，并且十分详细地介绍了到底应该怎么样去诵念准提咒。

当然了，云谷禅师为了凡先生着重去讲准提咒的诵念方法，是因为以了凡先生当时的情况不可能念好准提咒，也不可能从准提咒里面得到任何的帮助。很多人都不理解，不就是一个佛教的经文吗，有什么诵念不好的，了凡先生又不是不认识字，一个读书人，念一个经文那还不是绰绰有余的，云谷禅师教导准提咒的诵读问题恐怕是多此一举了。但是，事实上云谷禅师会有这样的做法当然是有他自己的原因的，因为了凡先生只是一个凡夫俗子，并不是一个圣人，不知道准提咒之中的玄妙。

圣人和凡夫俗子之间到底有什么样的差别呢？简单说就差在一个境界上，一个心里面到底有没有妄念的境界上。到底能不能做到心无妄念，就是圣人和凡夫俗子之间最大的差别。如果用云谷禅师的话来说，那就是到底能不能做到无心的境界，是区别凡夫俗子和圣人的最好的判断标准。

圣人能够做到无心的境界，而凡夫俗子却不能够做到无心的境界。了凡先生就是凡夫俗子，因为他还不能够达到无心的境界。所谓的无心，其实说的是自身不存在执着之心、妄念之心和分别之心等等，心里面什么都不要去想。比如说一个人去做一件事情，无心的境界应该就是认认真真地去做这件事情，把所有的心思都放到这件事情上，不去想别的事情；而凡夫俗子则会在做事情的同时，会想着这件事情会带来什么样的结果或者说是会对自己产生什么样的帮助等与这件事情本身没有关系的东西，这其实就是有心和无心的区别。

一个人想要改变自己的命运，一定要能够达到无心的境界，也就是心无妄念的境界。但是凡夫俗子想要达到那样的境界是很不容易的，毕竟人的念头始终都在不停地妄动，人的脑袋也总是在不停地运转着和思考中。比如说有的人在诵读准提咒的时候肯定是会在心里面默默地记录下自己诵读了几遍了，这其实就是在心中产生了妄念。既然产生了这样的妄念，那么当然也就不可能再把准提咒诵读好了。因此，云谷禅师教了凡先生把准提咒诵读好的办法就是认真地去诵读，不要在心里面去数诵读过的遍数，要不间断地诵读，念到非常熟练的时候，口里在念，自己却不觉得自己在念；在没有念的时候，心里不自觉地还在念。

很多人开始持诵准提咒的时候，总是感觉妄念增加了，但是事实上却并非如此。实际的原因是人们在诵读准提咒的时候平时很多察觉不到的妄念都被察觉了，所以才会感觉到妄念增加了。这种情况，只要不断地诵读准提咒就可以解决。随着持诵功夫的深入，从开始的觉察到念头妄动，慢慢地会念头减少，再慢慢地会念头不动，到了此种境界已经不可思议了，如果继续持诵下去，就会出现无念的境界，是心是咒，是咒是心，整个身心完全是一个准提神咒，此时你已经超凡入圣了。而这样的结果也就是说明人达到了无心的境界。其实云谷禅师告诉了凡先生的办法就是在诵读准提咒的时候不要去分心数一共诵读了几遍，这样做的最大好处就是可以让了凡先生在诵读的时候不去分心，不去分神，这样更容易达到无心的境界。

那么什么叫作"于持中不持，于不持中持"呢？这句话其实真的很难理解，估计也只有试过的人才能真正地明白，就好比说诵经，没有诵读过经书的人又怎么能明白真正把经书读进去的人的感觉和感受呢？举一个简单的例子，就比如同一杯白糖水，喝过的人知道味道是甜的，但对于一个从未喝过白糖水，不知道甜味为何物的人，你又如何解释"甜"这种味道呢？其实说白了这句话说的就是一种真正把准提咒读进去的一种境界，也是为了形容人达到无心的境界之后的结果。等到诵念准提咒达到了心无妄念的程度和无心的境界，那么这个咒语就灵验了。

悟道改名

【原文】

余初①号学海，是日②改号了凡。盖悟立命之说，而不欲落凡夫窠臼③也。

【注释】

①初：开始。
②是日：此日，这一天。
③窠臼：这里比喻陈旧的格调，原意是旧式门上承受转轴的臼形小坑。

【译文】

我刚开始的号为学海，这一天就改号为了凡。于是我明白了立命的道理，不想与凡夫的陈旧思想一样。

【解读】

了凡先生听了云谷禅师的那么多道理和观点之后，相信了他的立命之学的观点，把自己的号从学海改成了凡。

了凡先生因为听到了云谷禅师所传授的道理之后，把自己的名字给改了，这里怎么又说只改了他自己的号呢？古代人的名字除了包括姓和名之外，还有字和号。其中，字在古代并不是什么人都可以拥有的，他要有一定的社会地位，同时也要到一定的年龄才可以拥有自己的字，一般都是在成年或者是行冠礼之后。根据《礼记》的记载，男子二十冠而字，女子十五笄而字，也就是说在古代想要有字的话男人必须到二十岁，而女人也必须等到十五岁。前面说过，古人的名一般都是长辈用来称呼晚辈的，但是当人成年走入社会之后，就要去接触别的人了，这种情况下人们显然不能再随便地直呼一个人的名了，因此就用字来代替名字。

当然了，古人的字也不是说随便想取什么就取什么的，它必须要和名有一定的联系。一般情况下，取字的时候都要根据名所代表的意思去取，也就是说字要和名有一定的关系，不是随便就能取的，大部分情况下，字都是对于名的补充或者是解释。由于字和名是互为表里的关系，所以人们经常把字叫作表字。例如在三国时期蜀汉五虎上将中的赵云，字是子龙，而他这个字就和名有关系，是出自《易经》"云从龙，风从虎"；再比如明朝的军事家于谦于廷益和清初的文人钱谦益，他们的字就是出自《尚书》中的"谦受益"这个典故。另外，很多人的表字也直接能够代表自己在家中的排行和地位：古代兄弟的长幼次序一般用伯、仲、叔、季来代表，例如孔子字仲尼，说明他排行第二；孙策字伯符，说明他是长子。总之就是字肯定是和名有关系的。

后来随着时间的慢慢推移，中国古代人们的名字中又多出了一个新的要素，那就是号。号属于是一种固定的称呼。在人们相互之间为了能够体现出相互尊重的样子，人们叫别人的时候既不会呼唤名，也不会去叫别人的字，而是直接喊这个人的别号。其实，别号一般都是自称的，特别是文人，往往都是以居住地或者是自己的志趣为自己取号，例如五柳先生陶渊明、青莲居士李白、东坡居士苏轼、六如居士唐伯虎等。

了凡先生在接受了云谷禅师的教育之后决心改变自己的名字，把自己的号从学海改成了凡。"了凡"这个号到底是什么意思呢？了凡，大概的意思就是了却凡尘，和世俗名利有一个彻底的了断，就是说不再从心里面对世间的各种东西或者是功名利禄产生任何的妄念。

了凡接受了云谷禅师的教育之后，明白了立命的道理，明白了改变命运的道理，也坚定了要改变自己命运的信念。因此，他不愿意再和凡夫俗子同流合污，也不愿意再用凡夫俗子的眼光去看待这个世界，他想要真正地脱离凡夫俗子的范畴，所以下定决心，把自己的号改成了凡。

当然，从这件事情中我们其实也能够看出了凡先生是真正地相信云谷禅师灌输给他的立命之学，真心想要改变自己的命运了。

修炼历程

【原文】

从此而后，终日兢兢①，便觉与前不同。前日只是悠悠放任，到此自有战兢惕厉②景象。在暗室屋漏中，常恐得罪天地鬼神；遇人憎我毁我，自能恬然③容受。

【注释】

①兢兢：谨慎小心。
②惕厉：警惕谨慎，心存危惧。
③恬然：安然，泰然。

【译文】

从此以后，整天小心谨慎，觉得和从前的行为方式大不相同。以前是无拘无束地放任自己，现在心里会自觉地小心谨慎，谨慎恭敬地拜佛。即便是在昏暗的屋子里或是没有人的地方，也常常担心自己对天地鬼神不恭敬。遇到别人讨厌我、诽谤我的时候，也能够安然地接受。

【解读】

正所谓"师傅领进门，修行在个人"，云谷禅师教导了了凡先生那么多关于立命之学的知识和改变命运的方法，关于道理上的问题他可以去给了凡先生解答，但是命运

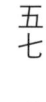

的改变必须要靠了凡自己的努力，别人是不能代替他的。了凡先生想要改变他自己的命运的话，终究还是要依靠他自己的努力。接下来了凡先生自然要为改变命运去做出实际的行动了。

了凡先生从此而后，终日兢兢，便觉与前不同。前日只是悠悠放任，到此自有战兢惕厉景象，在暗室屋漏中，常恐得罪天地鬼神；遇人憎我毁我，自能恬然容受。

第一，了凡先生既然要改变自己的命运，为什么还要"终日兢兢"？"终日兢兢"这样的话并不是了凡先生第一个这样提出来的，也不是他第一个这样做的。孔子的弟子曾子就曾经说过相似的话。在曾子去世之前，在病床上的他曾经说过这样的话，"《诗》云：'战战兢兢，如临深渊，如履薄冰。'而今而后，吾知免夫！"其实人们完全可以把这个看成是曾子的临终遗言。

曾子在《论语》中说过"吾日三省吾身"这样的话，他一生都保持这种自省的态度，一直到去世。战战兢兢，如履薄冰，求仁，求无过，求不犯错。如果让自己的言行举止处处不犯错，处处符合儒家道统，那就要小心从事，小心到如履薄冰的程度，才可能让自己的言行无过错。了凡先生的"终日兢兢"其实和曾子战战兢兢的想法是一样的，都是小心自己的行事，小心自己的言语，追求那种全部都正确没有错误的真谛。

每个人都想达到无过的境界，正所谓无过便是功，但是想达到那样的境界是不容易的。孔子在七十岁的时候，向上天祈祷，祈求上天借给他几年以便学习《易经》，目的是为了让自己能够免除大过。可见想要达到无过的境界十分不容易，了凡先生以前悠然放纵，现在要改命了，所以他必须先效法古圣先贤，这才是了凡先生"终日兢兢"的原因。

第二，"在暗室屋漏中，常恐得罪天地鬼神。"意思是说了凡先生在暗室中也像面对着神明一样，做事情小心谨慎，害怕自己得罪了天地鬼神。这其实是儒家学说中的慎独思想。一个人在人前做得好，很容易，因为有人监督；但在私下也做得很好，这就不易了。因此，儒家追求慎独，《大学》中说"故君子必慎其独也"，《中庸》中说"故君子慎其独也"，都非常强调慎独思想。事实证明，凡是坚持慎独思想的人，都会受到人们普遍的拥护。了凡先生能够在自己独处暗室的时候，也不忘时刻地提醒自己言行举止要符合天道，提醒自己不要去得罪天地鬼神，这其实正是君子的表现。如果了凡先生能够真正地这样坚持下去的话，坚持做符合天道的事情的话，那么他改变命运的事情早晚都能够成为现实。

第三，"遇人憎我毁我，自能恬然容受"。这样的行为可能会让很多人看不起，因为受到别人的辱骂、诬陷、毁谤都能安然接受的人，是懦弱无能的。每个人都是有血性的，没有人天生比谁高出一等，也没任何一个人天生就应该受到别人的欺负，所以当受到污蔑毁谤的时候进行反击是大多数人的选择，也是最有血性的选择。

那么，为什么了凡先生在面对这样的事情的时候却表现得如此淡定呢？不在意别人骂他侮辱毁谤他、不在意别人看不起他没血性、不在意别人说他不是男人。究竟为什么会这样呢？因为了凡先生是真心实意地、诚心地想改变自己的命运。

命运开始改变

【原文】

到明年①礼部考科举,孔先生算该第三,忽考第一;其言不验②,而秋闱③中式④矣。

【注释】

①明年:第二年。
②验:灵验。
③秋闱:是对科举制度中乡试的借代性叫法。
④中式:这里指了凡先生中举。式,通"试"。

【译文】

第二年我去礼部考科举,依照孔先生为我推算的,我应该考第三名,结果竟然考了第一名,他的预言不灵验了。并且在秋天乡试中,我考中了举人。

【解读】

了凡先生在接受了云谷禅师的理论之后,知道怎么样去改变自己的命运了,因此,他在生活中的是非之心自然就淡薄了很多。其实了凡先生这样的做法也是有道理的,因为只要他不去理会,自己就不会有任何的损失,而且还有得。比如说当有人冤枉他、诬陷他的时候,了凡先生如果明知道是诬陷的话那为什么还要去较真呢?不去较真,少去争辩,除了能落得个清净自在之外,他的涵养功夫就会增强很多。《金刚经》中说:"若为人轻贱,是人先世罪业,应堕恶道,以今世人轻贱故,先世罪业则为消灭。"什么意思呢?意思是你今生被人侮辱,被人毁谤,被人看不起,因为前世罪业的原因,你本应该受到不好的结果,堕落到恶道中去,但是因为你能够恬然容受这些毁谤、这些侮辱,那你的前世罪业就能消灭掉了。前世罪业消灭掉了,命运不就改了吗?因此,来自外界的侮辱与毁谤并不可怕,恬然容受,坦然面对,正是积攒福德的好方法。同时,这也是一个帮助了凡先生改变命运的好方法。

其实,了凡先生做的这些事情,全部都是为了改变自身的命运而去做的。虽然还不知道结果是怎么样,但是毕竟了凡先生已经走在了路上,并且是走在了一条正确的路上。其实,了凡先生的这些做法都值得我们去学习。严以律己,宽以待人,坚持下去,我们自然会变得越来越好。

了凡先生接受了云谷禅师的教导,决定要自己动手改变自己的命运。但是,究竟能不能改变,他自己心里也不确定。毕竟,云谷禅师的立命之学理论需要经过实践的检验才能知道到底是不是正确的。因此,无论是云谷禅师还是了凡先生,等待的都是一个检验立命之学理论的机会。

一年之后，检验的机会来了，了凡先生的命运到底能不能改变就看这次的结果了。这次机会其实就是由朝廷礼部主持的科举考试。原本按照孔老先生当初的推算，这次考试了凡先生应该是第三名，而且根据孔老先生的推算，了凡先生这辈子都考不中举人。但是等结果出来以后，却让所有的人大吃一惊，因为貌似了凡先生的命运真的改变了。原本孔老先生推算的第三名变成了第一名，而原本在孔老先生的推算中不应该中举人的了凡先生居然在秋天的乡试中考中了举人。

这件事让了凡先生十分开心。有了这次的结果做参照，了凡先生现在是彻底地相信云谷禅师的观点了，原来人的命运真的是由自己决定的，人的命运中真的是存在着这个变数，而变数就是自己的努力。

了凡先生的命运出现转机，一方面是因为云谷禅师的帮助，另一方面也是由于他自己的努力。因为理论终究只是理论，什么事情都是要经过实践之后才能明白理论到底是不是正确。就像了凡先生，如果只是猜疑犹豫，不去修行去实践，不去行善积德，最终就不会迎来新的命运。

改变还不够彻底

【原文】

然行义未纯，检身多误；或①见善而行之不勇，或救人而心常自疑；或身勉为善，而口有过言；或醒时操持②，而醉后放逸③；以过折功，日常虚度。

【注释】

①或：有时候。

②操持：保持操守。

③放逸：放纵逸乐。

【译文】

然而我做好事的目的并不单纯，自己反省后，仍然有很多失误。有时候对于该做的好事，行为不够勇敢；有时候救济别人，心里仍然有疑虑；有时候做善事，但嘴里却说了不该说的话；清醒的时候还能保持操守，但喝醉了酒后却又放纵自己。用自己的过失来折算自己的功劳，功过相抵，日子算是虚度了。

【解读】

云谷禅师告诉了凡先生做人要经常进行自我反省，这样对一个人做事情或者是懂得什么道理都有很大帮助。不管怎么样，对于这个建议，看来了凡先生是认真地听进去了，因为这段就是他的自我反省。既然是反省的话，肯定是要找出自身的错误的。那么了凡先生在自我反省之后，都找出了自身犯了哪些错误了呢？

第一点就是"行义未纯"。就是说在行善积德的时候心里面不是真诚纯净的，而是

有妄念的。或者说是在行善积德的时候没有保持住一颗纯粹的没有功利性的心，而是产生了功利心，不是简单、真诚的行善。人在行善积德的时候应该是以一颗真诚的心、纯粹的心和没有功利性的心去进行的，一旦有了其他的心思的话，那么善行将变得不纯粹，这样的话将来得到的回报也会大大地减少，或者说在心里面抱着其他的目的去行善的时候，所做的事情可能就根本都不能算作是善事了。

　　了凡先生说自己在行善积德的时候没有保持纯粹的心理，也就是说心里面考虑了别的事情了。其实我们可以想象一下，了凡先生会去想什么事情，有可能是想做善事的回报，还有可能是想着做多少善事才能改变自己的命运，总之是没有把全部的身心都投入行善积德当中去。但是，我们都看到了，即使是这样了凡先生都轻易地就改变了自己的命运，如果他要是把所有的善事全都用真心去做的话，那么他的命运一定会有翻天覆地的变化。了凡先生通过反省的确找出了自己身上的不足，相信在以后的修行和行善积德中，他一定能够认真地改过。

　　第二点是"或见善而行之不勇，或救人而心常自疑"。就是说了凡先生有时候对于该做的好事，行为不够勇敢；有时候救济别人，心里仍然有疑虑。其实这就是一个不够勇敢或者是说内心不够坚定的问题，因为他不知道自己在做了这些善事之后到底能不能带来自己想要的结果，毕竟当时他还是处在改变命运的过程中，还没有真正地改变命运。所以说，在那种情况下了凡先生做善事的时候有这样的行为应该是可以理解的。

　　但是，改变命运之后就不一样了，在有事实证明行善积德确实可以改变自己的命运之后，了凡先生自我反省的时候想起这样的事情当然会有后悔或者是做错了的想法。因为每个人在做完事情之后都有"如果当初我怎么怎么样就好了"这样的想法，了凡先生也应该有，如果他当初把所有的善事都认真、真心去做的话，那么他改变的命运一定会更好。当然了，会出现这种情况可能还有一个原因，那就是怀疑，怀疑他帮助的人到底是真正地需要帮助还是在骗人。了凡先生也是担心遇到这样的问题，所以有时候在行善的时候因为有疑虑而显得不够勇敢。但是，当事实证明行善真的能改变命运的时候，了凡先生就不会去考虑这些了，他只是觉得自己当初没去行善就是不对的。

　　第三点是"或身勉为善，而口有过言"。意思是说了凡先生有时候做了善事，嘴里却说了不该说的话。有一个词叫作祸从口出，人的很多灾难祸患或许都是因为说一句或者几句话而引起的，有时候连自己得罪了什么人都不知道，或者是连自己得罪了人都不知道。了凡先生可能就是由于以前在做善事的时候说了些不该说的话，导致了一些不好的事情发生。所以现在开始自我反省了，当然不能把这一条忘记掉。

　　其实，人无论在什么时候都要注意自己的言行，孔子就曾经说过："君子欲讷于言而敏于行。"这句话就是说人在说话的时候是要谨慎的。功德的积累是十分艰难的，但是恶行的积累却是十分容易的，如果总是被这样抵消的话，那么功德永远都积累不起来，那就永远也不可能改变自己的命运。因此，讲话要言之有度、言之有物、言之有理，保证自己不犯错，不会有恶行。

第四点是"或醒时操持，而醉后放逸"。意思就是说了凡先生在清醒的时候还能保持操守，但喝醉了酒后却又放纵自己。从这里面我们能够看出来一个问题，那就是了凡先生喜欢喝酒，而喜欢喝酒恰恰成了他最大的缺点。为什么这么说呢？因为前面我们讲到了一个词叫作慎独。君子应该慎独，就是说无论在人前人后、有监督还是没有监督的情况下，都应该自我检点、约束自己的行为，注意自己的言行举止。了凡先生想要改变命运就必须要做一个君子，但是他在清醒的时候能约束和控制住自己，在喝酒之后却是放荡不羁，不约束自己，这当然就是错误的了，这根本就不是一个君子应该做出的事情和应该有的表现。

佛教中有五戒，其中有一条就是酒戒。这当然是有原因的：第一，喝酒本身就对自己的身体不好，特别是过量地喝酒，更是对人身体有很大的坏处，就像如今有多少人因为喝酒而让自己的身体产生了这样和那样的毛病，没事就要往医院跑；第二，喝酒其实对其他人也是没有好处的，对于这点我们就举个简单的例子，那就是酒后驾车的问题，现代社会有多少人是因为酒后驾车出车祸而死的，所以说，酒驾对自己对别人都是没有好处的；第三，所谓贪杯误事，有多少清醒的时候做下的善事就因为醉酒之后一时糊涂而埋下了祸端；第四，过量地喝酒会让人心性迷乱，心里面不能清净的话，甚至连改变命运的条件都达不到，就不要谈改变命运了。

了凡先生知道自己喜欢喝酒，或许在之前他还不是很在乎，但是在改变了命运之后，他对于所有的有影响的条件都重视起来了，所以说在自我反省的时候，了凡先生也把喝酒当作是一件大的过错来反省。

了凡先生经过自我反省之后，把自己的功和过拿出来对比，用自己的过错把功德抵消之后，发现也没有多少功德了，这就证明他自己大部分的时间都是在虚度光阴。其实在这个时候了凡先生已经发现了自己的不足，那就是改变命运的过程中不够努力，修行和改过都还不够，要想真正地改变命运的话就必须要加倍地努力了。

了凡生子

【原文】

自己巳岁发愿①，直至己卯岁，历十余年，而三千善行始②完。时方从李渐庵入关，未及回向③。庚辰南还。始请性空、慧空诸上人④，就⑤东塔禅堂回向。遂⑥起求子愿，亦许行三千善事。辛巳，生男天启。

【注释】

①发愿：发起誓愿之意。

②始：才。

③回向：回向，是佛教修学过程当中，非常重要的一种修行功夫。所谓"回向"是将自己所修的功德，不愿自己独享，而将之"回"转归"向"与法界众生同享，以

拓开自己的心胸，并且使功德有明确的方向而不致散失。

④上人：指持戒严格并精于佛学的僧侣。

⑤就：靠近；走近，趋向。

⑥遂：于是，就。

【译文】

从己巳年向云谷禅师发誓要做三千件善事，一直到己卯年，经过了十多年，才把三千件善事做完。那时我刚和李渐庵从关外回来，还没来得及把所做的三千件善事回向。到了庚辰年，我从北京回到了南方，才请了性空、慧空两位佛学大师，去东塔禅堂完成了回向的心愿。于是我心里又起了求子的心愿，也同样发誓做三千件善事。到了辛巳年，果然得了一个男孩，取名叫天启。

【解读】

这段中了凡先生的命运又得到了改变：当初孔老先生推算了凡先生是命中无子的，但是在这段中明确地写出了凡先生得到了一个儿子。

了凡先生曾许诺过，如果上天能够满足他的要求的话，他就去做三千件善事来报答上天对他的恩德。了凡先生经过一年的修行和行善积德之后，考中了进士，改变了自己的命运，这样的话他就必须要去做三千件善事来完成自己的誓言。

做善事要真心地以毫无功利的心地去做才算是真正的做善事，而了凡先生所说的做三千件善事毫无疑问是这样的事情。一年总共才有三百六十五天，了凡先生就算一天能做上一件善事的话也要做上十年才能够把这三千件善事完成。并且，在这中间还不可以做恶事，否则的话之前所做的善事就全部白做了。由此可以看出，了凡先生要做这三千件善事是多么地艰难。

了凡先生从隆庆三年（1569年）一直到万历七年（1579年）这十一年的时间里，一直做善事，并且成功完成了他那做三千件善事的誓言。三千件善事做完了，但是这并不能算作是这个事情的结束，因为还缺少一个"回向"的环节。

了凡先生刚和李渐庵先生从关外回到关内，还没来得及把所做的三千件善事回向。到了庚辰年，了凡先生才从北京回到了南方，请了性空、慧空两位佛学大师，去东塔禅堂完成了回向的心愿。

这里面提到了一个词语，那就是回向，那么这个回向到底是什么意思呢？其实这个回向属于佛教的用语，佛教中说："言回向者，回己善法有所趋向，故名回向。"回就是回转，向就是趋向，意思就是回转自己的功德而趋向于所期。意思就是说人们把自己在修行中所积攒下来的功德拿出来，和世间众生共同享用。就是说用自己的功德去拯救万物众生，应该也算是一个行善的过程。

当然，回向是需要有广阔的心胸才能够做到的，或者说回向本身就是扩充一个人心胸的过程。譬如有一间黑屋子，只有你一个人待在屋中，你在里面安装了一盏电灯使得这间黑屋子变得明亮起来。本来屋中只有你一个人独享这份光明，如果现在进来一个人与你共享这份光明，那这份光明会因为这个人的到来而减少吗？会变暗吗？显然不会！那如果进来几十个人，几百个人，甚至更多，这个电灯所带来的光明会因为人数的增加而变暗吗？显然也不会！屋中亮着的电灯就是你的功德，所进来的与你共享这份光明的人就是你的回向。所以说回向并不会使得一个人自身的功德减少。事实上，回向的意义还不仅仅如此，前面说了，回向本身就是一种行善积德的事情，所以说回向不仅不会使得自己的功德减少，还会增加自己的功德。

  了凡先生的三千件善事做完了，自己的命运也得到改变了。但是他并没有得到满足，他还想继续改变自己的命运。这次他又用三千件善事作为实验许下了一个愿望，那就是希望自己能够有一个儿子。

  这次，了凡先生没有做三千件善事，在他许下愿望的第二年，他的儿子就出生了，了凡先生给他取了名字叫作天启。虽然他还没有做那三千件善事，但是他的诚心已经感动了上天，感动了佛祖，再加上之前他的行为，上天认为他一定会去完成那三千件善事的，所以了凡先生在第二年就满足了愿望，生下了儿子。

  至此，了凡先生的命运中的几件不如意的事情已经都改变了：第一他中了举人；第二他有了儿子。这样，他既完成了自己的梦想，能光宗耀祖了；又有了后代，百年之后也可以向自己的祖先有个交代了，坏的命运已经变成了好的命运。

继续改变命运

【原文】

  余行一事，随以笔记；汝母不能书，每行一事，辄①用鹅毛管，印一朱圈②于历日之上。或施食③贫人，或买放生命，一日有多至十余者。至癸未八月，三千之数已满。复请性空辈④，就家庭回向。

【注释】

  ①辄：就。
  ②朱圈：红圈。朱，朱红，赤红色。
  ③施食：施舍食物。
  ④辈：等，类。

【译文】

  我每做一件善事，都随时用笔记录下来；你母亲不会写字，每做一件善事，就用鹅毛管印一个红圈在日历上。有时候送食物给穷人，有时候买活的小动物放生，每天所做的善事最多可达十几件。像这样到了癸未年的八月，发誓做的三千条善事已经做完。又请了性空和尚等，到家里做回向。

【解读】

  了凡先生发誓要用做三千件善事的功德来换一个儿子，所以他必须要做足三千件的善事，这就需要统计；再加上之前云谷禅师给他传授了功过格，所以了凡先生就养成了每做一件善事都要记录下来的习惯。

本来在孔老先生的推算中命中无子的了凡先生有了自己的儿子，肯定是十分高兴，为此，哪怕是要做足三千件善事去回报上天他都无怨无悔。但是，其实了凡先生能够有自己的儿子，最高兴的不是了凡先生自己，而是他的妻子。为什么会这么说呢？因为了凡先生这辈子真的没有儿子的话，他自身所受到的压力绝对没有他妻子所要承受的压力大。

了凡先生所处的时代是男权社会，女人的地位是很低的，生不出来儿子这样的事情绝对要怪罪在女人的头上。在古代，有很多女人都因为与丈夫结婚后没有儿子而被丈夫休掉或者被婆婆赶出家门；有很多男人因为和妻子结婚后长期没有儿子而娶了一个又一个的小妾。可想而知，如果了凡先生这辈子真的没有儿子的话，那么估计他妻子也得不到什么好的结果了。所以说，当了凡先生通过自己的努力，改变了自己的命运得到儿子之后，他的妻子才是最高兴的人。

有了儿子，了凡先生的妻子肯定非常感谢上天。一个妇道人家可能不知道该怎么样表达自己的感谢和敬意，也可能不知道该向谁表达自己的感谢之情，但是当她看到自己的丈夫在为有了儿子而努力地做善事的时候，她就决定要夫唱妇随，学习了凡先生那样，自己也去做善事来表达对得到孩子的感激之情。其实了凡先生的妻子向了凡先生学习也去行善，这应该算作是了凡先生的功德。

了凡先生的妻子发现丈夫会把自己所做的每一件善事都用笔在纸上记录下来，所以她自己也决定要把自己所做的善事全部记录下来。但是有一个问题，那就是了凡先生的妻子不会写字，不会写字自然就不能把自己做的善事记录下来了。于是她就想了一个办法，那就是每次做过一件善事之后，她就用鹅毛管沾上印泥，然后在自己家的日历簿上做一个记号，以此来记录自己做过的善事，同时用这样的办法来进行自我检查和敦促。

其实从这里面我们就可以看出，了凡先生能够改变自己的命运、中科举、生儿子，其中是有一定的道理的。因为了凡先生在不停地行善积德，同时，他又不光是自己行善，还带动了他的妻子也去行善积德，这样的功德可就是十分大了。

了凡先生还发现，有时候他的妻子一天会在日历簿上面做十多个记号，这就代表她每天会做十多件善事，这得是多么虔诚和真诚地在做善事啊。了凡先生的妻子做了这么多的善事是十分让人尊敬的，那么她究竟都做了些什么样的善事呢？在这里了凡先生举出了两个有代表性的善事做例子：一个是布施食物给贫穷困苦的人；一个是用钱买来活物然后拿到野外去放生。

其实这两种做法都是佛教所提倡的。

第一个是布施，佛教有"六度"，就是度过生死之海转世轮回的意思，分别是布施、持戒、忍辱、精进、禅定和智慧，其中布施是十分重要的一点。布施就是把自己的福利分给别人。佛教典籍中有记载："言布施者，以己财事分布与他人，名之为布，惄己惠人，目之为施。"布施分为几种，像了凡先生的夫人这样为贫苦的人布施属于财布施。财布施，是将自己的财物送给需要帮助的人，在这个过程中，人动的是慈悲之念，长期坚持去做，人的心会越来越柔软、越来越慈悲，人自然也变得越来越心善。

或许有人会认为，了凡先生的妻子把自己的财物全部都分给了贫苦的人，那自己不是什么都没有了吗？当然不是！天道规律很多都是与我们的思维定式相反的。财布施不但不会失去财富，恰恰相反，它能带来巨大的财富。佛教教义认为，财布施才是富贵的真正原因。我们常说"舍得"这个词，意思也是能舍才能得，舍得越多，得到的也就越多，舍得越痛快，得到也就越顺利。凡是大富大贵的人，都是因为前世或是今生财布施的原因。靠着心计、手段、谋略等等挣来的钱，都是你命中所有的，并且还给你打了折扣。换言之，如果你不用心计、手段、谋略等等，属于你的财富自然也会分文不差地到你家里去，因为因果丝毫不差，既然你前世有财布施的因，那么财富当然就不会变少了。

第二种就是放生，放生其实就是释放那些被囚禁的生物。佛教提倡不杀生，认为杀生是这个世界上最大的罪恶，所以佛教都是吃素食。杀生的人是要下地狱的，最后轮回之后还很有可能会轮回成动物或者说是畜生，到时肯定是短命或被屠杀的命运，所以说杀生是最大的罪恶，那么与之相反的放生就是最大的善事，是最大的功德。其实放生也是属于布施的一种，属于无畏布施。

当然，放生有一个前提，那就是必须是动物处在被杀或是受伤害的时候，或者是处于危险的时候，这时候出资去买，然后放生，才是大善事，这样才能功德无量。如果是动物很安全，没有任何危险，你也去买放，这就有点死板了，并且没有任何的意义。比如一些观赏性的动物，像鹦鹉、八哥之类，跟随着主人自由自在，把鸟笼子去掉，它们依然不飞走，买这些观赏性动物放生没有任何意义；还有一些菜市场中的动物，很多佛教人士都愿意去这些地方买放生命，这种做法也是不值得提倡的。因为你买得越多，商贩们上的货就越多，那这就等于是间接促使杀生了，这可是大罪过了。

就这样，了凡先生和他的妻子每天都不停行善、做好事，一直到癸未年八月份的时候，他许愿要做的三千件善事终于做完了。其实从这里面我们就能够发现一件事情，那就是之前了凡先生许愿说要做三千件善事用了十年的时间，而这次做三千件善事却只用了四年左右的时间。其中可不仅是因为有他妻子的帮助，还有就是了凡先生自己更加地成熟了，在改变命运的道路上也越来越顺利了，做善事也越来越有心得了，更重要的是，可能了凡先生已经越来越喜欢行善积德的感觉了。

既然许愿的善事已经做完了，那接下来要做的事情当然还是回向。不过这一次和上一次不同，上一次是了凡先生自己去寺庙中进行回向的，而这次是了凡先生把性空等大师请到家里来回向的。当然结果都是一样的，对了凡先生自己的好处这一点是不会变的。

行善作恶皆说明

【原文】

九月十三日，复起求中进士愿，许行善事一万条，丙戌登第，授①宝坻知县。余置②空格一册，名曰治心篇。晨起坐堂，家人携付③门役，置案上，所行善恶，纤悉必记。夜则设桌于庭，效赵阅道焚香告帝。

【注释】

①授：给，与。
②置：放，摆，搁。
③付：交给，托付。

【译文】

到那年的九月十三日，我心里又有了中进士的愿望，发誓做一万件善事。到了丙戌年，果然中了进士，后来便做了宝坻县的知县。我准备了一个空白的小册子，起名叫"治心篇"。每天早晨在公堂审案的时候，就让家人把这本册子交给看门的衙役，让他们放在办公桌上。把我所做的善事和恶事，无论是多么小的事情，全都记在上面。每天晚上便在庭院中摆了桌子，效仿宋朝的铁面御史赵阅道，焚香祷告天帝。

【解读】

每个人都有自己的欲望，特别是在某些方面取得一些成就或者好处的时候，总是会希望自己能够在这个方面再进一步。这种欲望不能说不好，因为有时候这就是催人奋进和向上的动力。了凡先生可能就是有这样的欲望的人，在许诺做善事而换得自己中举人、生儿子、改变命运之后，他当然是希望自己能够再进一步，彻底地改变自己的命运，于是他就请求自己能中进士，并许下了做一万件善事的誓言。

或许是了凡先生的真心诚意真的感动了上天，经过了短短的三年时间，在了凡先生不停地努力做善事的同时，他中了进士。当时的进士可不是那么好考的。进士是明代最高的学位，地位就如同现在的博士后一样，学校教育到此已经是终点了。我们经常提到"状元"这个词，事实上状元与进士都是同一个级别，都属于进士及第，只不过是他们之间的名次不同而已。

了凡先生在中了进士之后，就等于是走进官场、走入仕途了，于是朝廷封他为宝坻县的知县。宝坻县，即现在的天津市宝坻区。在明代，宝坻县归顺天府管辖，因为靠近北京，很多王公大臣都在宝坻县有田产和房屋。通过某些历史的记载我们能够了解到，了凡先生在宝坻县当知县的时候是有很多的功绩的，比如说减免税收、兴修水利、因地制宜地移植水稻，总之是做了很多利国利民的事情。那么为什么了凡先生能够在宝坻县做出这么多的功绩呢，当然是因为即使中了进士当了官他也没有忘记自我修行，也没有忘记去做善事。

了凡先生在宝坻县当知县的时候做了一个叫作治心篇的东西，放在大堂办公桌的桌面上，然后每天把自己所做的事情全部都用笔在上面记录下来，无论是善事还是恶事，都要记录，以此来提醒自己要多做善事，不要因为中了进士当了知县就生出作恶的心思。

按照文中所提供的说法，治心篇其实就相当于现在的一个笔记本，或者说是用纸张装订成的一本小册子。了凡先生把自己每天所做的善事或者恶事全部都用这个本子记录下来。

其实治心篇和之前云谷禅师所说的功过格也有很多相似的地方，简单点说作用都是一样的，只不过是记录的内容不一样而已：功过格是只记录自己的功或者是过，对于产生功或者是过的事件是不会进行仔细地记录的；而治心篇把了凡先生自己做过的每一件事情都详细地记录下来，这其实就相当于现代我们写日记一样。或者可以说，治心篇和功过格的作用是相辅相成的。

那么了凡先生做这个治心篇的目的到底是什么呢？有两个方面的原因：一方面是为了帮助自己修行；另外一方面就是为了能够给自己治下的宝坻县的百姓们带来福气。自我修行就是提醒自己多做善事并且断掉做恶事的念头。那怎么能说是为当地百姓带来福气呢？前面说过，了凡先生觉得自己没有福气，是福薄之相，自己的命运里都不知道到底会不会有福报，所以了凡先生害怕自己的福薄之相会影响到他治下的宝坻县百姓，怕不能给他们带来福气，所以就用治心篇来督促自己断恶行善，多做善事，多积累功德，期待着这样的自己能够给宝坻县的老百姓带来福气。不管了凡先生治下的百姓到底是怎么样的，反正只要是了凡先生有这样的一份心，这份心就已经是宝坻县人们很大的福气了。

了凡先生不仅做了一个治心篇来记录自己所做的善事和恶事，每天到晚上的时候，他还要在院子里面焚香祷告，把自己一天所做的事情全部都告诉上天，希望福气能够降临。在这里，了凡先生说他的这种做法是向宋朝时候的赵阅道学习的，那么赵阅道究竟是何许人呢？这个焚香祷告又是什么样的事件呢？

赵阅道是北宋名臣，并且是在《宋史》中被独立立传的人物。赵阅道原名叫赵抃，字阅道，曾经担任过北宋的殿中侍御史，为官清廉，不畏权势，很有政绩，并且和欧阳修、韩琦等都是至交好友。当时的宰相韩琦称赞他为"世人标表"，意思是说赵阅道是世人的楷模标杆。

《宋史》中记载，赵阅道每天晚上都要沐浴更衣，设置一个案几在庭院中，点上香火，然后跪下来将自己一天所做的事情向上天祷告。静心细想，如果一个人满心杂念，做的恶事很多，谁敢去焚香向天帝祷告？能够向天帝祷告之人，必然是心无愧怍，光明磊落。也只有真正的光明磊落的人才会把自己的所作所为告诉上天，而那些小人都只会去遮掩。光明磊落向上天祷告的人才能得到上天的喜欢，得到上天赐给的福气。

当然了，也可以把这种向上天祷告的事情当作是一个自我反省的过程，在这个过程中深刻地反思自己每天的所作所为的得与失，这样就能够洗涤和清净自己的内心，对于以后做善事更是有很大的帮助。

《论语》中有"见贤思齐"这样的话，了凡先生焚香祷告这样的做法其实也是一种见贤思齐的行为。了凡先生在接受了云谷禅师的立命之学后，就开始追求圣贤之道，知道了赵阅道的做法后，就见贤思齐，效仿先贤，自己也去那样做。我们也可以多多地效仿了凡先生，把自己每天所做的好事、取得的进步，包括做出的错事全部都记录下来，这样用来提醒自己要断恶行善，只要能坚持下去，就能够提升自己。

万件善事其实很好做

【原文】

汝母见所行不多，辄颦蹙①曰："我前在家，相助为善，故三千之数得完；今许一万，衙中无事可行，何时得圆满乎？"夜间偶梦见一神人，余言善事难完之故②。神曰："只减粮一节，万行俱③完矣。"

【注释】

①颦蹙：皱着眉头，形容忧愁的样子。
②故：原因。
③俱：都。

【译文】

你母亲看到我所做的善事不多，皱着眉头说："我以前在家，帮着你做善事，所以你许下做三千件善事的心愿才能尽快做完。如今你许了做一万件善事，衙门中又没什么善事可做，什么时候才能完满呢？"我晚上睡觉，偶然梦见一位仙人，就将一万件善事难以做完的原因告诉了他。仙人说："仅仅你当知县减免百姓钱粮这件事，就抵得上你做一万件善事了。"

【解读】

前面说过，了凡先生在祈求上天让自己能中举人和生儿子的时候，都是许诺了要做完三千件的善事，之后，了凡先生的愿望全部都实现了，而且他两次总共许诺完成的六千件善事也全部都做完了。但是他做这些善事都是花费了一定的时间，第一次花费了十年的时间，第二次花费了四年左右的时间，但是第二次了凡先生是因为有他的妻子帮助他一起去做善事，所以他花费的时间才会大大地减少。

现在，了凡先生想要在自己的仕途或者说是在科举的路上再前进一步，于是他祈求自己能够在科举考试中考中进士，为此他许下了做一万件善事的承诺。但是，事情的进展并没有那么顺利。

了凡先生在当上了宝坻县的知县以后,每天都要在县衙里面处理各种各样的事情,根本就没有机会走到外面去,这样也就看不到很多需要帮助的人,如果这样的话他每天所做的善事自然而然地就减少了,甚至可以说是没有机会去做善事。这样一来,了凡先生完成所许诺的那一万件善事也就遥遥无期了。这个时候了凡先生的妻子产生了忧愁,他对了凡先生说:"我以前在家,帮着你做善事,所以你许下做三千件善事的心愿才能尽快做完。如今你许了做一万件善事,衙门中又没什么善事可做,什么时候才能完满呢?"

了凡先生在听到妻子这样的抱怨之后,肯定也是会着急的,因为按照他当知县之后的状态,确实很难去完成之前所承诺的那一万件善事。为此,了凡先生自己也变得忧心忡忡。

正当了凡先生为了现在的自己没有办法完成那一万件善事而忧心忡忡的时候,马上就有人来告诉他解决那一万件善事的办法了,或者说是有神来帮助他解决了。那就是了凡先生偶然梦见一位仙人,于是他就将一万件善事难以做完的原因告诉了那个神仙,神仙说,仅仅你当知县后减免百姓钱粮这件事,就抵得上你做一万件善事了。

每个人都做过梦,在梦中也会发生各种各样的事情,甚至是有些时候人在白天想着什么东西的时候,在夜晚睡觉的时候就会梦到,更有甚者已经到了分不清梦境和现实的地步了。那么这些究竟是什么原因造成的呢?其实梦境是一种很奇怪的东西,很多的时候他都能给人们带来哲学上的思考。就像有人分不清梦境和现实一样,当人在梦中梦到自己怎样怎样的时候,究竟梦境和现实中的哪个才是真正的自己?如果梦都是虚无缥缈的,为什么有时候会显示得如此真实?为什么现实中很多做不到的事情在梦境中都能够做得到?这些东西其实都值得人们仔细地去思考和研究。或许梦就是一个人现实生活的反映。

或许在这里有人会说,了凡先生居然能够梦到神,而且神还告诉他解决那一万件善事的方法,这样的事情值得相信吗?梦里所梦到的东西真的能够相信吗?梦境有时候确实是现实生活的反映,所以梦境中的事情是可以相信的,当然前提是做梦的这个人内心是坦坦荡荡、光明磊落的。如果是一个小心眼的人的话,恐怕是连他本人都不会有人相信的,就更不要说是梦了。

了凡先生是一个积极地去改变自己命运的人,是接受了云谷禅师立命之学说法的人,是一个能够全心全意地去做善事的人,所以他能够梦到神仙的这个说法是可信的。其实这里面存在着一个儒家学说关于"天人感应"思想的说法。董仲舒这个人相信大家都知道,就是向汉武帝提出"罢黜百家,独尊儒术"的那个人。他在自己写的《春秋繁露》这本书中就阐述了"天人感应说"的思想和道理,意思就是说人和天是能够相互感应的。人们向来都认为董仲舒的学说只是为封建统治者提供了一个统治人民的工具,但是事实上却并不是这个样子的。我们中国人向来讲"天人合一",如果不去效仿天道行事,那如何"合一"?效法天道,按照天道规律行事,那天和人就合在一起了，天也是人，人也是天，人和天合二为一。能够做到天人合一的程度，自然就会有天人感应的出现。

做善事符合天心，这就是天道规律，坚持去做，上天就一定会知道并且了解的。了凡先生能够按照天道的要求和规律去做善事，所以他能够在做善事遇到困难的时候梦见神仙，并且得到上天和神仙的帮助，这其实就是天人感应。

只要是真心，就不必在意善事的多少

【原文】

盖宝坻之田，每亩二分三厘七毫。余为区处，减至一分四厘六毫，委①有此事，心颇惊疑②。适③幻余禅师自五台来，余以梦告之，且问此事宜信否？师曰："善心真切，即一行可当万善，况合④县减粮，万民受福乎。"吾即捐俸银⑤，请其就五台山斋僧⑥一万而回向之。

【注释】

①委：确实。

②惊疑：惊讶疑惑。

③适：恰好。

④合：全。

⑤俸银：支付官员俸禄的银两。

⑥斋僧：设斋食供养僧众。

【译文】

我所管辖宝坻县的田地，每亩本来要收税两分三厘七毫，我把当地百姓每亩田应缴的钱粮，减到了一分四厘六毫，确实有这件事，但心里还是觉得十分惊讶和疑惑。恰好幻余禅师从五台山来到宝坻，我就把所做的梦告诉了他，并且问幻余禅师这个梦是否可以相信。幻余禅师说："只要你做善事的心是真诚恳切的，那么一件善事就可以抵得上一万件善事。况且你减轻全县百姓的钱粮，全县的农民都受到你减税的恩惠，百万人民因你而获福。"我立刻捐出我所得的俸银，请幻余禅师帮我在五台山上设斋食，供养僧众一万人，并把斋僧的功德回向。

【解读】

老神仙所说的这件事到底是一件什么样的事情呢？这件事情还要从了凡先生中了进士以后说起。

原来，了凡先生到达宝坻县上任之后却发现，宝坻县的百姓们生活得并不是很好，因为宝坻县的田赋收得很重。在了凡先生之前的宝坻县的知县，收取田赋的标准定的是每亩田两分三厘七毫，这就使得百姓们的生活变得十分地困难。了凡先生宅心仁厚，看到百姓们生活得很不好，十分忧心。经过仔细地研究发现百姓生活不好的主要原因是出在田赋上面时，了凡先生就下了命令，要求把田赋的征收标准由两分三厘七毫下降到一分四厘六毫。这其实是了凡先生到达宝坻县之后做的第一件善事，也是他当上知县之后的第一件功绩。这也就是了凡先生梦中老神仙所说的一件能抵得上一万件善事的事情。

那么为什么老神仙会说了凡先生这减免田赋的一件善事就抵得上他所许愿的要做的一万件善事呢？因为按照正常的情况来看，一个人如果做一件善事，比如说帮助一个人的话，那就只会有那一个被帮助的人受益；而了凡先生这个减免田赋的行为，却使得他治下的所有百姓全部都受益了，要知道了凡先生可是一个知县，治理着一个县的人口，一个县的百姓人口肯定是不止一万的。做善事让一个人受益的话就抵得上一件善事，做的事情如果能够让一万个人都能够受益，那么这件事情当然能够抵得上他做一万件善事了。所以说，了凡先生做的这个减免百姓田赋的事情，既然能够让他治下的无数的百姓都能够获得利益，那这个事情当然抵得上他去做一万件善事了。

当然，从这个道理中我们也应该明白，要是了凡先生做了一件让他治下所有的百姓都受到损害的恶事的话，那可就是比他平时做一万件恶事都严重。这里面所包含着的道理就是，当人身居高位的时候，做的一件相对于自己是很小的事情，却有可能是一件十分大的善事，也有可能是一件十分严重的恶事。

当然，按照一般的情况来说，一个知县看到自己治理下的百姓因为田赋过高而导致生活困难，所以去降低百姓们的田赋，这应该是一个知县作为百姓的父母官的义务，也是知县的分内之事。所以，可能在了凡先生的心里面，他从来就没有把降低百姓的田赋这件事情当成是一件大的善事，否则的话了凡先生和他的妻子也不会因为没有时间去做那一万件善事而心急了。因此，从心里面来讲，虽然在梦中老神仙的话说得已经很明白了，但是由于心理的作用了凡先生还是对老神仙的话保持着一种怀疑的态度，他不认为一件对于自己来说是分内之事的事情能够抵得上一万件善事。

不过，了凡先生不敢相信梦中老神仙的话也是一件很正常的事情，一方面因为是梦中，所以他才不相信；另一方面，对于了凡先生来说，许愿做善事是一件很严肃的事情，由不得他有半点的马虎和疏忽，也不敢存在任何投机取巧的心态，必须用恭敬虔诚的心态去完成，所以了凡先生对于梦中老神仙的说法自始至终都保持着怀疑的态度。

就是在这个时候，恰好佛门高人幻余禅师从五台山来到了宝坻县。了凡先生就把自己梦到的事情告诉了幻余禅师，希望他能够给自己一个明确的答案。幻余禅师说："只要你做善事的心是真诚恳切的，那么一件善事就可以抵得上一万件善事；况且你减轻全县百姓的钱粮，全县的农民都受到你减税的恩惠，百万人民因你而获福。"幻余禅师的这个说法，其实就是说他同意了凡先生梦中的那个老神仙的说法，他做的这一件事情确实是抵得上他做一万件善事。

当然了，其中的重点还是在于一个心态的问题，就是说了凡先生给百姓降低田赋这件事情一定是真心实意地去做的才可以。如果了凡先生是为了能够得到全县百姓的夸赞，是为了以后升官积累功绩而去做的话，那么这件事情就不可能抵得上一万件善事，因为做这件事情是有目的的，最终的目的不是去帮助别人，这当然不能算作是做善事；而如果了凡先生做这件事情是真心实意的，他的目的是因为不想看到百姓们生活艰苦的话，那么这件事情就一定是做善事。了凡先生追求的是为了能够让百姓们生活得更好，并不是为了自己的政绩才降低田赋，那么这件事情当然是善事，还是能抵得上一万件善事的善事。所以说，行善是否是真心的，这一点是十分重要的。

幻余禅师认同了凡先生做出的减免百姓田赋的那一件事情抵得上一万件善事，这也就是说了凡先生当初所许诺的那一万件的善事已经做完了，那么了凡先生当然就放心了。于是，了凡先生拿出了自己的俸禄，请求幻余禅师在五台山替他斋僧并且回向。

祸福都是自己求来的

【原文】

孔公算予五十三岁有厄①，余未尝祈寿，是岁竟无恙②，今六十九矣。书曰："天难谌③，命靡④常。"又云："惟命不于常。"皆非诳语⑤。吾于是而知，凡称祸福自己求之者，乃圣贤之言。若谓祸福惟天所命，则世俗⑥之论矣。

【注释】

①厄：灾难，困苦。

②无恙：无灾祸，没有什么大问题。

③谌（chén）：相信。

④靡（mǐ）：无，没有。

⑤诳语：自大的、自负的、欺骗的迷惑人的话。

⑥世俗：庸俗，流俗。

【译文】

孔先生推算我五十三岁的时候会有灾难，我没有祈求长寿，当年也并没有什么灾祸，如今我已经六十九岁了。《尚书》上说："天道是难以相信的，命运不是固定不变的。"又说："命运不是一直不变的。"这些都不是骗人的话。我这才知道，凡是说祸福都是自己求来的言论，都是圣贤所谈的话。如果说祸福只有听从上天的安排，那便是世上庸俗之人所说的话。

【解读】

这段话其实是了凡先生对于自己这么多年来立命之学实践的一个总结，或者是对于自己多年感悟的一个总结，也可以当作是了凡先生对于自己儿子的谆谆教导和告诫。

首先，了凡先生还是回忆了一下自己的过去。当初孔老先生给了凡先生推算的命运，整体来说是相当不好的一个命运，其中有一点就是说了凡先生会在五十三岁的时候就去世，对于这一点，了凡先生一直没有忘记。自从了凡先生接受了云谷禅师立命之学的观点，发誓要通过自己的努力改变自己的命运之后，一共就祈求了三件事情，第一件是希望自己能够考中举人，第二件是希望自己能够有一个儿子，第三件是希望自己能够在科举考试中考中进士。这三件事情，其中并没有一件是希望自己能够活过五十三岁、希望自己能够长命百岁的。但是，当了凡先生写这本《了凡四训》的时候，年龄已经达到六十九岁了，也就是说在他五十三岁的那一年了凡先生什么事情都没有发生，平安度过了，这又是什么原因造成的呢？了凡先生这多活出来的十六年又是从哪里来的呢？这就是了凡先生做善事的功劳。

自从了凡先生接受了云谷禅师的立命之学思想并且发誓要用自己的努力去改变自己的命运之后，他一直真心地做善事。了凡先生每天都在进行着修行，积累善业，这样做的结果就是他改变了自己的命运。虽然他没有向上天去祈求自己能够长命百岁，但他还是活过了五十三岁的那道坎。

其实可以说活到五十三岁去世的这件事情是最先被改变的，因为生死之事才是人的一生中最重要的事情，人只有活着，其他的事情才有意义，也就是说只有了凡先生活着，什么中举人中进士才有祈求的意义，因此才说五十三岁去世这件事情是最先被改变的，其他所有的事情都是建立在这个前提之上的。了凡先生敢于只向上天祈求其他的事情，可能也是因为自己早就预料到了这样的结果了。

这也就是佛教中所说的因果理论，因为了凡先生平时种下了善因，所以最终他能够得到善果。

接下来了凡先生又引用《尚书》中的话来说明自己的立命之学观点，那就是"天难谌，命靡常"和"惟命不于常"。其实这两句话所要表达的意思都是一样的，那就是人们的天命始终都是在发展和变化当中，因此是很难被相信的，究竟是怎样的命运谁也无法准确地知道。

《尚书》是我国古代最古老的史书，记载着很多上古时期的历史资料和中华民族的古老智慧。同时，它也是儒家学说中四书五经中的一本，对于研究中国古代的历史和社会思想有着重要的作用。

《尚书》中的这种观点和很多学说中的关于命运的观点都是一样的，就比如说佛教。佛教认为命运中除了存在定数之外，还存在着变数，这也是云谷禅师传授了凡先生的立命之学中所包含的观点。一个人的命运到底会变成什么样子，是由这个人自己的所作所为来决定的。人们每天做的事情，不论是善还是恶，都会给自己的命运带来一定的变化。也正是因为这样的原因，才导致了命运一直处在不断的发展和变化当中。了凡先生能够改变孔先生为自己所推算出来的命运，其实就是证明命运中存在着变数

的最好的证据。了凡先生在这里借用《尚书》中的话表达了自己发自内心的想法，是最真实的东西。《尚书》中的观点和了凡先生自己的观点产生了共鸣，才导致了了凡先生有这样的说法。

《尚书》中的观点其实就是说所谓的命运都是不能够让人相信的，因为它是时刻都在变化的。由于改变命运的是人们自己，所以说人们相信的只能是自己。命运是掌握在自己手中的，人的行善或者作恶都影响着命运的变化。了凡先生的一生其实就是在告诫我们，只要自己努力，积德行善，就一定能够让自己获得一个好的命运。其实《尚书》中的这两句话也可以看作是了凡先生对自己立命之学的概括和总结，因为这些就是了凡先生立命之学的核心观点。

了凡先生经过了这么多年的亲身实践，验证了自己的立命之学观点，并且在经过了这么多年的努力终于改变了自己的命运之后，他大彻大悟了，于是他明白了一个道理，并且要把这个道理传授给自己的后人。不要去相信什么算命人的说法，想要有一个好的命运，那么就自己去努力，人们最终的命运一定是由自己所创造的。

对待人生的思维方法

【原文】

汝之命，未知若何①？即命当荣显②，常作落寞③想。即时当顺利，常作拂④逆⑤想。即眼前足食，常作贫窭⑥想。即人相爱敬⑦，常作恐惧⑧想。即家世望⑨重，常作卑下想。即学问颇⑩优，常作浅陋想。

【注释】

①若何：怎样，怎么样。

②荣显：荣华显贵。

③落寞：冷落寂寞，失意潦倒。

④拂：违背，不顺。

⑤逆：不顺当。

⑥贫窭（jù）：贫穷。

⑦爱敬：喜爱敬重。

⑧恐惧：畏惧，害怕。

⑨望：名望。

⑩颇：很。

【译文】

不知道你的命运未来会是怎么样的？即便你的命运是荣耀显贵的，也要常常当作落寞孤寂、失意潦倒的时候来想。即便处于顺境中，也常当作身处逆境来想。即便是现在有足够的食物，也要经常当作贫穷饥饿的时候来想。即使身边的人喜爱敬重你，还是要经常当作恐惧来想，谨言慎行。即使是家室世代名望很大，也要经常当作卑微想。即使自身的学问很优秀，也要经常当作浅陋来想。

【解读】

　　这段文字是了凡先生教育儿子的话，主要就是为了教给儿子一个正确对待人生的态度和方法。

　　了凡先生的命运在当初就已经被孔老先生推算出来了，所以说了凡先生十分清楚地知道他自己的命运是什么样子的，非常清楚自己应该努力去改变什么样的命运。

　　但是了凡先生所说的这段话是对他的儿子说的，他的儿子和他本人的情况是有很大的区别的。一方面，没有人给了凡先生的儿子推算过命运。当然了，按照了凡先生现在的立命之学思想来看，他也是不会让别人给他的儿子推算命运的。另一方面由于了凡先生知道，人的命运到底会怎么样是和这个人本身的努力程度成正比的，所以他也根本不会去相信所谓的命运学说，他也是这样教育他的儿子的，即使有人给他的儿子推算出命运，了凡先生也是不会相信的。

　　了凡先生之所以对儿子说这些话，是因为他的儿子还很年轻，对于人生还缺乏足够客观的认识，也不知道到底该用什么样的态度或者说是思维方法去面对自己的人生。了凡先生根据自身多年的经验，总结出了一套正确对待人生的处世方法来教育自己的儿子。其实这个方法很简单，主要就是注重一个人的心态，凡事都往不好的方面想，即使是命中很好，也一定要往不好的方面去想，这样的话人生才能够充满着奋斗下去的动力。当然了，关于凡事都要往不好的方面想，了凡先生还是给他的儿子列举了几个具体的例子的。

　　第一就是"即命当荣显，常作落寞想"。意思就是说即便命运是荣耀显贵的，也要常常当作落寞孤寂、失意潦倒的时候来想。了凡先生让他的儿子这样做，其实是希望他的儿子能够培养出并时刻都保持着一个谦逊的心态，不要仗着自己的命运比别人好就怎么怎么样，不要因为自己是荣耀富贵的就看不起贫穷的人，心态要平和，甘于平淡和落寞，不以物喜，不以己悲，只有做到这样才能在富贵显达的生活中保持自己的人生方向，不会滋生出傲慢无礼的情绪；也只有这样的心态才能在日常的生活中积累到自己所需要的福德；也只有时刻都保持着这种谦虚谨慎的心理，才能保证自己的命运一直都是荣耀显贵的，而不会招来祸端。

　　第二就是"即时当顺利，常作拂逆想"。意思就是说即便处于顺境中，也常当作身处逆境来想。这句话其实是了凡先生教育他的儿子必须保持着一种谦恭谨慎的人生态度，做什么事情都要小心、谨慎，这样才会保证人不会去犯什么错误。正所谓"小心驶得万年船"，只有平时做什么事情都保持小心谨慎的心态，才是一个人能够取得长久的成功的保障。人都是精明的，因此交朋友或者是和别人办事情的时候要多长两个心眼，否则的话有时候被别人卖了还在帮人家数钱；这个社会也遍地都是"坑"，因此不论在做什么事情之前都要仔细地考虑清楚，要不然一不小心就会掉进"坑"里面无法自拔。所以说在这个社会上生活就必须时刻保持谦恭谨慎的心态。

第三就是"即眼前足食，常作贫篓想"。意思就是说即便是现在有足够的食物，也要经常当作贫穷饥饿的时候来想。这句话是了凡先生告诉自己的儿子必须坚持勤俭节约和艰苦朴素的生活作风。了凡先生身为一个县的知县，不管大小都是一个朝廷命官，所以他的家庭在生活上面来说应该是不困难的，不敢说有家财万贯但是保证他的儿子衣食无忧应该是完全没有问题的。但是，了凡先生的儿子只知道享乐而不知道艰苦奋斗、勤俭节约的话，那么这个家早晚都会被他的儿子败光，所谓的富不过三代其实就是这个道理，人们只知道享乐而不知道艰苦朴素和勤俭节约才是导致一个家庭衰败的根本原因。所谓由俭入奢易，由奢入俭难；一粥一饭，当思来之不易；半丝半缕，恒念物力维艰。只有艰苦朴素、勤俭节约才能保证一个人能够好好地活下去。勤俭节约本来就是中华民族的传统美德，也是中国人民的优良作风。了凡先生在这里只是要求他的儿子一定要有忧患意识，懂得勤俭节约，否则的话是一定不会有好的命运的。

第四就是"即人相爱敬，常作恐惧想"。意思就是说即使身边的人喜爱敬重你，还是要经常当作恐惧来想，谨言慎行。这里还是说要保持一个谦虚的态度。有人喜爱和尊敬你，说明你是一个有能力的人，但是不能因为这一点就沾沾自喜，要谦虚，多想想你自己身上的不足，然后努力地去改变自己，让尊敬你的人更加地尊敬你，让以前不喜爱你的人也开始喜爱你，只有这样才能让别人一直保持着对你的喜爱和尊敬，人也只有这样不断地成长才能对得起别人的喜爱和尊敬。

第五就是"即家世望重，常作卑下想"。意思就是说即使是家室世代名望很大，也要经常当作卑微来想。每个人的家世都是天生的，这一点是无法改变的。人们不能因为自己的家世好就看不起别人，那样做的话就会逐渐被世人所抛弃。更何况三十年河东三十年河西，人都不知道自己的未来是什么样子的，或许现在家世不好的人以后就好了，而现在家世好的人以后就不好了，这都是很有可能发生的事情。况且，无论是什么样的家世都是靠一个家族几代人不停地努力才创造出来的，如果只倚仗家世而不去维护自己的家世，那么这个家早晚都会被败掉。只有长期把自己想得地位低下，才有继续努力创造家世的动力，也才能保证一个家族长期发展下去。

第六就是"即学问颇优，常作浅陋想"。意思就是说即使自身的学问很优秀，也要经常当作浅陋来想。所谓学无止境，这个世界上的知识是学不完的，每个人都有自己所擅长的领域，如果以为自己学问高就志得意满或者是看不起别人的话，那么自身的学问是永远也不会得到进步的。人外有人，山外有山，如果想让自己一直保持在进步之中，不因为世界的发展而被抛弃的话，那么就一定要不停地努力去学习，永远把自己当成学问不够、永远保持着一种对自身学问不满足的状态，只有这样才能永远紧跟着时代发展的脚步，才不会被这个社会所抛弃。

现在好不代表以后好，三十年河东三十年河西说的就是这个道理。一个没有远见的人，多半后半生都不会好过。比如一个人身体很健康，体质很好，但若他过度消耗，不注意养生，那大病总有一天会找到他。反之，如果他本来就体质好，却当成有着重大疾病一样地爱惜身体，他必定会益寿延年。如果一个人或是一个家庭想要长久发达下去，办法就只能按照了凡先生所说的方法去做：即使命中是很好的，也应当作不好想。这样的观点对于现代人来说是同样适用的，只有奉行了凡先生这句话，富贵才能天长地久，永不衰败。

这里还要注意一点，如果家中富有，福报很厚，虽然不敢享受，但却不做善事，家庭依然会衰败下去。古人说，种善得福，所以根本的解决途径在努力行善，能够一心行善，福德才会绵远，这才是永久的保富之法。所以说，如果有人想要自己和自己的家庭能够福德绵远悠长，就一定要按照了凡先生说的这些方法去做。

了凡先生对儿子的期待

【原文】

远思扬①祖宗之德，近思盖②父母之愆③；上思报国之恩，下思造家之福；外思济人之急，内思闲④己之邪⑤。

【注释】

①扬：发扬。

②盖：遮蔽，掩盖。

③愆（qiān）：罪过，过失。

④闲：防止，限制。

⑤邪：这里指邪念。

【译文】

从长远来讲，要想着发扬祖宗流传下来的美德；从近处来讲，要想着掩盖弥补父母的过失。从高处讲要想着报答国家的恩惠，从低处讲要想着为家人造福。对外要想着救济别人的难处，对内要想着限制自己的邪念。

【解读】

每一个父母都有一颗望子成龙的心，父母总是希望自己的孩子能够成为一个完美的人并且拥有一个完美的人生，了凡先生也不能例外。当然了，每一个父母对自己的孩子的期待都各有不同，就比如说了凡先生，他就希望自己的儿子在个人修养方面能够做到以下几点。

第一点是扬祖宗之德。在这里了凡先生说要发扬祖宗的德行，那么祖宗有什么德行值得我们去发扬呢？其实我们仔细想一下就会发现，我们今天所获得的所有东西，

包括衣食住行什么的，都离不开祖宗的功劳，或者说都是祖宗们积累功德获得的福报所换来的。正如《易经》中所说的"积善之家，必有余庆"，我们现在所能拥有的一切，其实都是祖宗们的余庆，都是祖宗们行善积德所换来的。或许有人会说，我们所拥有的东西都是通过自己的努力换来的，和祖宗没有关系，这就大错特错了。要知道，命中若没有，再怎么努力赚钱也只能是白辛苦一场，到头来一场空，说句实在话，努力赚钱与钱无关，努力行善才与钱相关。若是命中有，是富贵之命，那多半是祖宗之德所致，所以说，这些都是祖宗的功德，我们也不能忘记祖宗的功德。同时，我们也要继续发扬这样的德行，因为我们还要为后辈而积累功德。

当然了，前面所说的祖宗可以说得上是狭义上的祖宗，如果把祖宗的范围扩大的话，那么中国古代的圣贤人物都应该算作是我们的祖宗。就像我们都自称是炎黄子孙，所以炎帝和黄帝就应该是我们的祖宗，另外尧、舜、禹、商汤、周文王、孔子、孟子等所有的圣贤人物都是我们的祖宗。尧、舜、禹以及孔孟等圣贤也是一样，他们对中国人民的贡献实在无法用笔墨形容，他们的功绩和德行主要在于教化人们，这一点我们当然不能忘记，当然也要继续发扬。因为只有这样的话人类才能不断地进步，社会才能不断地进步。所以说，一定要发扬好祖宗们的德行。

第二点就是盖父母之愆。意思就是说要遮盖父母的恶事。父母是给了一个人生命的人，也是一个人一生中最亲近的人，不论父母德行是什么样的，都掩盖不了他们给了一个人生命这样的事实。所以说，不论在任何的情况下，人都没有权利去指责自己的父母，更不要说去宣扬自己父母的恶事了。在生活中，如果有朋友犯了错误或者是做了恶事的话，身为朋友的我们一定会帮他们打圆场或者是进行解释，这样做，是因为我们和朋友的关系。对于朋友的恶事我们都知道去遮掩，那么就更不要说关系更亲并且对我们有养育之恩的父母了，如果父母做了恶事的话，我们就更应该去遮掩而不是到处宣扬，否则的话丢人的不还是自己吗？当然了，替父母遮盖错误，并不是说父母有了错误或是做了恶事就听之任之、不管不问，而是说不要在人前去说，不要到处宣讲，这是我们应该注意的。对于父母的过错，仅仅是遮掩还远远不够，还应该进行劝导，帮助父母认识到错误，从而得到改正的机会，这是子女的义务与责任。

第三点就是报国之恩。在佛家的一首回向偈中，有一句是"上报四重恩"，这四重恩中有一重便是国家恩。没有国家，人们就不能有安定的生活环境；国家稳定强大，人们生活才能幸福。所以，能够生活在安定的环境中，应该感谢国家的恩德，报答国家的恩德。

第四点就是造家之福，也就是说要给自己的家庭积攒福德。每个人都是生活在一个家庭之中，既然生活在这个家庭之中当然就要有活在这个家庭中的意义，如果对家庭没有一点作用的话，那么这个家庭为什么还要容纳你呢？就像有些动物的族群一样，那些体弱的或者受了伤的动物们是一定会被同伴们抛弃的，因为除了拖累它们对这个族群已经没有任何的意义了。一个家庭其实也是一样的，只不过没有动物那样残酷而已，但是人还是要对自己的家庭有作用才有存在的意义。再说了，每个人心中都有一

番创造一个大事业的想法，但是一屋不扫何以扫天下。正所谓"修身、齐家、治国、平天下"，齐家永远都是在治国和平天下前面的。只有为自己的家庭创造出了足够厚的福德之后才有资格、有能力去创出一番自己的大事业。

第五点就是济人之急，就是说要帮助有困难的人。这点其实是最好理解了，人的命运都是由自己决定的，也只能是通过人自身的努力去改变。那么怎么样改变自己的命运呢？就是要去行善，要积累功德，而帮助有困难的人其实就是行善积德的事情。我们中国人向来有助人为乐的美德，如果我们看到他人有难处而不去帮，我们常常称这样的人不仗义。因此，帮人于危难，这本身就是一件功德之事，所以才会得到佛家和儒家的共同称赞，如此行事的人，至少也算是一个仗义的人、有慈悲心的人。

第六点就是闲己之邪，就是要收起自己的邪念，简单点说就是要改变自己。其实在了凡先生所说的六点中这一点是最重要的，因为无论做什么事情都是要从自身出发的，没有一个正常、健康、善良的身心是不可能做到前面所说的那五点的。古人说："克己复礼谓之仁"，什么意思呢？只要一个人能够不断地克服自己的私心邪念，不断地进步，那就可以称作仁了。所以在宋明理学中，几乎所有的理学家都特别强调一个观点："存天理，灭人欲"，其中的"人欲"就是专指人的私心邪念。其实很多的时候人们的命运非常的不好都是因为自身受到外界的影响，产生了私心邪念，所以才导致自身的命运在私心邪念的影响下变坏。所以，人生最重要的一场战争就是战胜自己的私心邪念。那么人们应该如何战胜自己的私心邪念呢？其实就是多行善积德，多自我反省，只有这样，才能最终找到正确的人生道路。只要能够坚持下去，私心邪念自然就无处藏身了。

当然了，了凡先生告诫他儿子的这六点，其实放在每一个人身上也是十分合适的。只要我们也都能做到了凡先生前面所说的六点，才算是一个优秀的人。

反省改过才能进步

【原文】

务要日日知非①，日日改过。一日不知非，即一日安于自是②；一日无过可改，即一日无步可进。

【注释】

①非：错误，过失。

②自是：自以为是。

【译文】

一定要天天反省自己的过失，每天都要改掉自己的不足。一天不知道自己的过错，便一天沉浸于自以为是中；一天没有错误可以改正，就一天都无法进步。

【解读】

　　了凡先生告诫自己的儿子，有些事情是每天都必须去做的，不能因为任何的情况而改变。这是了凡先生的立命之学观点所必须坚持的东西，也是一个人想要通过自己的努力改变自己的命运所必须做的事情。在这段中了凡先生就举了这样一个例子，一个人要改变命运的话每天必须做的事情，那就是每天都要自我反省。

　　每个人都会有错误和缺点，有了错误，就要主动认真反省自身缺点，从而不断提升自己，改变自己的命运。反省的过程就是一个人心智不断提高的过程，是一个人心灵不断升华的过程。反省是心灵镜鉴的拂拭，是精神的洗濯。自省是认识自我、发展自我、完善自我和实现自我价值的最佳方法。心平气和地正视自己，客观地反省自己，既是一个人修身养德必备的基本功之一，又是增强人之生存实力的一条重要途径。经常反省自己，可以去除杂念，对事物有清晰、准确的判断，理性地认识自己，并提醒自己改正过失。只有全面地反省，才能真正认识自己，才能不断完善自己。

　　对于要自我反省这一点，古代的先贤们都有着深刻的认识。儒家第一大圣人孔子曾说："见贤而思齐焉，见不贤而内自省也。"朱熹也曾说过："日省其身，有则改之，无则加勉。"孔子的学生曾子非常提倡"自省"这一主张，在孔子的众多弟子里，他堪当表率。曾子曰："吾日三省吾身，为人谋而不忠乎？与朋友交而不信乎？传不习乎？"一次，曾子对他的学生子襄讲什么是勇敢，就直接引用孔子的话，他说："你喜欢勇敢吗？我曾听孔子说过什么是最大的勇敢，即通过自我反省，正义不在自己一方，即使对方是普通百姓，我也不恐吓他们；自我反省以后，正义在自己一方，即使对方有千军万马，我也勇往直前。"

　　反省要养成习惯，坚持下去。一个人只要活着一天，就要反省一天，就要发现错误和改正错误。孔子七十岁的时候，真真实实到了"耳顺"地步了，但他还要学《易经》来修正自己的错误。

　　了凡先生是想告诉自己的儿子，如果一天不知道自己的过错，便一天沉浸于自以为是中；一天没有错误可以改正，就一天都无法进步。人都是骄傲的动物，一旦在内心中认为自己的所作所为都正确，没有错误的行为的话，那么肯定就听不进去别人的意见了，永远都只是按照自己的想法做事，那必然就会停滞不前。一个人如果总是坚持自己的思维方式，不接受别人的意见，最终的结果肯定是不会再进步了。

　　人非圣贤，孰能无过，每个人的言行举止都不可能是完美无瑕的，但是，只要人能够每天都进行自我反省，找到并且改正自己的错误，那么这个人就不会自我满足、自我放弃，永远都有前进的动力，也就永远都处在进步当中。

　　了凡先生所说的这些东西并不是简单的说教，他自己确实做到了。比如说当初的功过格，了凡先生就是每天都把自己的功德和罪孽记录下来，其实这就是变相地把自己的错误记录下来了，这样方便以后去改正；再比如了凡先生当上宝坻县的知县之后

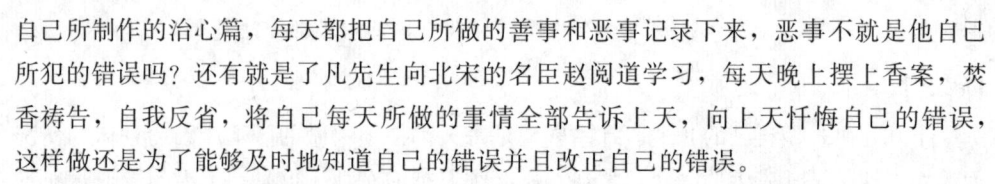

自己所制作的治心篇，每天都把自己所做的善事和恶事记录下来，恶事不就是他自己所犯的错误吗？还有就是了凡先生向北宋的名臣赵阅道学习，每天晚上摆上香案，焚香祷告，自我反省，将自己每天所做的事情全部告诉上天，向上天忏悔自己的错误，这样做还是为了能够及时地知道自己的错误并且改正自己的错误。

所以说，了凡先生教育他的儿子每天都要自我反省，在发现并纠正自己所犯的错误时要有理有据，当然这也是了凡先生在向他的儿子传授自己的经验。

事实上，每个人在做事的时候都要持有自我反省、自我修正的态度，并以不断的追求去实现自己美好的愿望。一个不善于自我反省的人，会一次又一次地犯同一些错误，不能很好地发挥自己的能力。而一个善于自我反省的人，往往能够发现自己的优点和缺点，并能够扬长避短，发挥自己的最大潜能。

天才也需要努力

【原文】

天下聪明俊秀①不少，所以德不加修②，业不加广者，只为因循③二字，耽阁④一生。

【注释】

①俊秀：指容貌清秀美丽，也指才智杰出的人。
②修：修养，品德。
③因循：疏懒，闲散。
④耽阁：耽搁，耽误。

【译文】

天下容貌清秀、才智杰出的人很多，但他们却不提升自己的品德，不拓宽自己的事业，只是因为"因循"两个字，整天闲散疏懒，耽误了自己的一生。

【解读】

了凡先生在这段主要说的是有许许多多天才没有努力地去改变自己的命运，最后导致自己由天才堕落成了凡夫。其实主要目的还是向儿子说明一个人的命运是由自己所决定的这个道理。

北宋文学家、唐宋八大家之一的王安石曾经写过一篇文章，名字叫作《伤仲永》。这篇文章主要讲述的是金溪有一个叫作方仲永的人，他们家世代都是以种田为生的。但是在方仲永长到五岁的时候，他突然间会写诗了，并且写得很不错，很得周围的人称赞，经常有人求他作诗，渐渐地方仲永就被同县的人称为神童。由于方仲永的关系，他们家在当地的地位逐渐变得高了起来，也经常有人邀请他的父亲作为宾客去参加一

些活动。按照正常的逻辑来讲，这个时候的方仲永应该去努力地学习，以此来保证自己有足够的文化，进而保住自己的家庭好不容易得来的地位。但是方仲永的父母没有让他继续学习，而是带着他四处拜访别人，根本就不去想学习的事情。几年后，由于长时间没有努力地去学习，当有人再让方仲永作诗的时候，方仲永作出来的诗已经不能和当年所作的诗相比较了。又过了几年之后，方仲永已经变得和普通的人没有什么两样，"泯然众人矣"。

方仲永在五岁的时候就能够作出让人赞叹的诗句来，并且让很多读过书的人都很佩服他，从这一点来看，他被称作天才和神童是没有任何问题的，他本应该取得非凡的成就。但是从实际的情况来看，长大后的方仲永却是让人十分失望的，他不但没有取得任何的成就，并且长大后的他甚至都不如小时候的他了。那么究竟是什么样的原因造成了方仲永长大后远远不如小时候的结果呢？

造成这种情况的原因很简单，就是因为方仲永在成为天才之后，只知道仗着自己天才的名头去做一些没有用的事情，而没有去努力地学习，没有想办法维护自己天才的名头，总认为自己是天才就不用再去努力，所以最终他才没有取得任何的成就，并且连天才的名头也丢掉了。正如王安石所说的那样："方仲永的通达聪慧，是先天得到的。他的天赋，比一般有才能的人要优秀得多，但最终成为一个平凡的人，是因为他后天所受的教育没有达到要求。他得到的天资是那样地好，没有受到正常的后天教育，尚且成为平凡的人，那么，现在那些本来天资不聪慧的人，本来就是平凡的人，又不接受后天的教育，恐怕比普通人还要不如！"

这个世界上有许许多多的人天生就有很高的天赋，也有很深厚的慧根，但是有时候这些人并不能称得上是真正的天才。为什么这么说呢？因为这样的人很多时候都会仗着自己比别人聪明，因而在很多事情上得过且过，任意放纵，最后在白白浪费掉大好的年华之后，不能取得应有的成就。那么什么才是真正的天才呢？著名的发明家爱迪生认为，天才就是百分之一的灵感加上百分之九十九的汗水。人们在出生的时候会出现聪明和愚钝的分别，但这并不是影响一个人最终所取得成就的主要因素。正如了凡先生在这里所说的，这个世界上聪明睿智的人还是有很多的，但并不是所有天生的聪明人都能够取得一定的成就。因为他们中间有很多人不懂得修养德行，也不懂得增进自己的事业，总是在肆无忌惮地挥霍着自己的才华，不去积累新的东西，最终聪明反被聪明误，耽搁自己的一生。

这里了凡先生还提到了一个词，那就是"修德"。意思其实就是说人要在日常的生活中注意修养自己的德行，当然也包括反思自己的过错，这样才能够找到错误，改正错误，并且不断地进步；另一个词是"广业"，意思就是说要在自己的事业上或者是自己所擅长的领域积极进取，努力学习并前进，同时也包括不能心生傲慢，看不起别人，这样才能掌握自己的命运，进而改变自己的命运。还有一个重要的词语，那就是"因循"，"因循"的意思简单说就是顺应自然，保守、守旧，在这里的意思应该就是说有些人相信上天注定命运这样的说法，认为自己的命运已经被注定，聪明就是聪明，愚钝就是愚钝，没有办法改变，所以就不思进取，也从来没有想过改变自己的命运。其实"因循"这样的行为是最害人的，就像了凡先生说的那样，多少的天才因为因循这两个字的原因，最终不去努力，没有取得任何的成就，从而耽搁了自己的一生。

历史上，很多人小时候被誉为"神童"，但长大后却变成了普通人，没有任何进步，原因就是了凡先生所说的"因循"两个字。反倒是一些普通人，没有什么天赋，但是他们相信勤能补拙，通过勤学苦练，最后学有所成。所以说，不管做任何事情，都要抱定一辈子用功的心思，不管天赋如何，都是能够取得成功的。正如传说中的愚公移山一样，愚公一家经过不懈的努力，不是最终开辟出道路了吗？虽然是神仙帮忙，但是如果没有他们不间断的努力感动了上天，神仙又怎么会帮助他们呢？所以说，努力还是最重要的。比如打井，如果是这个地方挖了几米没出水，换个地方再打，那个地方挖了几米没出水，换个地方再打，那一辈子都在换地方，到头来一口井都不可能出水。其实想要改变命运也是一样的道理，只要每天都反省，每天都改错，如此努力地坚持下去，相信总有一天是能够改变自己的命运的。

其实了凡先生所说的这个道理也很适合现代人学习一下的。现代的学校实行的考试制度，导致很多考试经常排名靠后的人慢慢就失去了对学习的兴趣，认为自己的脑子太笨，根本就不是学习的那块料，慢慢地厌学、逃学，最后辍学回家去做别的事情，放弃学习。其实完全没有必要有这样的想法，那些考试排名经常在前面的人也不见得就是脑子有多好使的，只不过是他们平时学习的时候比其他人都努力罢了。任何人，只要努力去学习，就肯定能够学好。扩展一下的话，不论任何事情，只要有恒心，能够坚持努力地去做，就都能够取得成功。

总结

【原文】

云谷禅师所授立命之说，乃至精①至邃②，至真至正之理，其熟玩③而勉④行之，毋⑤自旷⑥也。

【注释】

①精：精辟。

②邃：深邃，深远。

③熟玩：这里意为认真钻研。

④勉：努力。

⑤毋：不要。

⑥旷：荒废，耽误。

【译文】

云谷禅师所传授给我的立命的道理，是最精辟、最深邃、最真切、最正确的道理，你一定要认真钻研并且努力去施行，千万不要自己把它荒废了。

【解读】

其实这段可以算作是了凡先生对云谷禅师所传授给他的立命之学思想的一个总结。自从遇到了云谷禅师，并且与他交谈之后，了凡先生所做的一切事情好像就都离不开佛教的影响了。就比如说做了善事之后的回向，这就是最明显的有佛教思想的人才能做的事情。再有就是了凡先生的立命之学思想，就是云谷禅师传授给他的，这些都离不开佛教思想的影响。

了凡先生认为，云谷禅师传授给他的立命之学思想是至精至邃、至真至正之理，这是对立命之学思想的一个总结，同时也是对立命之学思想的一个评价。

第一，了凡先生认为云谷禅师的立命之学思想是至精的，也就是说是最精辟、最简练的，不包含任何其他的东西或者是杂质。立命之学思想中所包含的道理是很简单的，那就是命运的改变需要自身的努力，命由我造，福自己求。我们只要看一看了凡先生的一生就知道了。在了凡先生遇到云谷禅师之前，他的命运的轨迹和孔老先生给他推算的是完全一样的，因为那时候的他只知道自己的命运已经被注定了，自己什么也不用去做了，只要按部就班地活下去就行，自己根本就没有去努力去改变什么；可是当他遇到云谷禅师之后，他的命运却和孔老先生当初推算的不一样了，慢慢地改变了，因为了凡先生接受了云谷禅师的立命之学思想，开始通过自己的努力，行善积德。所以说，立命之学思想其实很简单，就是自己的命运是由自己去努力才能改变。

第二，了凡先生认为云谷禅师的立命之学思想是至邃的，也就是说其中所包含的道理是高深莫测的。云谷禅师的立命之学思想是符合天道的规律的，这一点不可否认。当然，某种程度上来说，立命之学思想其实是和天道规律是一样的，人们能够知道，能够用到，但是却不能随意地改变。只能去顺应，不能忤逆。

第三，了凡先生认为云谷禅师的立命之学思想是至真的，也就是说是真实的。了凡先生的一生之中，前半辈子就庸庸碌碌地过去了，但是他的后半辈子一直都在实践这个立命之学的思想，并且真的通过自己的努力改变了自己的命运。而且了凡先生改变命运的这个过程其实就是符合这个立命之学的思想，所以说云谷禅师的立命之学思想是最真实的。

至于最后一点，了凡先生认为云谷禅师的立命之学思想是最正的，其实就是说这个思想不偏不倚，没有过，也没有不及，它是中庸之道，是上天所赋予人的本性。每个人都可以拥有这个思想，只要自己本身去努力，每个人都能够改变自己的命运，它不会挑人的。

这是因为立命之学的思想是至精至邃、至真至正的，所以了凡先生才希望他的儿

子天启能够继承下这个立命之学的思想,并且"熟玩而勉行之"。

通过介绍了凡先生的立命之学的思想,我们就可以明白,人的命运其实都是由自己来创造。不论是身处什么样的情况下,都不要去怨天尤人,而是应该去努力,只有这样,才能最终走出自己的人生,获得良好的命运。

第二篇　改过之法

言行举止推测祸福

【原文】

春秋诸①大夫②，见人言动，亿③而谈其祸福，靡④不验者，《左》《国》诸记可观也。

【注释】

①诸：众，许多。
②大夫：官爵名称。春秋时期诸侯所分封的贵族为大夫。
③亿：通"臆"，推测，揣测。
④靡：没有。

【译文】

春秋时期，各国官吏来往频繁，他们观察一个人的语言和行为，接着就能推测出这个人即将遇到的吉凶祸福，他们所说的话没有不灵验的。这些事情在《左传》《国语》中都有记载可查。

【解读】

在前面的一篇《立命之学》中，主要讲述了了凡先生的一生，同时也讲了云谷禅师传授给了凡先生的立命之学思想。从这个部分开始，了凡先生就要具体地讲述应该如何去改变命运了。

这段主要讲述的是一种春秋时期的人们不通过算命等手段来鉴别一个人或者是国家吉凶祸福的方法，那就是通过观察人的言行举止来判断。这样的事情在《左传》和《国语》中都有记载。

《左传》是中国古代第一部形式比较完整的编年体史书，相传为春秋时期的左丘明所作。《左传》里面记载着春秋时期各个诸侯国的详细的历史事件，并且都是真实的记录。《国语》是一部分国的记事史书，记录的是各个诸侯国贵族之间的往来应对以及部分历史事件。这两部书里面的内容其实都十分地有参考意义和教育意义。

关于通过观察言行举止来判断吉凶祸福的事件，《左传》里面有这样的一个记载。

在春秋鲁隐公三年（公元前720年）的时候，卫国卫庄公非常宠爱的一个小妾给卫庄公生了一个儿子，取名叫州吁。由于州吁的母亲十分受卫庄公的宠爱，所以州吁也十分受卫庄公的宠爱，即便是他经常肆意妄为也不会受到卫庄公的批评和指责。大夫石碏认为卫庄公的溺爱不会给州吁和卫国带来好的结果，于是就劝告庄公不要溺爱州吁，而是应该对州吁进行良好教育，否则的话州吁一定会走到邪路上去。

石碏怕卫庄公不听自己的劝告，为此又讲了"六逆"和"六顺"给庄公听：六逆指的是"贱妨贵，少陵长，远间亲，新间旧，小加大，淫破义"，这六逆，州吁占全

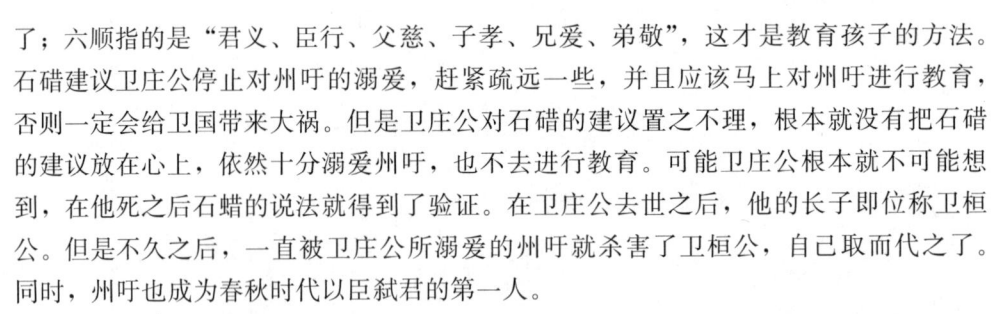

了；六顺指的是"君义、臣行、父慈、子孝、兄爱、弟敬"，这才是教育孩子的方法。石碏建议卫庄公停止对州吁的溺爱，赶紧疏远一些，并且应该马上对州吁进行教育，否则一定会给卫国带来大祸。但是卫庄公对石碏的建议置之不理，根本就没有把石碏的建议放在心上，依然十分溺爱州吁，也不去进行教育。可能卫庄公根本就不可能想到，在他死之后石蜡的说法就得到了验证。在卫庄公去世之后，他的长子即位称卫桓公。但是不久之后，一直被卫庄公所溺爱的州吁就杀害了卫桓公，自己取而代之了。同时，州吁也成为春秋时代以臣弑君的第一人。

州吁杀掉卫桓公取而代之之后，造成了卫国大乱，民不聊生。讲到这里或许有人会说，石碏能够预言到州吁和卫国的情况只是一次巧合罢了，但是事实并不是这样的。州吁篡位以后，鲁隐公曾经问过他的大臣众仲，说："州吁到底能不能立？"众仲说："州吁好战不得民心，安忍无亲，众叛亲离，必将玩火自焚。"事实证明众仲的说法也得到了验证，因为州吁在位还不到一年时间，就由于不得民心而遭到了杀害。

我们可以发现，石碏和众仲对州吁的预测都得到了事实的验证，但是他们都没有去用算命或者是占卜等其他的方法，只是观察州吁平时的所作所为就得出了自己的判断，所以说，古代大夫能够通过观察一个人的言行举止来预测吉凶祸福是相当有道理和根据的。

其实通过这样的观察方法，不单单能够判断出一个人的吉凶祸福，有时候连一个国家的兴衰也能够判断出来。这样的事情在《国语》里面就出现过。

《国语》里面有这样一段记载：有一次单襄公受周定王委托到宋国去，路上要经过陈国。单襄公在途经陈国的时候，发现道路上杂草丛生，河流上也没有桥梁，谷场也没有修缮，粮食全部都堆在野外，迎宾也不接待客人，路政不检查道路，厨师不供应饭菜，宾馆客栈都关门大吉，老百姓们也不是在田地里面劳动，而是在忙着为一个姓夏的官僚修建房屋建筑。

单襄公出使回来以后，就把自己在陈国所见到的一切全部告诉给了周定王，并且把自己所看到的做了一番分析，最后断言说陈国肯定要灭亡了。这就是"单子知陈必亡"的故事。最后的结果呢？在周定王八年（公元前599年）的时候，陈灵公被自己的手下夏征舒杀了。一年之后，楚庄王就攻入了陈国，陈国被楚国灭亡了。所以说，春秋时期的大夫能通过自己的所见所闻判断出一个国家的兴衰的说法也是可信的。

事实上，不只是春秋时期的大夫有这样的本事，我国古代的很多人都有通过一个人的言行举止来判断出这个人的吉凶祸福的能力。就比如说汉代的陈平。陈平是汉高祖刘邦的重要谋士，谋略过人，除了"谋圣"张良外，连韩信、萧何都难以与陈平比肩。根据《史记·陈丞相世家》中的记载，陈平自己说："我多阴谋，是道家之所禁。吾世即废，亦已矣，终不能复起，以吾多阴祸也。"他认为自己一生用计太多，并且都是阴谋诡计，自己的后代肯定不会发达。结局果然不出陈平所料，陈平的后代一个都没起来，一个发达的人都没有。

这些其实都是通过细致观察做出的推断，都是有道理的，前因导致后果，非常简单。我们如果仔细地观察一个人或者一件事，也能够大致判断出一个人的性格或者一件事的走势。了凡先生在这里的重点并不是教人们推测祸福，而是告诉人们，一个人的举止德行，决定了他的命运。一个人做事情符合天道规律，那么这个人就会有福气，就是吉；如果一个人做事情不符合天道，那么就会有祸患，就是凶。所以说，人们平常无论做什么样的事情都要符合天道，种下好的因，将来才能得到好的果。

吉凶祸福有预兆

【原文】

大都吉凶之兆，萌①乎心而动乎四体，其过于厚者常获福，过于薄者常近祸，俗眼多翳②，谓有未定而不可测者。

【注释】

①萌：萌生，萌发。
②翳：眼角膜上所生障碍视线的白斑。

【译文】

大多数时候，一个人吉凶祸福的征兆，都是萌发于他的内心，表现在他的行为上。那些厚道的人常常能获得福报，刻薄的人常常会招致祸患。一般的凡夫俗子才学浅陋，无法识得吉凶祸福，就如同那些得了眼翳的病人一样看不清楚，说祸福是不确定的，无法预测到。

【解读】

这段主要讲述的就是通过言行或者表面现象推测祸福的原理。一个人吉凶祸福的征兆，都是萌发于他的内心，进而表现在举止上面。

道教的经典著作《太上感应篇》中有这样一个说法，那就是"祸福无门，惟人自召"。这句话到底是什么意思呢？按照字面上的意思来说，就是福祸本来是没有门可以走进来的，而是人们把门打开了，才把福祸放了进来。也就是说不论是福还是祸，其实都是人们自己招来的，并不是上天随便地降下的。在这个过程中，人心自身所起到的作用才是最重要的。

人们打开了门放进了福祸，其实意思就是说人们的内心中产生了福祸。一个人内心善良，那么这个人就会得到福气；如果这个人内心险恶，那么就会招来祸患，这就是"惟人自召"；所以说福祸其实都是源于一个人的内心。其实这种情况可以称作是一种必然的规律，一个人的内心善良的话，只要这个人的念头刚产生，那么即便没有通过言行举止表现出来，福也能感应到你的善良，自然就会迫不及待地找上门来。古人总是说人的心中要长存善念，其实就是这个道理。

《中庸》里面讲，"喜怒哀乐未发谓之中，发而皆中节谓之和"。喜怒哀乐，这是一

种情绪，每个人都有，这一点是没办法改变的。人活在这个世界上一辈子，必然要遇到各种各样的事情，有些会让人高兴，有些会让人不高兴甚至是烦恼，在这样的情况下，人们必然会产生喜怒哀乐等情绪，没有人能够回避。

当心里面产生喜怒哀乐这样的情绪的时候，很多人会选择发泄出来。而当人们打算把自己内心的情绪发泄出来的时候，内心中就会产生善或者是恶的思想。一旦产生了善恶的思想，那么福祸自然也就相应地产生了。举个例子来说一下，当一个人内心中满满的全是高兴的情绪的时候，就很有可能产生善，因为这个时候的人心情好，看什么东西都顺眼，那么就很可能去帮助一下别人什么的，所以说这样的时候可能会产生善念，有了善念自然会带来福气；反之当人们的心里面全都是不高兴的情绪的时候，就很有可能产生恶念，因为这种情绪下的人看什么都不顺眼，很有可能去破坏一下别人的事情，所以说一个人在这种时候会产生恶念，产生恶念之后当然会产生祸患。因此说，福祸最开始都是产生在一个人的心里面的。

接下来，了凡先生说"过于厚者常获福，过于薄者常近祸"，意思就是说厚道的人常常能获得福报，刻薄的人常常会招致祸患，这是什么原因呢？

厚指的是厚道、厚重的人。厚重的人，也就是说一个人道德深厚，做事情稳稳当当，不论别人说什么，这样的人依然都是按照一定的标准去办事。那么为什么说厚道的人常常会得到福报呢？我们常说一个词语叫作"厚德载物"，厚德可以理解，就是前面所说的厚道的人，那么载物是指的什么呢？其实这个物指的可能是物质、是财富、是高官厚禄、是健康长寿等等，我们看到这些词语自然就能够和福气联系起来，而这些东西，都是只有那些品德厚重的人才能承载的，因此了凡先生才会说厚道的人常常会得到福报，换句话说"厚德载物"才是了凡先生有如此说法的根本原因。那么我们反过来想一下，那些没有道德的人一定是对人很残酷、做事很轻佻、只想自己不想别人，这样的人用现在的说法就是一个刻薄的人。这样的人内心也一定是十分险恶的，既然内心是险恶的，那么就一定会招来祸患，所以了凡先生才说刻薄的人常常会遭到祸患。

虽然前面所说的那些福祸的表现往往会表现得很明显，但是对这样的情况能看清楚的人还是很少的。因为厚者得福、薄者近祸虽然是符合天道的规律，但是这个规律都是需要长时间实践验证才能证明是正确的。今天你做了很多好事，但十年之后你才获得了很多福报或者是财富和其他的东西。虽然你获得了应该得到的东西，但是你能联想到这个福德是你十年前种下的吗？我想一定有很多人都想不到。十年时间就会让一个人遗忘掉很多的事情，那么如果是二十年、三十年或者是更长的时间呢，人们遗忘掉的东西只会越来越多。再说了，即使能够想得到以前的事情，谁又会把现在的福德和很久之前的事情联系起来呢？祸患也是一样的，也许某个人现在过得很好，但是突然间就遭到了灾祸，这或许就是很久以前就种下的原因造成的，但是谁又能往前面想得那么远呢？所以说，这样的规律很少有人发现是很正常的事情。

改错才能得福

【原文】

至诚合①天，福之将至，观其善而必先知之矣。祸之将至，观其不善而必先知之矣。今欲②获福而远祸，未论行善，先须改过。

【注释】

①合：符合。
②欲：想要，希望。

【译文】

以至诚之心待人，是符合天道的。福报将要来到的时候，观察他的善行就能预先知道。灾祸将要到来的时候，观察他的恶行也必然能够推测到。如今想获得福报而远离灾祸，先不谈做善事，必须先改掉自己所犯的过错。

【解读】

这段的开头有一个重要的词语，那就是"至诚合天"。至诚合天的意思就是说人们做事情都符合天道的规律，没有任何的妄念和分别，同时不论做什么事情都在内心中用真诚的态度去对待，这是人们做事情的时候的一个基本原则。那么坚持这个原则去做事会有什么样的结果呢？只要能够坚持这个原则去做事，那么你的吉凶祸福都是可以预料或者推测到的了。

前面说过吉凶祸福的降临都是有预兆的，如果人们能够仔细观察的话都是可以发现的，但是凡夫俗子们还是不能够体会到这个道理，这是为什么呢？关键还是在这个诚字上面。诚这个字在中国古代儒家的传统里面很受重视。《说文解字》中指出诚和信可以互训："诚者，信也。从言，成声""信者，诚也"。其中诚的意思就是真实无妄和诚实无欺。北宋著名的思想家张载曾经说过："诚则实也，太虚者天之实也。""天所以长久不已之道，乃所谓诚。"《大学》中也曾有云："所谓诚其意者，毋自欺也。"再有就是朱熹也曾经说过"诚，实理也，亦诚实也"这样的话。

凡夫俗子之所以不能通过一个人的言行举止来看出吉凶祸福，就是因为凡夫俗子的心不够诚。之前我们就说过，凡夫俗子之所以不能成为圣人，是因为凡夫俗子的内心中有妄念，当妄念蒙蔽了人的内心之后，凡夫俗子就会有很多事情都没有办法察觉了。在这样的情况下，人们不能通过一个人的言行举止来观察出吉凶祸福是很正常的。

有了至诚合天这个原则之后，再去观察一个人的吉凶祸福就十分简单了。在这种情况下，想要看一个人到底有福还是有祸根本就不用去算卦和占卜什么的，只要看这个人的行事到底符不符合天道的规律就可以了。当一个人平时做一些行善积德的事情的时候，他一定会得到福报的。我们想要看一个人是否有祸患的时候，只要观察这个

人平时是不是总是在作恶就可以了，因为作恶是违背天道规律的，况且作恶的人会产生罪孽，罪行多了的人必然就会遭祸患，这一点也是不用通过卜卦算命就能知道的。一个人做了很多恶事的话，仅是期待着求神拜佛、卜卦算命就把自己的罪行消减掉，那是根本不可能的事情，必须经历灾祸才可能重生。

人们常说"多行不义必自毙"，这句话就很符合天道的规律，孟子也说过类似的话，多行不义，结果是必须灭亡，很多例子都验证了这个道理。古代有个人非常官僚，坐着轿子，仪仗队很整齐，当时显贵一时，是个炙手可热的人物。他正在路上走着的时候，碰到一个相士，这个相士很不知趣，不小心得罪了这个官僚。官僚很生气，要惩罚相士。很多人都替相士担心，觉得这是个大麻烦，但相士很淡定，和没有这回事一样，他说："这个官僚已经是棺材中的人了，他还能惩罚谁呀？"三天后，官僚暴毙。所以，我们观察一个人的时候，不管他是多么显赫，多么有荣耀，只要他坏事做绝，灾祸就会自动找上门来。

没有任何一个人是希望自己的一生都是伴随着灾祸的，每个人都希望福气能够降临在自己的头上，这就是所谓的趋吉避凶了。想要远离灾祸得到福气，需要做的第一件事情就是改过。前面讲过，凡夫俗子不能成为圣人的原因就是因为内心中有妄念，正是由于这些妄念，使人们做了很多的错事，也蒙蔽了人们预知吉凶祸福的能力，所以一定要改，一定要除掉内心中的妄念，好好地洗涤自己的心灵。

这一点也是符合佛教的因果报应的说法的。只有善行才能得到善报，恶行必然会有恶报。而恶人如果想要得到福气的话，也不是不可以，根据因果报应的说法，只要把自己的恶行都改掉之后再全部都变成善行和功德就可以了。那么这个过程中最重要的一点还是改掉自己之前所犯的错误和所积攒的恶行。因此说，一个人要想得到福气的话，最重要的一步就是改错。

事实上，能够积极改错，这已经是行善了，而且是大善，所谓"知错能改，善莫大焉"。所以说，想要获得福气又觉得自身犯过的错误太多的话，就赶紧去改错，这样的话福气才能早早降临到你的身上。

要有羞耻心

【原文】

但改过者，第一，要发耻①心。

【注释】

①耻：羞耻。

【译文】

改正过失的方法，首先就是要有羞耻心。

【解读】

　　一个人想要获得福气并且远离祸患，需要做的第一件事情或者说是最应该做的事情就是改正自己的过错。但是错误这个东西不是一个人在心里面想改就能改得掉的，改错需要有一套明确的方法，同时也需要一个完整的过程。从这段开始，了凡先生就开始讲述改正错误的方法和过程。

　　这段中讲述的是改错的第一点，就是先要让自己有羞耻心。儒家学说中有四维八德的说法，其中四维包括礼、义、廉、耻，八德包括忠、孝、仁、爱、信、义、和、平，而耻是四维八德中很重要的一点，也可以说是儒家学说中一个非常重要的道德标准。这里的耻，其实指的就是羞耻心，羞耻心也是一个人最起码的道德底线。如果没有羞耻心的话，一个人就根本不可能称之为人。孟子说人有四种善端，"羞恶之心"是其中之一，意思就是说对于害人、害己的坏事，有厌恶之心，羞于去做，这其实就是有是非观念的表现。

　　那么一个人有了羞耻心后会得到什么样的好处呢？作为人，一旦有了羞耻心的话，内心中就会产生一个标准——对和错的标准。在这个标准之下，人们就会知道什么事情该做，什么事情不该做，做什么事情是对的，做什么事情是错的。心里面有了这样的标准之后，人们才能知道自己在什么时候做错了什么事情，也才能做到在做事情之后自我反省自己的错误，同时也能勉励自己、积极地改正自己的错误。有了羞耻心之后，人们才能发现自身的不足，也才有动力改正自身的错误，并且会激发一个人内在的潜力和动力，使人在做事情的时候能够勇往直前。

　　孔子曾经说过："好学近乎知，力行近乎仁，知耻近乎勇。"意思是说一个人只有在知道羞耻之后才能在面对自己的错误的时候勇于改过，战胜自我。由此可见古代圣人对于羞耻心的推崇。《论语》中说："见贤思齐焉"，看到自己不如别人贤德，从而产生羞愧之心，然后发愤图强，拿出勇气来立身行道，这其实就是一种有羞耻心的表现。

　　当然，羞耻心其实也是一个人改变命运的开端和关键，或者也可以称之为改变命运的动力。为什么这么说？因为有了羞耻心之后，人才会感觉到自己的命运不好。既然不好那当然要去改变了，所以说羞耻心是改变命运的动力；改变命运靠的是什么，是行善积德，只有在觉得自己做的不是好事之后才能明白什么才是好事，怎么样做才算是做好事，才能知道怎么样去行善积德。所以说，有羞耻心是一个人改变命运的开端。一个人如果没有羞耻心，就妄想着去做善事积累功德改变自己的命运，这是根本不可能的事情。

　　什么是好事、什么是坏事、什么事情可以做、什么事情不能做，这在心里面一定要记清楚。只有这样，我们才能在漫长的人生旅途中不断地前进，勇往直前，并且永远拥有用之不竭的动力。

一事无成的原因

【原文】

思古之圣贤，与我同为丈夫①，彼何以百世可师②？我何以一身瓦裂③？耽④染尘情，私⑤行不义，谓人不知，傲然无愧，将日沦⑥于禽兽而不自知矣；世之可羞可耻者，莫大乎此。孟子曰："耻之于人大矣。"以其得之则圣贤，失之则禽兽耳⑦。此改过之要机⑧也。

【注释】

①丈夫：这里指男子。
②师：榜样。
③瓦裂：像瓦片一样碎裂，比喻分裂或崩溃破败。这里意为声名狼藉。
④耽：沉溺，过度喜好。
⑤私：私下里，暗地里。
⑥沦：沉沦。
⑦耳：文言语气词，大致同"矣"。
⑧要机：重要秘诀。

【译文】

想想古时候的圣贤之人，和我一样都是男子汉，为什么他们就可以被后人当作榜样？我为什么就一事无成，甚至声名狼藉呢？那是因为沉溺于世俗欲望，私下里做了一些不合乎仁义道德的事情，以为别人都不知道，还表现出一副傲慢的样子，没有一点羞愧之心，整天就这样沉沦下去，逐渐变成卑劣无耻的人，自己却还不自知，世界上没有比这个更羞愧、更可耻的事情了。孟子曾说："知耻对于一个人的意义非常重大。"一个人有羞耻心，便可以成为圣贤，若没有羞耻心，那么就跟禽兽没什么区别。这就是改正过失的重要秘诀。

【解读】

这段是了凡先生的自我反省。了凡先生把自己和古代的圣贤相比较，他自己认为大家都是同样的人，所做的事情和所取得的成就等都应该是差不多的，可是实际情况却完全不同。古代的圣贤们通过自身的努力成为百世之师，他们的思想受人追捧，他们的学问有人继承，他们做事情的方法有人效仿。但是了凡先生却不能达到那样的程度，而是大部分的时间都是一事无成，浑浑噩噩地活着。既然"人皆可以为尧舜"，为什么自己要甘处下愚呢？对于这样的情况，了凡先生是很不理解的。

了凡先生为什么会产生把自己和古代的圣贤之人相互比较的心思呢？那是因为了凡先生有羞耻心。前面就强调过羞耻心的重要性，可以说，了凡先生之所以在后来能够那么努力地改变自己的命运,他有羞耻心这一点在其中起到了很大的作用。了凡先生在经过了自我反省之后,终于找到了自己的命运和古代圣贤命运不同的原因。

第一点就是"耽染尘情",也就是说过度沉溺于世俗之间的感情。说白了其实就是内心中有妄念,不能够做到清净无欲,容易受到世俗的摆布。那么什么是尘情呢?尘情其实指的就是五欲六尘:五欲是指财、色、名、食、睡,六尘指的是色、声、香、味、触、法。佛教思想认为,世界上的人大多都沉浸在尘情中不能自拔,得不到解脱,这就使得人们在心里面产生出了好、坏、美、丑、高、低、贵、贱等思想,这也就是我们所说的妄念,而这些妄念最终全部变成了人心里面的烦恼忧愁,使得人的善心衰减,内心也不再清净。因此,佛教思想中也教育人们一定要远离尘情。

凡夫俗子大多都沉浸在五尘六欲之中,了凡先生认为自己不能和圣人相比也是因为这个原因。其实了凡先生能够发现这一点就说明他已经醒悟了,已经意识到了五欲六尘对自身的危害。大多数的凡夫俗子都是很难放得下五欲六尘的,毕竟这些东西给人带来的不光是烦恼,也有好处,就比如说钱财、欲望。世间大多数人都不能放得下五欲六尘,因此这个世界上凡夫俗子的人数才远远多于圣人的人数。其实人们心中的五欲六尘就像现实中的灰尘一样,落上了灰尘的东西人们总是需要擦拭清洁,更何况是落在心灵上的灰尘,更需要经常去清理了。内心清净既是改变命运又是成为圣人的必然条件,所以说做人一定要远离尘情,否则的话就会像早先的了凡先生一样一事无成。

第二点就是"私行不义",意思就是说了凡先生经常偷偷地去做一些他不应该做的事情,并且在做出事情之后还隐瞒了下来,自以为没有人知道,没有一点愧疚和羞耻的感觉。这种想法当然是错的。不应该做的事情,就绝不能去做,做了就是犯错误,何况了凡先生还是在做了不应该做的事情后把事情隐瞒了下来,那就更是大错特错了。偷偷去做不该做的事情并且隐瞒,这就等同于恶行了,有恶行就会有恶果,就会有恶报,所以说了凡先生庸庸碌碌的前半辈子似乎也能解释得通了。当然了,这一点其实也和了凡先生之前不懂得立命之学有关。

接下来了凡先生说了一个孟子的观点,孟子说耻对于一个人是十分重要的。其实在我国古代圣贤们对于羞耻心是十分看重的,孟子说过,"人不可以无耻,无耻之耻,无耻矣"。羞耻心是对人的道德行为的一种社会评价,是人们为了维护自身的尊严而产生的强烈的道德标准。了凡先生认为知耻是人性中最重要的组成部分,有羞耻心的人能够成为圣贤,没有羞耻心的人就庸庸碌碌。

圣贤们做人做事都有自己的立身行道的准则,正是因为他们坚持自己的准则,所以才能成为圣贤。我们平时只有严于律己,常常反省自己,才能奋发向上、改变自己的命运。

要有敬畏之心

【原文】

　　第二，要发畏心。天地在上，鬼神难欺，吾虽过在隐微①，而天地鬼神，实鉴临②之，重则降之百殃③，轻则损其现福，吾何可以不惧？

【注释】

　　①隐微：隐蔽而不显露。
　　②鉴临：审查，监视。
　　③殃：灾祸。

【译文】

　　第二，要有敬畏之心。我们的头上有天地鬼神随时监察我们的行为，他们是不可能被欺骗的。我犯的过错虽然隐蔽，不容易显露出来，但天地鬼神却能看得十分清楚。如果我所犯的罪过非常重大，便会遭受很多灾祸，如果罪过很轻，也会折损现在的福报，我怎么可能不惧怕呢？

【解读】

　　要想获得福气远离祸患最重要的就是改错，而改错的第一点就是要有羞耻心，这段讲的是第二点，要有敬畏之心。

　　畏的意思是害怕，这里也有恭敬的意思。人只有在有了敬畏之心之后，才不敢胡作非为，才不敢任意妄为，才不会做出恶事恶行。有些人，别人评价他们做事情的方法时会说成是肆无忌惮，其实这就是没有敬畏之心的表现。或许有些人会认为这样的行为属于直来直去、快意恩仇，是值得提倡和学习的，其实不然，做人行事肆无忌惮的人最后都没有得到什么好的结果。

　　儒家的学说中也有关于畏的言论，《论语》中就有"君子有三畏：畏天命，畏大人，畏圣人之言。小人不知天命而不畏也，狎大人，侮圣人之言"。意思是说君子敬畏天命、敬畏处于高位的人，也敬畏圣人的言语；而小人不知天命而不敬畏，不敬畏身处高位的人甚至还说蔑视圣人的话。由此可以看出敬畏的重要性，因为不懂得敬畏的人是不可能成为君子的，那就更不可能成为圣人了，只能是小人之流，小人是不可能改变自己的命运的。

　　那么人们需要敬畏的又是什么呢？了凡先生在这里给出了答案，"天地在上，鬼神难欺"，天地鬼神是人们最需要敬畏的东西。佛教中有一种因果报应的思想，做好事就能得到好报，做坏事就要遭到祸患。有人会说自己做善事是不希望别人知道的，为什么也能得到福气呢？有些人的恶事明明是背着别人偷偷去做的，为什么又肯定会遭到祸患呢？到底是谁能够把这样秘密的情况全部掌握然后分别送来吉凶祸福呢？答案显而易见，那就是天地鬼神。天地鬼神是无所不知、无所不晓的，这个世间上的任何事物的一举一动全部都在他们的掌握之中，人当然也是一样的。其实对于天地鬼神的敬畏，古代人做得就很好。因为古代的科学技术还不是很发达，很多事情都没办法用自然的原因去解释，再加上人们只是掌握了最为朴素的宗教观念，所以人们最害怕的就是天地鬼神，因此人们最敬重的也是天地鬼神。其实可以把这种敬畏看作是一种约束的力量，只有有了这样敬畏的约束，人们才不敢去胡作非为，才不敢去肆无忌惮地做恶事。

所以说，一个追求高尚品德的人，每时每刻都应该注意自己的言行，不做见不得人的事情。《中庸》说："道不可须臾离也"，天道是分分秒秒都不能离开的，必须让自己时时刻刻身处天道之中，这才是儒家中庸之道的真正含义。其实想要奉行儒家所说的中庸之道有两个难点，那就是"隐微"：所谓的隐就是别人都不知道只有自己知道的地方，这样的地方，只有自己一个人，不需要和外面的人接触，也不需要去考虑其他的人或者是事物，只要考虑自己就好了。在这种情况之下，一个人究竟能否坚持住中庸之道就不得而知了，不过应该是很难的，毕竟一个地方只有自己一个人。所谓的微，其实就是指那些细枝末节的东西，很少被人注意的东西，很容易让人忽略的东西，一般情况下，这样微小的东西或者是事情是很少有人会去在意的，当事人也是根本不用去考虑别人的感受，所以这种情况下也很难坚持住儒家的中庸之道。隐和微是奉行中庸之道的两个难点，如果一个人做事情总是在隐微中犯错的话，那么就可能会偏离正确的轨道，从而远离中庸之道。

了凡先生认为，所谓的敬畏心可以分成四个部分来解释，而这段文章的后半部分其实说的就是敬畏心的第一部分。

了凡先生认为自己做事情就总是在"隐微"中犯错，所以他的前半生一事无成，庸庸碌碌地活着。但是，在接受了云谷禅师的立命之学思想之后，了凡先生知道了，即使自己做的事情再怎么隐蔽，再怎么不起眼，也是逃不过天地鬼神的眼睛的，这就是所谓的天地在上，鬼神难欺。

天地鬼神和凡夫俗子是不同的，他们能够洞察到这个世界上的一切东西。即便是我们在非常隐秘的地方犯下错误而没有人发现，那也是逃不过天地鬼神的眼睛的。人们都知道，我们所能观察到的事情或者是事物是有限的，因为人们观察事物需要用肉眼去看，同时还需要有光源，否则的话是看不到东西的，正如人们都知道在黑天要点灯一样，就是因为如果不点灯的话人们是什么都看不到的。正是因为有了这样或者是那样的限制，所以某些人在隐蔽的地方做出了一些事情或者是犯了一些错误的时候，一般情况下都是不会被人发现的。但是，天地鬼神却不是这样的，天地鬼神掌握着这个世界上的所有东西，也就是说所有东西都能作为他们观察这个世界的眼睛。在这样的情况下，也就不难理解天地鬼神能够洞察到那些隐微的事情。

如果让天地鬼神知道了人们所做的恶事或者所犯的错误之后，他们是一定会采取一些动作来惩罚人们的，并且惩罚的力度和人所犯的错误是成正比的。如果人犯的错误很大的话，那么对不起了，大灾大祸在等待着这个人；如果是一些稍微小的错误，那么就很可能减少这个人本来应该得到的福报，即使是这样，积少成多的话，福报早晚也都会全部消失，到那时祸患自然就会降临。

如果人们能够明白这样的道理的话，又怎么会不产生敬畏心呢？哪个人想被天地鬼神惩罚？哪个人想让自己的一生充满灾难？其实这就是佛教的因果报应思想，既然是做了恶事犯了错误，那就要做好迎接灾祸的准备，天地鬼神肯定是不会放过一个坏人的。所以说，不要以为自己做事情很隐秘就能瞒得过所有人，就能瞒得过天地鬼神。轻视天地鬼神的下场肯定是灾祸连连。面对天地鬼神的时候，请保持一颗敬畏的心。

掩饰就是自欺欺人

【原文】

不惟此也。闲居①之地，指视昭然②；吾虽掩之甚密，文③之甚巧，而肺肝④早露，终难自欺；被人觑⑤破，不值一文矣，乌得不懔懔⑥？

【注释】

①闲居：避人独居。
②昭然：这里意为明明白白，显而易见。
③文：修饰，掩饰。
④肺肝：比喻内心。
⑤觑：瞧，看。
⑥懔懔：畏惧的样子。

【译文】

不止如此。即使是在避开别人独自居住的地方，自己所有的行为举止，也能够被神明看得明明白白。我虽然掩饰得十分巧妙，但内心的所有想法都会显露出来，最终还是无法自欺欺人。如果被人看破，就更加一文不值，我怎么可能不怀着一颗敬畏之心呢？

【解读】

人们做错了事情会被天地鬼神发现并惩罚，即使再怎么隐蔽也是会被发现的。这段说的是即使一个人远离人群，独自隐居在一个无人的地方或者说是一个人私室独居的时候，也要对天地鬼神有敬畏之心，因为天地鬼神是无处不在的，即使只是在心里面有一个小小的想法，也会被天地鬼神清楚地察觉和看破。所以说，私室独居时也什么都不能隐瞒，也要敬畏天地鬼神。

其实这段说的是儒家学说中的慎独思想。慎独是儒家学说中的一个重要概念，也是儒家修行的最高境界。在被儒家奉为经典的四书五经当中的《大学》和《中庸》中都有关于君子慎独的观点。

《大学》中说："所谓诚其意者，毋自欺也。如恶恶臭，如好好色，此之谓自谦。故君子必慎其独也。小人闲居为不善，无所不至。见君子而后厌然，掩其不善，而著其善。人之视己，如见其肺肝然，则何益矣。此谓诚于中，形于外。故君子必慎独也。"这里明确地说明了君子必须坚持慎独的思想。

《中庸》中说："天命之谓性，率性之谓道，修道之谓教。道也者，不可须臾离也，可离非道也。是故君子戒慎乎其所不睹，恐惧乎其所不闻。莫见乎隐，莫显乎微。故君子慎其独也。"这里也明确说了君子要慎独。

那么慎独究竟要怎么去理解呢？慎独其实是一种进行个人道德修养的重要方法，意思是指人们在没有人监督的情况下独自进行各种活动的时候，能够凭借自身的高度自觉，在做任何事情的时候都能坚持一定的道德规范，而不会做出任何违反道德信念和做人的原则的事情，这其实也是评价一个人自身道德水准的关键性环节。这段中说私室独居的时候要注意自己的行为举止，要敬畏天地鬼神，也就是说不能够做错事或者是违背道德的事情，否则就会受到天地鬼神的惩罚，这个说法正和儒家的慎独思想相一致。

一般的情况下，人们独自处在一个私密的空间或隐秘的地方，并且没有人进行监督的时候，往往会在心里面产生一种十分轻松的感觉，这时就可能会不自觉地放松了自己的思想或者是行为，而在一个人极度放松的情况下，导致的最直接的后果就是这个人对自身的放纵。当一个人在思想和原则上不能约束自己或是在行为上放纵自己的时候，往往就会做出一些不好的事情，比如说违背道德的事情，比如说违背做人原则的事情。当然，有些时候也是人们在私室独居的时候有意地做出这些事情，因为这样的人总感觉在没人监督的情况之下是最安全的，做什么事情都不会被发现。这其实就是缺乏慎独的观念所带来的后果。这种思想其实是不可取的，要知道天地鬼神其实是无处不在的，人只要是做出事情，就逃不过天地鬼神的监察，这无关乎人所处的地点，也无关人做的事情是不是有人看见。所以说，一定要慎独，一定要敬畏天地鬼神。

"吾虽掩之甚密，文之甚巧，而肺肝早露，终难自欺"，这句话的意思是说人们在做错事情的时候，即便是再怎么样去掩盖，也不能够欺骗到自己的内心，最终肯定会暴露。一般来说，很多人做出了什么错事或者恶事的时候，最先想的是如何去掩饰自己所做的错事或者恶事，这是不对的，不利于一个人变得更好。这种自己内心中的安慰和误导，或许能让一个人得到一时的平静，但是时间久了之后就会发现，错误就是错误，恶事就是恶事，无论怎么样去掩饰它都是真实存在的。再怎么掩盖都不能够掩盖掉真相，只是自欺欺人而已。

一味掩盖，不思悔过，也得不到心安。俗话说："为人不做亏心事，半夜不怕鬼敲门。"人们做了亏心事之后，就会发现自己总是有一种很不踏实的感觉，甚至有时候会有一种心惊胆战的感觉，总是会感觉到自己做的错事或者是恶事被别人发现了，甚至晚上连睡觉都有可能睡不好，这其实就是人正在遭受自己的良心的谴责。正像那些违法乱纪的人一样，我们看电视的时候就会发现，那些违法乱纪的人经常是处于一种惊慌的情绪当中，如果看见了警车和警察，即使不是抓他们的，也会陷入深深的恐慌当中，这是他们的内心在谴责他们做错了事情。但是当他们被抓到或者是被绳之以法之后，我们就能够发现他们变得平静了，不再恐慌了。为什么会这样呢？违法乱纪了，不接受国法的制裁，良心告诉他们，这不对，这不合情理，所以必然会恐慌，而一旦被绳之以法以后，他们在良心上会获得一种平衡，觉得自己虽然犯法了，但已经受到惩罚了。

当然了，最尴尬的事情应该是在做了恶事和错事之后，自以为掩饰得很好，但是最后却被人发现了。在这里了凡先生用了一个词，那就是"不值一文"，意思就是说一点价值都没有了。也就是说做了错事和恶事之后被发现了的人，以后就一点价值都没有了。为什么这么说呢？因为人在做了错事和恶事之后，会去掩饰而不是改正，当被人发现之后，这样的人就会被别人第一时间定义为骗子，试问有哪个人愿意和骗子做朋友或者是办事情呢？又有几个人会去相信一个骗子呢？这样慢慢地，人就会没有朋友，最终也会被社会所抛弃。这样的人，那当然就是一个没有价值的人了。很多人在做错事被发现之后都有一种感觉，那就是想死的心都有了，这不就正说明了人已经没有价值了吗？

正是因为做了错事和恶事之后，无论怎么样掩饰都逃不过自己良心的谴责，再加上被人发现的后果，所以了凡先生认为一定要敬畏天地鬼神，一定要有敬畏心，只有这样才能在无论什么样的情况下做事情都能坚持道德底线和做人的准则，才能够不做错事情。

要懂得悔改

【原文】

不惟是也。一息尚存，弥天①之恶，犹②可悔改；古人有一生作恶，临死悔悟③，发一善念，遂得善终者。谓一念猛厉④，足以涤百年之恶也。譬如千年幽谷，一灯才⑤照，则千年之暗俱除；故过不论久近，惟以改为贵。

【注释】

①弥天：满天，极言其大。
②犹：尚且，还。
③悔悟：后悔觉悟。
④猛厉：勇猛刚烈。
⑤才：仅，只。

【译文】

不只是如此。只要还有一口气在，就算是犯了弥天大罪，尚且还可以悔改。古人有的做了一辈子的坏事，到临死的时候有所觉悟，心中萌发一丝善念，最终也能得到善终的果报。这是说，内心一个善意念头的勇猛刚烈，足够洗刷一生所积下的恶行。就像上千年的幽暗山谷，只要有一盏明灯照射，几千年以来的黑暗都会被消除。所以无论什么时候犯下的过错，只有知错能改，才是最可贵的。

【解读】

在这个世界上，无论是什么样的人都会做错事，也都有可能做过恶事，这一点是不能避免的。就连儒家第一圣人孔子不也是在七十岁的时候还在改错吗？这说明孔子也是犯过错误的，即使是这样的人也会犯错误，就更不要说其他的凡夫俗子了。所以说，犯错误做错事或者是做出了恶事其实是一件很正常的事情。但是正常的事情却并不代表就是正确的事情，错误就是错误，作恶就会受到惩罚，这一点也是无法避免的。所以，一个人做多了错事和恶事只要懂得悔改，就不算是大问题。

世界上最可怕的事情不是有过恶，而是有过恶却没有悔改之念。其实有很多人都能够认识到自身所犯的错误和所做的事情是恶事，但是真心悔改的人却没有几个。一方面有些人利欲熏心，眼里根本就不在乎这些东西了，只要有利益管他什么错事还是恶事；另一方面一些人在意识到自己的错误之后确实想要悔改，但是总会给自己找到一些理由来推迟悔改或者是拒绝悔改，比如说年龄大了，这辈子就这样了，改不改都无所谓了。

这样的想法是错误的，正如了凡先生所说的，"一息尚存，弥天之恶，犹可悔改"，只要还有一口气在，就算是犯了天大的罪过，也是可以改正的。连孔子那样的圣人在七十岁的时候都知道有错误就要去改，何况是其他的人呢？所以说，有了错误，做了恶事，就必须知道悔改，必须去改正，这一点是没有任何借口去逃避的。否则的话，那就等着灾祸的降临。或许还有人会认为自己这辈子活得值了，有点灾祸也无所谓，但是不要忘了，佛教讲究的是三世轮回，因果报应，这辈子做的恶很有可能要下辈子去偿还，因此，为了长远考虑，还是不要想别的什么东西了，有错就赶紧去悔改。

佛教有一句话叫作"回头是岸"，意思是说一个人不管有过多大的罪恶，只要能够在活着的时候幡然悔悟，那就一定能够得到上天的承认，完成自我的救赎。其实对于这一点，古人也有同样的看法。"古人有一生作恶，临死悔悟，发一善念，遂得善终者"这句话其实就是说的这个道理，古人有的做了一辈子的坏事，到临死的时候有所觉悟，心中萌发一丝善念，最终也能得到善终的果报。所谓好饭不怕晚，只要是能够真心悔改的，哪怕只是临死之前才真正地意识到自己所犯的错误和所做的恶事是多么地不应该，只要是真心实意的，那也是能够得到善报的。

其实在古代就有很多这样的例子，很多人一辈子都作恶，没做过一件好的事情，等到走到人生的尽头，感慨自己贫病交加的时候，终于意识到自己错了，然后发誓来生再也不做恶事了，一定会洗心革面重新做人，最后不用再承受病痛的折磨，含笑而死。在《往生转》中就有这样的记载：传说有一个叫作张善和的人，他是一个屠夫，以杀牛为生，一辈子都只是杀牛，没有遇到什么善缘，由于他这一辈子杀了无数头牛，这就导致他的恶行十分地严重。等到他快要死的时候，恍惚之间他总觉得有很多的牛头人来跟他讨要自己的性命，他感觉自己承受不了这样的感觉了，于是就大喊了起来。

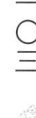

他的喊声正巧被一个路过他家门口的出家人听到了。那个出家人在了解了他的情况之后，就给他出了一个办法，让他点燃一把香拿在手里，然后嘴里面念着阿弥陀佛并且在心里面诚心祈求自己前往西方的极乐世界。张善和用了出家人的办法，不久之后他就发现跟自己讨命的那些牛头人全部都不见了，最终他含笑而终。

或许有人会不理解，这样的一个一生杀业无数的人，难道不应该受到上天的惩罚吗？凭什么让他含笑而终呢？这是因为张善和虽然一生杀业无数，但是他也受到了惩罚了，要不然怎么会有那么多的牛头人向他来讨命呢？能够含笑而终是因为他最后意识到了自己的错误，能够真心地悔改了，所以他最后能够善终。其实能够真心地悔改就已经是一件十分了不得的功德了，有了功德抵消了自己的恶行和罪过，最后善终也就可以了。这正说明了只要在做错事之后，能够坚决地进行悔改，并且能够有一个坚定的善念，那么即使出现在死之前的最后时刻，也足以能够洗刷掉一生所积攒下来的罪恶和罪业。

关于这一点，了凡先生还特意做了一个比喻，"譬如千年幽谷，一灯才照，则千年之暗俱除"，意思就是说像上千年的幽暗山谷，只要有一盏明灯照射，几千年以来的黑暗都会被消除。黑天的时候人们为什么要点灯，因为灯光能够赶走黑暗。黑暗这种东西，不是说时间越久就越严重，即使是长达一千年，黑暗也还是那样，遇到灯光也依然只有靠边站的份儿。其实人一生所做的恶事就相当于这一千年的黑暗，而临死之前的诚心悔改和向善其实就是一盏能够照亮黑暗的灯光，只要这灯光一出，那黑暗就必须立刻消失，所以说，做了一辈子恶事的人，只要能够诚心悔改和真心向善，就一定是能够得到善终的。

唐朝有个叫张钟馗的屠夫，每天要做的就是杀鸡，死在他手上的鸡不计其数。但在他即将去世的时候，他后悔了，觉得杀鸡不对，真心忏悔了，念佛了。不一会儿的功夫，香气充满屋子，他安静地去世了，得了一个常人都没有想到的善终。像张钟馗这样的人，就属于了凡先生所说的临终忏悔还得善终的人。所以说，犯过什么错误，做过什么恶事，积攒了多少罪恶这些东西都不是最重要的，最要紧的是做了恶事之后要懂得悔改。

当然了，或许有人会说这个观点有漏洞，如果只是临死之前悔改一下子就可以的话，那是不是所有的人都可以在活着的时候尽情地作恶，然后在临死之前随便悔改和忏悔一下子就可以呢？那就没有必要每天都做什么改过、自我反省和行善什么的了。有这样的想法的人那可就大错特错了，要知道即使是临死之前悔改的人也是需要真心的，一生都作恶的人，有几个能在临死之前那么一点时间里真心悔改的？在能够行善的时候就一定不要去作恶，如果作恶了也要及时地去改正，同时内心也要是向善的，是敬畏天地鬼神的。

当然了，这里的悔改不是说在心里面认识到自己的错误，然后在心里面告诫自己我错了就可以的，而是要讲究一定的方式和方法才行。

第一点就是一定要是诚心改过。比如说在向天地鬼神进行忏悔的时候要是虔诚的，不能够对自己的任何错误和恶行进行隐瞒，也不能够在心里面想一些其他的无关紧要的事情，忏悔就是忏悔。只有这样才能够对自己进行诚心的反省，找到自己的错误，然后才能够对症下药，彻底改过。如果是欺骗天地鬼神的话，不仅不会改正自己的错误，反而很可能增加自身的罪行，那样就得不偿失了。第二点当然是要付诸行动。不是说一个人忏悔了、知道自己错误了就可以的，最重要的是去改。只有亲自行动，改正了自己的错误，这样以后才会不犯同样的错误，这样悔改和忏悔才会变得有意义。

不知悔改后果严重

【原文】

但尘世无常，肉身易殒①，一息不属②，欲改无由③矣。明则千百年担负恶名④，虽孝子慈孙，不能洗涤⑤；幽则千百劫⑥沉沦狱报，虽圣贤佛菩萨，不能援引⑦。乌得不畏？

【注释】

①殒：这里意为死亡。
②不属：不依附，这里指死亡。
③无由：没有门径，没有办法。
④恶名：骂名。
⑤洗涤：除去罪过、积习、耻辱等。
⑥劫：劫难。
⑦援引：指引。

【译文】

但尘世间万事万物都是变化的，没有永远固定不变的事物，我们的肉体也是很容易消亡的，一旦呼吸停止，身体就不再属于我，想要改掉自己的过失，也没有办法了。在阳间的报应，就是背负千百年的骂名，即使是有孝顺善良的子孙，也不能洗刷所犯下的罪过。在阴间的报应是，将会受到千百年的劫难，沉沦在地狱里受到应有的惩罚。即使是圣贤的佛祖菩萨，也无法帮助引接。我怎么可能不畏惧呢？

【解读】

人在生命最后时刻的一念之善确实有很大的作用，也确实能够让人得到善终。但是，人的生命是不可预测的，谁能保证自己做了一辈子的恶之后，上天肯定会在他死的时候给他一个悔改和向善的机会呢？没有任何人有这样的把握。

谁都不敢保证自己什么时候就会在这个世界上消失，所以说想要等到临死之前再为自己一辈子所做的恶行进行忏悔是不可能的。如果人死了，那么一辈子所做的恶事又靠什么去悔改呢？没办法，只有跟着人一起下地狱了。

佛教中有一个观点是这样说的："万般带不去，唯有业随身。"意思就是说当一个人死的时候，什么金银财宝、房子车子、妻子儿女等等，这些东西都是不可能带走的，但是有一样东西却一定会随着人走，那就是人一生积攒下来的罪业、恶行。其实这就是佛教中的因果报应、三世轮回的观点，也就是说有些作恶的人或许这辈子因为生命的消逝而没有受到上天降下的灾祸的烦扰，但是人还有下辈子，而这些人没有承受的灾祸就会全都跟着人到下辈子去。一个人在作恶之后，特别是积攒了很多的罪恶之后，肯定是会受到上天的惩罚的。当然了，这种惩罚其实也是可以分为明面上的和暗地里的。

在明面上，一个人在犯下了滔天的罪恶之后肯定是千夫所指，甚至世世代代都要受到世人的唾骂。其实可以想一下，当一个人在活着的时候，如果没有良好的品德，得罪了很多的人并且做出了很多的恶事，那么他死后就必然会受到咒骂指责。比如说秦桧，秦桧最大的一件恶事就是以莫须有的罪名害死了抗金英雄岳飞。结果怎么样呢，作恶太多的他直到一千多年之后，人们提到他的时候还是要忍不住地骂上几句，并且他的雕像现在还跪在岳飞的墓前。这就是他作恶多端所带来的后果，用声名狼藉、遗臭万年等词语评价他一点儿都没有错。一生作恶的人即使是死掉了，也是不可能得到好的下场的。

暗地里的惩罚就是下十八层地狱。佛教思想认为，一个人如果在活着的时候做了很多的恶事，并且还不知道悔改的话，那么死后也不会得到好下场，要下地狱去受苦。地狱其实可以理解成和我们现在生活的空间相同的另外的一个空间，地狱中则只有刀山剑树、油锅火海这些听起来都令人毛发倒竖的东西，活着的时候作恶多端的人要去的地方就是地狱。

《华严经》中说："应观法界性，一切唯心造。"天堂和地狱，都是一心所造成的。比如做恶事，起恶心，这就会招来地狱，地狱本来无门，但因为一起恶心、一件恶事，地狱的大门就打开了。天堂也无路，但善心一起，通往天堂佛国的大道就铺好了。

下地狱是痛苦的，甚至都没有办法用语言来形容，因为那种痛苦早就超出了人类能够想象出的范围。《西藏生死书》中有这样的一段话："如果我们断了一个胳膊，掉在了地上，我们能感受到身体撕心裂肺般的疼痛，但如果发生在地狱中，疼痛的不仅仅是身体，连掉在地上的胳膊也会疼痛，而且这个疼痛的倍数超出我们的想象范围。"

当然了，这个时候或许会有人发出疑问，佛教不是说人死之后要进行轮回的吗？那么人下地狱之后不是就要轮回了吗？这也没什么好痛苦的。这样想就错了，轮回也不是说到了地狱就要轮回，而是要根据人活着的时候所犯的罪恶多少来看人要待在地狱的时间。只有在地狱中受苦把所有的罪恶都抵消掉之后，才有继续转世轮回的机会。

"虽圣贤佛菩萨，不能援引"，意思就是说即使是圣贤的菩萨，也没办法解救那些在地狱中受苦的作恶多端的人。佛教确实讲究慈悲为怀，也确实有很多恶人最后在佛教中找到了归宿。但是，并不是所有的恶人都能够得到佛教的青睐的，正所谓"佛渡有缘人"，也就是说佛教看重的是缘。与佛教有缘的人，最后才能够皈依佛门，而与佛教无缘的恶人，最后也只能是在地狱中受苦，佛教是根本不可能解救他们的。总之，一个作恶多端的人，死后所受到的惩罚必定是让人无法接受的，谁也救不了他。

要有勇猛的心

【原文】

第三，须发勇心。人不改过，多是因循①退缩；吾须奋然振作②，不用迟疑，不烦③等待。小者如芒④刺在肉，速与抉剔⑤；大者如毒蛇啮⑥指，速与斩除，无丝毫凝滞⑦，此风雷之所以为益也。

【注释】

①因循：留恋，徘徊。
②振作：奋发。
③烦：急躁。
④芒：植物种子壳上的细刺。
⑤抉剔：剔除。
⑥啮：咬。
⑦凝滞：粘滞，停止流动。

【译文】

第三，要有勇猛的心。人们没有改掉自己的过错，大多是因为在罪过面前徘徊退缩，我们必须奋发向前，不能迟疑，不能急躁，耐心改过。小的罪过，如同针芒扎在身体上一样，要快速剔除；大的罪过就如同毒蛇咬到手指一般，要迅速将其斩断，不能有丝毫的犹豫停滞，这就是《易经》中风雷之所以构成益卦的原因。

【解读】

改过需要一定的方法，同时也要有一个完整的过程。之前我们讲到了改正错误需要有羞耻心和敬畏心，在这段中我们要讲述的是改正错误的过程的第三个阶段，那就是要有勇猛心。

勇猛心，在字面上很好理解，那就是在心里面要有勇气，有一个坚定的信念。那么人为什么要有勇猛心呢？从平时的角度来讲，一个人无论做任何事情都是需要勇猛心的，因为人做一切事情的时候都需要靠一股勇气才可以，如果没有勇气的话，人们是任何的事情都做不成的。

很多事情，都需要有勇气去做才能找到正确的解决方法。举个例子来说，中国从古至今已经有几千年的历史，在这几千年当中，经过的各种改革就已经有无数次了，无论是政治的、经济的、还是其他什么方面的，都需要有勇气才能进行得下去。因为改革实际上可以理解为一种新势力新思想向旧势力旧思想的挑战。提倡改革的人有一个勇猛心，那么这个改革就会持续下去，就会成功，就比如当年汉武帝时期"罢黜百家，独尊儒术"，这其实就是一种改革，因为改革者的强势和勇猛，这样的改革显然是成功了，要不然中国几千年的封建王朝怎么会以儒家思想为尊呢？如果提倡改革的人缺乏勇猛心，那么改革就必然会遭到失败。就比如说戊戌变法，也就是百日维新，只进行了一百天就失败了，就是因为提倡变法的人最后还是没有勇气去彻底挑战封建王朝的旧势力和旧思想。

其实历史上的很多名人、伟人和有成就的人都是因为有一颗勇猛心，有一颗坚定的心和坚定的信念，最终才能成为被我们所铭记的伟人的。就比如说曾国藩，他在三十岁的时候还在吸烟，但是三十岁之后他立志戒烟，从此之后便永不再吸，这就是因为他有一颗勇猛心。如果没有勇猛心，面对清末如此动乱的境况，曾国藩凭什么一枝独秀？所以说，在日常的生活中，人们做什么事情都离不开勇猛心。

改错更是需要有一定的勇气才可以。前面说过，改错要有羞耻心，因为羞耻心可以帮助人们发现自己的错误和过失；改错还要有敬畏心，因为对天地鬼神的敬畏可以督促人们抓紧去改正自己的错误，给人们的是改正错误的力量。但是，有了这些东西却并不能帮助人们行之有效地改过，所以才要有勇猛心，因为有了勇猛心之后，人们面对错误的时候能够当机立断，才能够坚定地去改正自己的错误和过失。

了凡先生认为，"人不改过，多是因循退缩"，意思就是说人们不能彻底改掉自己的过错的真正原因是在错误面前畏畏缩缩，企图得过且过，混过去就算了。比如说想尽办法遮盖和掩饰自己的错误、不承认自己所犯的错误，再有就是对于自己所犯的错误轻描淡写地提一下，故意不去理会，其实这些都是在错误面前畏缩的表现。这样的行为只能是加重自身的过错，根本就不可能对改掉自身的错误有一点点的帮助。那么应该怎么办才能更好地改正自身的过错呢？"吾须奋然振作，不用迟疑，不烦等待。"这就是了凡先生的办法，意思其实就是说要有勇猛心，在面对错误的时候不能迟疑、不能疑惑，也不能犹豫不决，要立即下定决心去改正。

错误是有大有小的，小的错误可能只是让人受一点点的痛苦，大的错误可能会让人受到无尽的痛苦。但是，痛苦终究就是痛苦，最终都是作用在人身上的，受苦的最终还是人们自己。既然不论是大错和小错带给人们的都是痛苦，那么也就是说，只要是错误人们都必须去改正。在这里，了凡先生分别说明了小的错误和大的错误的解决方法。

了凡先生认为"小者如芒刺在肉，速与抉剔"。意思就是说小的错误就像扎进肉里面的刺一样，必须尽快拔出去。没有任何人会喜欢那种刺扎进肉里面的感觉，人们有时候犯了一点小的错误其实就和有刺扎进肉里是一样的，虽然它不会造成很大的危害，但是也会让人食不知味、寝食难安。所以说，肉扎进刺之后要第一时间拔出来，小的错误犯了之后也要在第一时间去改正。既然是要在第一时间去改正，那么就一定要有一颗勇猛心，否则的话肯定是不能在第一时间去改正的。三国时期的刘备曾说："不以恶小而为之"，有小的错误如果不马上去改正的话，那么很可能就会发展成大的错误，到时候想要改也是很艰难的。

接下来说大的错误。了凡先生认为"大者如毒蛇啮指，速与斩除，无丝毫凝滞"，意思是说大的错误就像毒蛇咬住了人的手指一样，应该尽快地将手指砍掉，不能有一丝一毫的犹豫。毒蛇伤人相信大家都听过，什么中者必死、见血封喉等等，反正就是说如果被毒蛇咬到就等着死。其实被毒蛇咬到也不见得就是必须死的，如果在被毒蛇咬到之后处理得当，还是有机会活下来的。因为无论是什么样的毒素都有一个扩散的过程，而只要能够抑制这个过程，阻止毒素的扩散，那么自然就避免了被毒死的下场。那么应该怎么样解决呢？就比如说被毒蛇咬中了手指，那么只要在被毒蛇咬了之后马上用刀砍掉自己的手指，这样的话就能够阻止毒性的扩散，也就能够挽救自己的性命了。当然了，这是需要付出一定的代价的，就比如说被砍掉的那根手指。但是，和一个人的生命比起来的话这一点点的代价好像根本就算不上什么。

　　其实人如果犯了大的错误也是和被毒蛇咬上一口是一样的，如果不抓紧解决的话那么就是身败名裂或者是身死的下场，如果想要改正的话也需要付出一定的代价。但是，就是因为有很多人只看重眼前的一点利益，不想付出代价或者是害怕付出代价，所以就不去改正错误，最后导致自己要付出更严重的代价，甚至是生命。所以说，人如果知道自己犯了大的错误的话一定要马上去解决并改正，哪怕是需要付出一点代价也不要怕。这里强调的是当机立断，当然这也是需要勇猛心的，有一点犹豫的心理或者是意志不坚定的话，结果就一定会更糟糕。

　　当人们发现自己犯了大的错误的时候，当机立断、毫不犹豫地去改正，一定不要放任自流。这样的勇猛心，其实是符合《易经》中的益卦的。益卦是《易经》六十四卦中的第四十二卦，别名叫作风雷益。原文是："利有攸往，利涉大川。"象曰："风雷，益。君子以见善则迁，见过则改。"益卦，上卦为巽，巽为风；下卦为震，震为雷，也就说明益卦所代表的是风云际会。了凡先生在这里举出了益卦的说法，其实就是告诫自己的子孙们在改正自己的过错的时候，一定要像风雷激荡一样，迅速、勇猛、坚决地去改正自己的错误，这样才能够得到最好的效果。

拥有三心，定能改过

【原文】

　　具①是三心，则有过斯改，如春冰遇日，何患②不消乎？然③人之过，有从事上改者，有从理上改者，有从心上改者；工夫④不同，效验⑤亦异。

【注释】

①具：古同"俱"，都，完全。
②患：担心，忧虑。
③然：然而。
④工夫：所付出的努力程度。

⑤效验：预期的效果。

【译文】

　　如果羞耻心、敬畏心、勇猛心这三种心都具备了，那么有过错就会及时改掉，就像春天的冰雪遇到太阳一样，还担心不能消除吗？然而人们所犯的过错，有的人从做错的事实本身改正，有的人从认识的道理中去改正，有的人从自己的内心改正，每个人所付出的努力程度不同，所获得的效果自然不一样。

【解读】

　　前面了凡先生一直讲述的都是改正错误的方法和过程，关于怎么样去改错，了凡先生提出了自身需要满足的条件，那就是要有三心。三心就是羞耻心、敬畏心和勇猛心。了凡先生认为，只要是拥有三心，那么所有的错误都能改正。

　　了凡先生所说的三心，第一点是要有羞耻心。羞耻心有什么作用呢？有羞耻心的人能够知道做人应该自觉地进行自我反省，能够很自觉地寻找和发现自身的错误，并且能够从维护自身的自尊心的角度来促进一个人的进步。有羞耻心的人通常自尊心也都是很强烈。当这样的人发现自身犯了错误之后，就会在心里面感觉到羞耻，并且由于自尊心的强烈，他们总是会认为犯错误是不应该的，有自尊心的人是不能容许自己犯一点点的错误的，因为这样的话就会显得自己不如别人。那么已经犯了错误和罪过要怎么办呢？最好是趁着别人都还没有发现的时候就能够去改正。因此，羞耻心是人们想要改正自己错误的一个必要的条件。

　　第二就是要有敬畏心，敬畏心其实指的是人们对于天地鬼神的敬畏。天地鬼神无处不在，人们无论是做什么事情都是要受到天地鬼神的监视的。这种监视其实可以看作是一种约束，因为当人们想到天地鬼神无时无刻都在监视着自己的时候，一定会约束自己尽量少去做恶事，少去犯错误和积攒恶行。大家都知道，善有善报，恶有恶报，善良的人，上天会赐给他福报。因此，当人们心中敬畏天地鬼神的时候，一旦做错了一件事情的话心里面一定会想到上天惩罚的残酷，这样就会后悔，也会抓紧去弥补和改正自己之前所犯的错误。或者说是当人们将要犯错误时，突然之间想到了天地鬼神的惩罚，于是就不敢去犯错误了。

　　第三就是要有勇猛心，因为只有生出了勇猛心之后，人们才能够在改错的时候不拖延，不犹豫，快刀斩乱麻，这样其实对改正自己的错误是最有利的。其实，在人们有了羞耻心和敬畏心之后，自然而然地就能够产生勇猛心。为什么这么说呢？孟子曾经说过："知耻而后勇"，人们在对自己所犯的错误和罪过感到羞耻之后，就必然会产生改变这些情况的勇气。要是不产生这样的勇气的话，那是不可能去改变那些错误的。所以说，勇猛心也是想要改变自己的错误的时候不能够缺少的。

　　了凡先生认为，只要这三心全都齐备了，就一定能够产生一股强大的力量去改变自身的错误。为此，了凡先生还特意举了一个例子来形容：错误和罪过遇到了三心就好像春天的冰块遇到了阳光的照射一样，不用担心冰块不能够融化掉，当然也就不用担心错误不能够解决了。春天的时候冰块被阳光照射，只要温度够高冰块融化只是时间的问题。而拥有三心的人也是一样的，这样的人想要改正自身的过错也是轻而易举的。

想要改正自身的过错所需要的必要条件都已经具备了，那么接下来要去做的当然就是改正自己的过错了。当然了，每个人改正自身错误的时候所用的具体方式也是各有不同的。总的来说，这个世界上的人们改正错误的具体的方式主要有三大类：一种是从自己所做的事情本身去进行改错；一种是从和事情有关系的情理方面去进行改过；还有就是从自己的内心开始进行改过。

了凡先生认为，既然改正自己的过错所用的方法不同，那么在改错的过程中所下的工夫当然就是不一样的。工夫下的程度不同，那么最后改错所得到的结果自然就是不同的，结果不同就说明自己改正错误的程度是不同的，那么最后人们内心所能够达到的境界也自然是不同的。

从事情上改过

【原文】

如前日杀生，今戒①不杀；前日怒詈②，今戒不怒；此就其事而改之者也。强制③于外，其难百倍，且病根终在，东灭西生，非究竟④廓然之道也。

【注释】

①戒：戒除。
②詈（lì）：骂，责骂。
③制：限定，约束，管束。
④究竟：到底。

【译文】

比如以前杀生，现在就戒除不再杀生了；以前生气责骂别人，如今也都戒除，不再轻易生气。这就是将所犯的过错事实本身改正过来。从事实本身上去改过，那是通过外部力量的限制来改过，这样改过的难度很大，而且病根也无法消除。即便是这边改掉了，那边又重复出现，不是从根本上改掉过错的办法。

【解读】

改正自己的过错的具体方式分为从事情上改错、从情理上改错和从自己的内心改错三种方式。而从这段开始，了凡先生就将开始分别讲述三种改正过错的方式，并且也简单地评论一下这三种方式的好坏、区别。了凡先生在这段中讲述的就是从事情上改过。

从事情上改错，这个应该是很好理解的，其实就是字面上的意思，就是针对某些自己所做的错误的事情去改正，强制改掉这些错误，也强迫自己不能再犯这些错误。

当然这也只是针对事情本身,不去考虑别的相关的东西。就比如说抽烟是不好的,所以就不再抽烟了,强制自己去戒烟,不去在乎为什么抽烟是不好的,只需要知道应该把抽烟这个不好的习惯戒掉就好,这就是从事情上改错,因为它针对的只是单纯的一件事情。

　　了凡先生举了两个例子来说明这个问题。比如有的人杀生,残害那些无辜的动物,但是后来明白这种做法是错误的,所以就强迫自己不再去杀生,不再去杀害那些无辜的动物,强制自己改掉这样的坏习惯,最后终于做到了不再杀动物这一点,至此坏习惯就改掉了,改错也算结束了;再有就是以前喜欢生气,喜欢对别人莫名其妙地发脾气,后来知道这个习惯是不好的、这个行为是错误的了,所以就强迫自己乐观一点,看开一点,把自己的心胸放宽一点,然后遇到事情强迫自己不要发脾气,最好使得自己遇到事情再也没有发脾气了,这样喜欢生气的毛病也算是改正了。这些其实都是从事情上进行改过。

　　从事情上改错只是针对一件单一的事情而言的,只要认为一件事情是错误的,那么就要积极地去改正,并且强迫自己去改正。其实这一点和佛教之中的戒律差不多。大家都知道佛教讲究的是"持戒",就是说有很多的事情作为出家人是不能够去做的,比如说佛教中有酒戒,就是要求所有的僧人都不喝酒,这就是强制的,僧人们只需要知道喝酒是一件错误的事情,出家人是不能去做的,就算出家之前喝酒,出家之后也不能再喝了,只要按照这个道理去做就可以了,其他的就不用去管了,其实这就属于是从事情上改过。再有佛教的荤戒、色戒也都是一样的道理。

　　虽然从结果上看,从事情上面改正自己的错误也是达到了自己最终的目的,那就是改掉了自己的错误,但是这样的方法并不好。因为从事情上改正自身的错误都是强迫的,也就是说有时候并不是自己心甘情愿的。单单只是针对某件事情的改错,其实并不一定是人本身认为这件事情就是错误的,只是由于迫于外界的压力,迫于很多人思想上的压力才去改正的。也就是说从事情上去改正自己的错误并不一定是自愿的,很可能是由于受到某种压力之后而不得已为之的办法。

　　就比如有人以前喜欢喝酒,但是可能由于现在得了什么疾病导致自己不能喝酒了,于是就戒酒了。在这种情况下,就不能说这个人不喜欢喝酒,也不能说这个人认为喝酒是错误的,只是由于自己的疾病导致自己不能再喝酒了而已,所以才把酒戒掉。但是,如果有一天这个人的病好了的话,他可能还会喝酒。从这里面就可以看出,从事情上改正自己的错误的话,达到的效果是非常有限的,这是一个治标不治本的方法。

　　从事情上改过只是从外部通过强制性的手段来阻止了恶行的发生,却没有去找恶行能够发生的根本原因。只要恶根还在,那么这样的恶事恶行早晚都还会发生,所以可以说这根本就是没有把错误彻底地改正,只是改正了一时而已。只有改正错误的同时能保证以后不会再去犯同样的错误,才能算作是真正地改正了错误。因为以后不犯同样的过错的话,就说明已经解决了错误产生的根源,这样才能真正地说自己改正了错误。但是,从事情本身去努力改正自己的错误,只是解决了表面上的错误,对于错误产生的根源等没有任何的解决。从事情上去改正自己的错误,并不是最好的方法,只能算作一个最基本的改过的行为，用这样的方法，也只能是事倍功半。

从道理上改过

【原文】

善改过者，未禁①其事，先明其理；如过在杀生，即思曰：上帝好生，物皆恋命，杀彼养己，岂能自安②？且彼之杀也，既受屠割③，复入鼎镬④，种种痛苦，彻入骨髓。己之养也，珍膏⑤罗列，食过即空，疏食菜羹，尽可充腹，何必戕⑥彼之生，损己之福哉？又思血气之属⑦，皆含灵知⑧，既有灵知，皆我一体；纵不能躬修至德，使之尊我亲我，岂可日戕物命，使之仇我憾⑨我于无穷也？一思及⑩此，将有对食痛心，不能下咽者矣。

【注释】

①禁：禁止，限制。
②安：安心。
③屠割：宰杀。
④鼎镬：鼎和镬是古代的两种烹饪器。
⑤珍膏：珍贵肥美的食物。
⑥戕：残害。
⑦属：类。
⑧知：感觉。
⑨憾：怨恨，不满意。
⑩及：到。

【译文】

善于改正自己过错的人，并不是从事实本身上去改，他会先弄明白自己做错的道理。譬如想改杀生的过错，就要想着：上天有好生之德，世间万物都眷恋自己的生命，杀害别的生命来养活自己，内心怎么能安宁呢？况且当牲畜被宰杀时，既要受到宰割之痛，还要再忍受被锅鼎烧煮的痛苦，这些所有的痛苦，都深深地穿透到骨髓里面。为了滋养自己的生命，尽情地享受各种珍贵肥美的食物，却没想过吃过这些美味以后，所有吃过的东西也都化为乌有，一切都是空的。吃一些素食菜羹也能充饥止渴，为什么非要残害动物的生命来充饥，去损害自己今生该得的福报呢？再仔细想想，凡是有血肉、有气息之类的生命，它们都具有灵气和感觉，和我们人类一样。纵使我们不能培养出至高的德行，使它们尊敬我们，亲近我们，但怎么可以天天杀害它们的生命，让它们无穷无尽地怨恨我们呢？一想到这里，看到饭桌上的血肉之食，我便十分痛心，吃到嘴里的食物便无法下咽。

【解读】

　　了凡先生认为"善改过者，未禁其事，先明其理"，意思是说善于改正自己的错误的人，在没有对自己所做的事情进行改正的时候，要先弄明白其中所包含的道理。经常做一些恶事和错误的事情的人，都是因为不能够明白事物中所包含着的道理才导致做出了恶事和错误的事情。为什么会这么说呢？因为人们无论做什么样的事情，都是从自身的内心的角度出发的，也就是说一个人内心的想法才是人们做出了恶事和错误的事情的根源。

　　因此，如果不能够明白一件错误的事情产生的根源，不能够在心里面说服自己，而是单纯地从外部的事情上开始去改正自身所犯下的错误，这是浮于表面，效果不大。如果能够从内心中明白一件错误的事情的道理，先在心里面把自己说服然后再去改正自身所犯的错误，那就应该很容易了，毕竟这样的情况下已经算得上是自愿的了，自愿去做一件事情比被强迫去做一件事情要容易得多，也简单得多。

　　从事情上去改正自己的错误那就只是就事论事，只是对自己所做出的错误的行为的悔悟，只是注重眼前的事情；而从道理上来改正自己所犯的错误的话，那就是属于在思考了事情的前因后果和所造成的影响等多方面的因素之后，理解了事情的根本原因才去改过，这就属于考虑到长远的事情了。考虑长远的事情比只考虑眼前的事情要重要得多，从道理上改正自身的错误这样的方式，是要比从事情上来改正自身的错误高级的，当然也应该是更有效果的。

　　在这里了凡先生又举出了杀生的例子。前面说了，从事情上解决杀生这个错误的办法就是强迫自己不再去杀任何动物，但是这毕竟是由于受到压力而强迫执行的，并没有在心理上认可。那么我们来试一下从道理上来改正这个错误。

　　第一点："上帝好生，物皆恋命，杀彼养己，岂能自安？"正所谓"上天有好生之德"，佛教也主张众生平等，而且佛教的第一条戒律就是要戒杀生，所以从这两个方面来看，杀生就是一件错误的事情。古语中也有说过："大德曰生"，意思就是说人世间最大的道德就是要让生灵活着。佛教也说"救人一命，胜造七级浮屠"。在佛教众生平等的思想之下来看，其实所有的动物和人都是一样的，都是平等的，那么凭什么人就有权力去屠杀别的动物呢？人的生命和动物的生命其实都是一样的，那么我们可以想一下，这个世界上有哪个人是不珍惜自己的生命的呢？又有哪个人愿意离开这个世界呢？既然众生是平等的，人和动物的生命是一样的，那么想来那些动物们也是十分热爱自己的生命的，也是十分不希望自己被杀掉的。既然是这样的话，我们又有什么权力去决定动物们的生命的去留呢？又有什么权力让我们去残害动物们的生命来养活自己呢？在这样的情况下，杀了动物然后养活自己的人，你能够感到心安理得吗？所以说，从这一点上来看，我们就不应该去杀生。

　　第二点："且彼之杀也，既受屠割，复入鼎镬，种种痛苦，彻入骨髓。"再仔细想想的话，杀生的过程其实是十分残忍的。人们在把那些动物杀死之后，肯定是要剥皮抽筋，然后还要清洗干净，最后还要进入人们的口腹之中，之后剩下的东西比如说骨头和内脏什么的还要进入别的动物的口中。我们平常的人，就算偶尔被什么东西碰撞一下有时候都要痛彻心扉，甚至是需要休养一段时间才能好，有时候如果是人为造成的话还可以要求赔偿。那么动物们凭什么就要任人宰割，凭什么要倒在人们的杀意之下？死之后还要被人剥皮抽筋，然后还要下油锅，滚沸水，热火烤，最后再上到人们的饭桌，这样的情景，想想都觉得有一些受不了了，更何况是要亲自去做呢？所以说，从这一点上来看人们也不应该去杀生。

第三点："己之养也，珍膏罗列，食过即空，疏食菜羹，尽可充腹，何必戕彼之生，损己之福哉？"人们杀生是为了什么，最终还不是为了充饥，为了填饱自己的肚子吗？可是我们反过来想一下，难道说想要填饱自己的肚子的话就必须要去杀生吗？好像不是这样的。其实这里面包含着的是一个健康饮食的问题。貌似这个世界上有很多能吃的东西，就比如说瓜果蔬菜什么的，这些东西的营养都要比肉类的营养丰富得多。或许有人说肉类补充的体力能多些，但是我们可以看一下那些体力消耗巨大的奥运冠军，为什么会有那么多人是纯粹的素食主义者呢？或许有人会说肉类食物能够补充更多的能量，但是就此而言，瓜果蔬菜之类的素食也能提供。就像寺庙里有很多武僧，他们体力和能量都消耗巨大，但他们依然选择素食，也没见他们体力下降，武术技能下降。再有一点，多吃瓜果蔬菜之类的素食也有助于养生和长寿，就像民国时候的虚云禅师，一生素食，他活到了一百二十岁才圆寂。所以说，人活这一辈子其实肉类并不是必不可少的，既然是这样，那人们还有什么理由去杀生来满足自己的口腹之欲呢？况且，杀生本来就是恶事，做了恶事的话就要受到上天的惩罚，为了满足自己的口腹之欲而受到上天惩罚的话，那就有些得不偿失了。

第四点："又思血气之属，皆含灵知，既有灵知，皆我一体。"动物也是有灵性的，比如说某些动物懂得占领自己的地盘，而某些动物喜欢集体活动，从动物是有灵性的生命这一点上来看的话，动物和人其实就是一样的。其实这里面还是包含着众生平等的观点，既然是平等的，那么人又有什么权力去杀害动物呢？

第五点："纵不能躬修至德，使之尊我亲我，岂可日戕物命，使之仇我憾我于无穷也？"被人恨的滋味是不好受的，因为你不知道什么时候就会有人突然间陷害你一下，这种事情是防不胜防的，所以说，如果有可能，尽量不要让别人恨你。人们杀生之后，这就不是要让被杀的那些生命去恨人吗？或许有人不在意，反正也就是些动物，但是要知道佛教讲究的是三世轮回，谁也不知道那些动物轮回之后会变成什么。所以说，能不杀生的情况下就不要杀生。

如果能够认识到上面所说的那些道理的话，不杀生的目的不就达到了吗？这就是从道理上改正自己错误的方法。

从道理上戒怒

【原文】

如前日好怒，必思曰：人有不及，情所宜矜①；悖②理相干，于我何与？本无可怒者。

【注释】

①矜：同情，怜悯。
②悖：违背常理，错误的。

【译文】

譬如以前喜欢生气，就要想着：每个人都有不足之处，从情理上来说，这都是可以原谅和同情的；倘若别人有悖于常理，不小心冒犯了我，那是他自己的过失，跟我有什么关系呢？这本来就没有什么好生气的。

【解读】

在这段中，了凡先生还是在讲述从道理上来改变自己的错误，但是这段是以戒怒为例子来说明的。

如果是从事情上来看想改掉容易发怒这个毛病的话，那是很简单的，就是强迫自己去控制自己的脾气，控制住自己保证自己在任何情况下都不要生气和发怒。但是这样做是很难的，更何况如果长期有气发不出来憋坏了怎么办呢？所以说从事情上改变发怒这个毛病是不可取的，所以在这段中了凡先生才讲述在道理上改变容易发怒这个毛病。

当然，要想从道理上改掉好怒这个毛病，首先要找到人们容易发怒的原因。关于人们容易发怒的原因，了凡先生在这里也总结了一下。了凡先生认为，导致人们发怒的原因主要有两个：第一个就是"人有不及"；第二个就是"悖理相干"。

"人有不及"意思是说别人可能由于某种原因没有做到某些事情或者是没有完成某些任务，这种情况会惹人发怒。比如在上学的时候，家长或者老师都希望自己的孩子或者是学生在考试的时候能够达到一个自己心目中的标准。考试之后，一旦孩子的成绩没有达到家长心目中的标准的话，那么家长就会发怒；如果是学生的成绩没有能够达到老师心里面的标准的话，老师就会发怒，就会批评学生，尤其是好学生的成绩没有达到标准的时候，更是如此。再如一个销售总监，他在分配销售任务给员工之后，一般总是会有不能完成销售任务的员工存在。每当这个时候，销售总监都会发怒，非常暴躁。这几种情况都是"人有不及"引起的怒气。

"悖理相干"的意思是说因为别人做事违背了情理而导致发怒。这种情况大多数人也都经历过，比如说当我们看到一个小偷偷窃，一定会咬牙切齿，十分生气。这就是"悖理相干"引起的怒气。

关于"人有不及"这一点，了凡先生认为是"情所宜矜"，意思就是从情理上来讲的话是可以理解的；关于第二个原因"悖理相干"这一点，了凡先生认为"于我何与"，就是说和自己没有什么关系，那么就更不值得自己去发怒。接下来了凡先生就要讲述到底要怎么样从事情的道理和情理上去考虑，才能避免人们好怒这样的毛病。

首先我们要明白一点，那就是发怒和生气对自己是没有任何好处的，发怒和生气本来就是用别人的错误来惩罚自己。没错，就是惩罚，因为发怒和生气到最后受伤害的也一定是自己，受损失的也会是自己，而其他人的生活该怎么过还是怎么过。所以说，当有其他人惹自己发怒和生气的时候，一定要在心里面控制住自己的脾气，多想一想其中的道理和原因，做到三思而后行的话，就知道自己其实是不应该发怒的。

第一，人和人是不一样的，这个不一样是表现在很多个方面的，比如说性格、爱好、受教育程度和家庭情况等等，这就导致了每个人的能力都是不同的，有高有低，不一而足。所以说在做同样的事情的时候，每个人所能够做到的程度也是不同的，有些人做事情最后达不到我们要求的程度，这样的情况是完全可以理解的。也就是说，当遇到有些人做事情让你不满意或者是没有达到你的要求的时候，只要你在心里面能想一想这个人的能力水平或者是擅长的领域等问题，仔细分析一下就会发现，自己其实根本就没必要发怒和生气。

第二，人非圣贤，谁能无过呢？每个人都有可能犯错误，别人犯错误可能是由于他们的德行不足或者是见识、能力、水平、思想等各个方面的原因造成的，和我们又有什么关系呢？我们为什么要为了别人所犯的错误或者是所做的事情去发怒和生气呢？别人做了恶行之后，上天自然会去惩罚他们，我们为什么要用生气来惩罚自己呢？《弟子规》中说："不关己，莫闲管。"和自己无关的事件，却大动干戈，这又是为什么呢？当然，不发怒并不是说我们在看到别人做出了天怒人怨的事情之后无动于衷，我们也可以去谴责，但是没有必要动怒。恶人终究是会受到惩罚的，我们没有必要让自己处于不良情绪之中。

控制脾气

【原文】

又思天下无自是之豪杰，亦无尤①人之学问；有不得，皆己之德未修，感未至也。吾悉②以自反，则谤毁③之来，皆磨炼玉成④之地；我将欢然受赐，何怒之有？

【注释】

①尤：怨恨，归咎。

②悉：都。

③谤毁：诽谤诋毁。

④玉成：成全。

【译文】

又想到天下没有自以为是的英雄豪杰，也没有使人心生怨恨的学问，如果有无法称心如意的事情，那都是因为自己的德行修养还不够，还没有做到能够感动上天的地步。这些我都应该自我反省，别人对我的诽谤和诋毁，都是对我人生的磨炼和成全，我应该愉快地接受这些赐教，有什么好生气的呢？

【解读】

前面这些都是说人们要用宽容的心态去分析事情中所包含的道理，然后在明白了道理之后再去理解和原谅别人，这样来避免自己发怒，总之都是通过别人的方面来找原因。那么难道自己好怒都是因为别人的原因吗？难道自己身上就没有原因吗？这是不可能的。凡是事物都会包含着两个方面。就像人们总是发怒这件事一样，既有别人的原因，肯定也有自己的原因。所以我们在找过了别人身上的原因之后，还要在自己的身上找一找原因，也就是说关于好怒这个问题人们也要自我反省。

在儒家的思想中有一条重要的观点，那就是行有不得，反求诸己，意思是凡是别人的行为没有达到自己的要求的时候，不要去找别人的毛病，而是要从自己的身上去找问题。这其实就是要人多多地自我反省的意思。别人做错了事情，当务之急是反思自己，而不是先要迁怒他人，对他人发脾气。民国时期的弘一法师，也就是艺术家李叔同，他出家以后，只要是他的朋友犯了过错，他一定绝食，以此来惩罚自己，而不是去惩罚别人，直到犯错的人改正错误为止。这其实就是在从自身找原因，在进行自我反省。李叔同为何能够在文化界和宗教界得到盛赞，估计这和李叔同凡事向内求而不向外苛责的作风有很大的关系。

那么自我反省之后又得到了什么样子的结果呢？

第一，"天下无自是之豪杰"，意思是说这个世界上没有自以为是的英雄豪杰。英雄豪杰都不是自以为是的，他们都懂得谦虚忍让，也都有着崇高的德行。英雄豪杰都是只有被其他人承认之后才能算是英雄豪杰，自己封的可不算。这其实也是在教育我们一定要有一个谦逊的态度和崇高的品德，如果别人说你一点点的不是就要生气和发怒，那么怎么可能得到别人的承认呢？怎么可能有机会改正自身的错误成为一个英雄豪杰呢？所以说，即使受到别人的批评，也要保持一个谦逊的心态，虚心去接受，不要去管人家说的到底是对还是错，只要我们不去生气发怒，虚心去接受，到最后对自己肯定是有帮助的。不要因为别人说你说的不对就去发怒和生气，正所谓有则改之无则加勉嘛。只要谦逊、低调，就一定能够使自己养成一个良好的品德，就一定能够改掉好怒的毛病。

第二，"无尤人之学问"，意思是说天下也没有教导别人怨恨人的学问。真正有学问的那些人，都是宽容谦逊的，他们或许可以为了学问而放弃自己的所谓的自尊等东西，不会因为一些事情对别人心生怨恨，也不会是睚眦必报的人，面对别人的时候也都是心态平和的，根本就不会发怒或是生气。中国有无数的圣贤经典，但从没有哪一本是教人批评别人的，因为在中国的文化体系里面没有自以为是和怨天尤人的学问。遇到不顺利的事情，反求自身，这是中国的传统教育，是古人的做法。其实现代也有这样的例子，就比如有些老师在面对学生的时候，即使那个学生再怎么学习不好，再怎么教都教不会，他们也不会生气，只是会想尽办法去把自己的知识传授给学生，不会因为学生学不会就发怒生气而不教，这就属于是真正有学问的人。当然了，这样的人在品德上自然也是高尚的。

普通的人之所以好怒易生气，其实是自身的德行修为不够再加上自己不够谦逊的原因。在日常的生活中，每个人都可能面临过别人的指责，这时候，可能很多人就发怒了，就生气了，这其实是很正常的一种行为。但就是这种在我们看来正常的行为才是错误的。如果有别人指责你的话，那只能说明你身上有让人不满意或者是有不足的地方，可能是做事情的方法不对，也可能是自身的德行修为不够。所以，在这样的时候，人们一定要多多地虚心接受别人的指责，把它当成是一种指点和教育，这样有时候会找到正确的做事情的方法，有时候能够提升自己的德行。

另外，有的时候，别人的诽谤和诋毁也并不一定是坏事，因为这样的诽谤和诋毁能够让人们找到自身不足的地方，也能够磨炼一个人，帮助一个人成长。别人的诋毁和诽谤很可能帮助一个人找到自身的缺点和不足，知道了自己的缺点和不足之后人们当然要去改正。一个人能够改变自身的错误和不足，那样的话他的命运和人生就会变得更加完美，这不就是说人改变了自己的命运吗？

我们中国人都讲究以德服人，也就是说想要让别人对自己感到服气的话，那就要从自己的道德品德上下手，努力修行，努力提升自己的道德品德，这样才会让别人对你产生敬佩，最后才会让别人感觉到服气。而不是说通过自己那很大的脾气来吓人，让别人害怕自己，这样是不能让别人服气的。所以说，当人感觉自己要发怒和生气的时候，要马上停下来反省一下自己，看看是不是自己的某方面不足才导致自己生气和发怒的。只要能够不断地提升自己的道德品德，到最后不但会让别人敬佩你，就连自己的脾气也一定会得到收敛，一定不会再好怒和生气了。

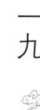

避免与人争辩

【原文】

又闻而不怒,虽谗焰①薰天②,如举火焚空,终将自息。闻谤而怒,虽巧心力辩,如春蚕作茧,自取缠绵③。怒不惟④无益,且有害也。其余种种过恶,皆当据⑤理思之。此理既⑥明,过将自止。

【注释】

①谗焰:指谗毁他人的气焰。

②薰天:形容势炽。

③缠绵:缠绕,束缚。

④不惟:不仅,不但。

⑤据:依据,根据。

⑥既:已经。

【译文】

听到别人诽谤自己的话而不生气,即便那些诋毁我的坏话像火焰熏天一样炽热,就如举着火把朝天,焚烧着虚无的太空,最终也会自己熄灭一样。听到别人诽谤自己而生气,倘若花尽心思努力为自己辩解,就如同春蚕吐丝作茧,自己反而会被束缚。况且生气对自己不仅没有好处,反而对自己有害。其他的各种过错和罪恶,都应该根据正确的道理来思考。如果能明白这个道理,过错自然就会停止。

【解读】

这段了凡先生用了比喻的方法来说明消除怒气的道理和停止别人对自己诋毁和诽谤的方法。

假如有人诋毁和诽谤我们的话怎么办呢?这个时候人们一定要镇定,不要生气,也不要发怒,更不要着急着去辩解或者是反驳。只要做到了打不还手、骂不还口,不去想那些东西,时间一长,那些诽谤和诋毁自然也就自己消失了,无论诽谤和诋毁多么地严重都是一样的。这就好比是有人拿着火把想要焚烧天空一样,最后的结果肯定是火把自己熄灭,而天空依然还是那个天空。

大家都知道,火把能够燃烧起来,需要两个必要的条件,那就是可燃物和空气。没有空气,火把就不会燃烧起来,没有可燃物的话,就算燃烧着的火把也是会自动熄灭的。当一个人拿着点燃的火把对着天空的时候,这种情况下空气自然是不缺少的,所以说这有了一个让火把燃烧的必要条件,但也不是说这样就能够用火把把天空焚烧掉的,因为还缺少另一个重要的条件,那就是可燃物。像可燃物这样的东西，只能是随着火把的燃烧而越来越少，等到可燃物烧尽之后，火把自然就熄灭了，还怎么去焚烧天空呢？别人诽谤和诋毁我们其实就是这样的，他们就相当于用诽谤和诋毁作为原料点燃了一把火，这个时候，只要我们不去反驳和辩解，那就等于没有继续往这把火上加可燃物，这样时间长了这把火自然也就熄灭了，那么别人对我们的诽谤和诋毁自然也随着这把火的熄灭而燃烧殆尽了，诽谤和诋毁自然也就消失了。

古往今来，很多人都达到了凡先生所说的不辩解的境界。20世纪40年代，巴金先生曾经受到了无聊小报、奸险小人的谣言攻击。巴金先生知道后，什么也不说。直到有人问起，他郑重地说："我唯一的态度，就是不理！"巴金先生看似木讷的做法，其实是最有效的反击，因为受害者若出来争解释，"小人"反倒高兴了，以为他们编造的谣言发生了作用。同样地，精通哲学、文学和历史学的胡适先生在《胡适来往书信选》致杨杏佛的信中写道："我受了十余年的骂，从来不怨恨骂我的人。有时他们骂得不中肯，我反替他们着急。有时他们骂得太过火，反损自己的人格，我更替他们不安。如果骂我而使骂者有益，便是我间接于他有恩了，我自然很情愿挨骂。"巴金和胡适都没有急切地与人争辩，但是，最终历史还是给了他们公正，他们受人敬仰，那些毁谤他们的人则为人所不齿。

或许有人会说，就算我们不去给这把火添加可燃物，难道诽谤和诋毁我们的人就不会去添加吗？各位，有人见过什么东西能够反反复复地燃烧无数次吗？那些对我们的诽谤和诋毁，烧着一次也就没了，怎么可能拿出来再烧一次呢？所以说，那些对我们的诽谤和诋毁，只要我们不去理会，终究是会自己消失的。正所谓"清者自清"，任何的流言蜚语都有不攻自破的一天，只要我们坚持做我们自己，不去管那些莫须有的事情，那些诽谤和诋毁就不会影响到我们，我们就不会有任何的事情。

当然，这个世界上很多人把自己的名声和名誉看得比生命还要重要，这样的人是最受不了别人诽谤或者是诋毁的。因此，当有人诽谤和诋毁他们的时候，他们肯定会在知道这个消息的第一时间就失去内心的清净，怒火中烧，从而奋起反抗，与诋毁和诽谤者针锋相对，拼个你死我活，想尽办法为自己反驳和辩解。但是我们在现实生活中可能都发现了，越是这样越是理论不清楚。

另外，反驳和辩解那些莫须有的事情无疑会严重消耗一个人的精力，那么结果往往会搞得人们身心俱疲，特别是当人们对于这样的事情怎么解释都解释不清楚或者是越描越黑的时候，更是心力交瘁，到时候可能连原本自身需要去做的事情都要耽误了，那就更是得不偿失了。

一个巴掌拍不响。对于毁谤，你不去理它，那它便是一个巴掌，很难作声，但如果你反击一下，力度很大，那毁谤就会升级，这个毁谤的巴掌就会变得很响，甚至会无法收场。所以说，当人们被别人诽谤和诋毁的时候，反驳和辩解根本就不是一个好的选择。

了凡先生认为，如果人们对于别人的诽谤和诋毁进行辩解和反驳的话，就相当于是春蚕吐丝作茧把自己困住一样，消耗了自身的精力，还不能够给自己带来一星半点的好处。作茧自缚这个成语相信大家都知道，其实这个说的就是蚕用自己吐出的丝结成茧，然后把自己困在里面，比喻人做了某件事情却使得自己受困，给自己招来麻烦。人们去辩解和反驳那些诽谤和诋毁也是一样的，本来不去搭理就没有什么问题的事情，非要搭上自己的精力和时间，同时还不见得能完美地解决，越描越黑的可能性倒是更大一些，这不就是给自己找麻烦吗？

　　想要消除别人对我们的诋毁和诽谤，最好的方式就是让自己有一个心平气和的宽容的态度，不轻易地去发怒和生气，然后不去管那些东西，自己该做什么事情就去做什么事情，这才是解决事情的最好的方法。

　　了凡先生以杀生和好怒为例子讲述了从道理上改正自身所犯的错误的道理，让人们理解了其中的好处和利害关系。由点及面，我们应该明白，无论是什么样的事情，都是应该从道理上去思考，只要能够明白事情中所包含着的道理，那么就什么事情都能够解决了，什么样的错误都能够改正了。用这样的方法去改错，明显是要好于从事情上去改错的。

　　所以，如果我们想要改正自身的错误，使自己变得更好，不要去用蛮力和自身的控制力去进行强制的约束，而是要仔细地思考其中所包含的道理。只要道理明白，自然也就不用强制自己，而是可以心甘情愿地去改正自己的错误。

从心里面改正自己的过错

【原文】

　　何谓从心而改？过有千端①，惟心所造；吾心不动，过安②从生？学者③于好色、好名、好货、好怒，种种诸过，不必逐类寻求；但当一心为善，正念现前，邪念自然污染④不上。如太阳当空，魍魉⑤潜消⑥，此精一之真传也。过由心造，亦由心改，如斩毒树，直断其根，奚⑦必枝枝而伐⑧，叶叶而摘哉？

【注释】

　　①端：方面，原因。
　　②安：哪里。
　　③学者：追求学问的人。
　　④污染：指受坏思想的影响。
　　⑤魍魉（wǎng liǎng）：古代传说中的山川精怪。
　　⑥潜消：暗中消除。
　　⑦奚：为什么。

⑧伐：砍伐。

【译文】

　　什么叫作从内心改掉过错呢？人们所犯的错误有千万种原因，都是从自己的内心产生的。如果我们的心不动任何念头，那么过错怎么会产生呢？追求学问的人明白对于爱好美色、喜爱名利、贪爱财物、喜欢发怒等种种过错，不需要一类一类地寻找改过的方法，只要能够保持一心向善，保持自己一直拥有正直的观念，自然就不会被邪念所影响。就像炽热的太阳悬挂在天空，所有山精妖怪都会消失不见一样，这便是改过最精华、最专一的诀窍。过错是由自己的内心所产生的，也应该从内心来改正。就如同要斩除一棵毒树，要直接砍断它的根部，有什么必要一根枝条一根枝条地去砍伐，一片叶子一片叶子地去摘除呢？

【解读】

　　从这一段开始，了凡先生就要开始讲述从心里面改正自己的过错。

　　我们首先要明白一点，那就是一切错误产生的根源都在于内心，甚至不单单是错误，可以说，人们所做的一切事情都是源于一个人的内心。只要是人活在这个世界上，就很难不犯错误，不管你是普通人还是圣人，都没有办法避免。

　　了凡先生认为，人在这个世界上所能犯下的过错是多种多样的，但是所有的原因都在于人的内心。所有过错的发生，都是因为人们在心中产生了妄念，正是在妄念的支配之下，人们才做出一些错误的事情或者是行为，其实可以理解为先有思想之后才会有行动。如果在人们的心中没有产生妄念的话，那在人们的身上就根本不会产生过错。

　　中国古代有一句话叫作"相由心生，相随心改"，意思就是说人们表现在外面的表象上的行为都是因为在内心中产生了这样的东西才表现出来的，而人们外表形象的改变也是由于内心的转变才得以转变的。其实在佛教的典籍中也有这样的说法：《般若经》五百六十八卷中就有"一切法，心为善导，若能知心，悉知众法，种种世法皆由心"这样的说法；《华严经》中也有"应观法界性……就是十法界依正庄严，性就是本体，体即是心……一切唯心所造"这样的说法。其实重点就是这句"一切唯心所造"。既然所有的错误都是由于自己的内心产生了妄念才造成的，那么想要改掉自身的过错的话就需要保持内心清净。只要人能够做到内心清净，什么都不想，那么就不会产生妄念，自然也就不会再去犯错误了。

　　了凡先生举了几个例子来说明。了凡先生首先以读书人作为例子，认为有的读书人可能有爱好美色、徒好虚名、贪财慕利、好怒易生气等各种各样的错误，对于这些错误，了凡先生认为根本不用一项一项地去改正，只要能够一心一意地去做善事，使自己的内心清净，然后等光明正大的念头在心头涌现，到时候妄念等不好的东西自然就不会在人们的心里再产生了，这些错误自然也就都不会再去犯。

　　关于从心里面改正自己的错误的好处，了凡先生又做了一个比喻："如太阳当空，魍魉潜消"，意思就是说当太阳出现在天空的时候，所有的妖魔鬼怪都要消失。人们内心的妄念和所犯的错误就好比是妖魔鬼怪，而从心里面去改正自己所犯的错误就好比是阳光，阳光一出现，妖魔鬼怪自然就会消失。从心里面消除了妄念，人当然也就不会再去犯错误了。

　　了凡先生还将错误比作是一棵有毒的大树，人们想要彻底地掐断它的毒性的话，那么就必然要把毒树连根拔起，这样断了大树的根本，使得毒树没有办法生存，其毒性自然也就会消失。但是只摘下毒树的叶子或砍下毒树的枝杈，就算砍得再多也没有任何的意义，因为只要毒树还在，这些东西最后还是会长出来的。这也就是说，解决自身所犯的错误的话，从心里面解决之后那就能够保证自己以后再也不会犯错误了，如果只是从事情上一点一点地去解决自己所犯的错误，那么只要心中妄念还在，错误就会连续不断地发生，也就相当于没有改掉自身的任何错误。

　　从心里面改掉了自身所犯的错误，那么以后就自然再也不会犯错误了。从心里面改正自己的错误，是所有的改过方法中最根本、最直接、最圆满的方法，是最高的境界。一个能够从心里面改正自己的过错的人，才真正称得上是人中丈夫。

从心改过是最高明的方法

【原文】

　　大抵①最上②治心，当下清净。才③动即觉④，觉之即无⑤。

【注释】

　　①大抵：大概。
　　②最上：这里指最高明的办法。
　　③才：刚刚。
　　④觉：觉察。
　　⑤无：消失。

【译文】

　　大概最高明的改过方法，就是从自己的内心改正过错，当时就能使内心变得清静。心里刚刚出现了一个恶念，立刻就能察觉出来，察觉之后便能立即打消这个念头。

【解读】

　　在这段中，了凡先生给了一个明确的说法，那就是从心里面改正自己的过错才是最高明的方法。

　　首先我们看从事情上去改正自己的错误的方法：如果用这种方法的话，就需要人们每天都反省自己犯下了什么样的错误，找到错在哪里了，然后再强制自己改掉那些错误的地方。这样想到一个错误就强制自己改正一个错误，麻烦不说，还有可能由于自己强制改掉了这个错误而忘记了再去改掉另一个错误，同时，这也是对一个人精力的一种严重浪费。所以，从事情上改过这种改掉自身错误的方法其实是不可取的。

再看一下从道理上改正自身过错的方法。如果要从道理上改错的话，那就要等到发现自身犯了错误之后，然后在自己的心里面认真地进行反省、推理和分析，找到自身究竟为什么会犯错，然后在心里面从自身犯的错误的道理上来说服自己，只有在说服自己之后才能够改正自身的错误并且让自己以后再也不去犯同样的错误。

但是这里面还是有一个问题，那就是就算从道理上改变自身所犯的错误很简单，也不用消耗多少精力，但是毕竟也要等到犯了错误之后才能进行，有一种亡羊补牢的感觉。如果这个错误能改掉的话还好说，如果是一个改不掉的错误呢，比如说杀了一个人，就算人们在事后能够把杀人是错误的这个道理全部都想明白，并保证以后自己再也不去杀人了，但被杀掉的那个人会重新活过来吗？所以说，从道理上改错虽然说在某种程度上是一个十分好的办法，但依然只能是治标不治本。

从心里面去改正自己的错误就不需要那么麻烦了，既然所有的错误都是由于自己的心中产生了妄念，那么只要人们能够把心中的妄念一一地去除，那不就什么事情都没有了？这样做，既不需要强力地约束自己不能去做某些事情，也不用耗费精力分析这样或者那样的道理，简单而且方便。最重要的是，这是从源头上掐断了人们可能去犯错误的原因，不仅能够改掉已经犯过的错误，甚至还可以防止以后再犯错误。所以说，在这三种方法中，从心里面去改正自身的错误是最好的方法。因此，真正善于改掉自身的错误的人，是不会去一一地改正自己所犯过的错误的，而是会让自己的内心时刻保持纯净的状态，保证自己的内心中不会生出妄念。做到心中无恶，那么在平常的生活中自然就不会做恶事和犯错误了。

了凡先生认为，从心里面去改正自己的过错才是改错的最好的方法，因为从心里面改错的话，能够使一个人的内心变得清净起来，起到一个立竿见影的效果，因为心里面清净没有妄念的人基本上是不会产生过错的。

"才动即觉，觉之即无"这句话的意思是每当人在心里面产生了恶念和妄念的时候，就能够立刻察觉出来，然后马上让这种念头消失，这样的话过错自然就不能够产生了。其实这句话说的还是从心里面改正自己的过错的好处，也相当于是再一次强调从心里面改正自己的过错才是最正确的改错的方法。"才动即觉"，这里的动指的是心动，心动就是人的心里面产生了妄念。大家都知道，一旦人们在心里面产生了妄念之后，那么人们的内心也就不再清净了，一旦人们的内心不清净，那么就有可能会产生各种各样的想法，包括善念和恶念。前面我们讲过"一切唯心所造"的理论，就是说人们的所有恶行都是因为人们的内心不清净了或者是说人们的心里面产生了妄念。妄念在心里面产生的话，就说明一个人有可能要犯错误。

那么，怎么样才能保持自己的内心不产生妄念呢？一旦受到了外部世界的影响，那么人在内心里面就必然会产生这样或者那样的念头，这就说明想要一个人的心里面永远都不产生妄念是不可能的。想要摒除妄念，必须处处留神，一旦心中产生妄念，就应该马上觉察。

妄念其实并不是洪水猛兽，虽然察觉得晚的话很可能会让人遭受很大的损失甚至是酿成祸端，但是只要察觉得够早，那是不会有任何的问题的。这就需要人们时刻都要保持着内心的敏感性，只要能够在妄念形成的最初时间就察觉到，然后立刻在心里面将刚产生的妄念去除和扼杀，这样人就不会去犯错，也不会做恶事造恶业了。正是因为人们可以在第一时间察觉到妄念产生就将其扼杀在萌芽之中，所以了凡先生在这里才会说"觉之即无"。

当然了，从心里面去改正自己的错误是十分艰难的，毕竟妄念这种东西可以算作人们最初、最原始的欲望在作祟，这种东西有时候根本就不受人的控制。但是不可否认，也正是因为艰难，所以从心里面改正自己的错误才能成为人们改过的最高境界。

有能力就要选择最好的方法

【原文】

苟①未能然，须明理以遣之；又未能然，须随事以禁之；以上事而兼行下功，未为失策。执下而昧②上，则拙③矣。

【注释】

①苟：如果，假使。

②昧：糊涂，头脑不清。

③拙：愚蠢。

【译文】

如果做不到这种境界，就必须明白其中的道理，以此来打消自己邪恶的念头。如果连这样也还是做不到，那就必须在做恶事时，用强制的手段禁止自己犯错。用高明的从心止恶的方式，再加上理解改过的道理和禁止自己做恶事这两种不高明的方式，不能说这不是一个好的办法。如果只知道不高明的办法，而对上乘的方法不清楚，那便是愚蠢的。

【解读】

了凡先生已经把改正自身的错误的三种方法做过对比了，在看过了凡先生的分析结果之后我们就会发现高下立判、一目了然，最好的方法就是从心里面改正自己的错误，差一点的就是从道理上改正自己的错误，最笨的办法当然就是从事情上改正自己的错误了。

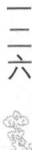

既然大家都知道了改正自身的过错的最好的方法，那么人们在想要改正自身的过错的时候当然是会去选择最好的方法了，也就是说人们肯定都会在第一时间想到用从心里面改正自身的过错的方法。但是，很多事情我们没有去实践之前，在内心里面想象的时候都是很简单的。

前面我们就曾经说过，从心里面改正自己的过错虽然是最好也是最有效和最直接的办法，但是同时这也是最难的办法，在这个世界上只有极具智慧和自身修行达到一定程度的人才能够做得到，因为只有这样的人才能够在心里面产生妄念的时候后第一时间察觉得到，也只有这样的人才能够第一时间把内心中产生的恶念扼杀在萌芽之中。但是，从事实上来看，在这个世界上极具智慧的人和在自身的修行上达到一定程度的人毕竟只是少数，大部分人难以做到。

如果人们做不到从心里面去改正自身的错误那么该怎么办呢？在这里了凡先生也给出了他自己的建议："苟未能然，须明理以遣之"，意思就是说如果做不到在心里面刚刚产生妄念就能够察觉到并将其扼杀，那么就应该退而求其次，在犯了错误之后仔细地想清楚其中所包含着的道理，然后从道理上改正自身的过错；也不能排除有些人连自身所犯的错误里面所包含着的道理都想不明白，这样的人就更不能够指望他们可以从心里面改正自己的错误了，那遇到这样的情况又该怎么办呢？了凡先生认为"又未能然，须随事以禁之"，意思就是说如果连从道理上改正自身的过错都做不到的话，那么就只能够在发现自己犯了错误之后，针对自己所犯的错误，强制自己必须把这个错误改正。

当然了，虽然一个人想要改正自己的过错一共有这三种不同的方法可以分别去使用，但是这并不是说人们必须在这三种方法中选择一种，也是可以选择多种办法一起进行。这三种改正自身所犯的错误的方法其实并不是对立的，而是相互辅助相互包容的。一个人如果犯了错误，可以选择其中一种办法来改正自身所犯的错误，也可以选择两种结合起来去改正自身所犯的错误，甚至是把这三种办法全部用上都可以，用多种的办法相结合起来使用，对于一个人改正自身的错误有更好的效果。

举个例子来说明一下，假如有一个十分有智慧和觉悟非常高的人，本身就是一个内心清净没有一点妄念的人，这个人不仅能够在内心中产生妄念的时候第一时间将其扼杀，还能够静下心来想明白事情中所包含着的各种各样的道理，同时也能够在自己的行为上面约束自己，什么事情该做和什么事情不该做都分得十分清楚，这样的人，必然能够快速彻底地改正自身的过错。

这其实就相当于是解决一个十分复杂的问题，在有很多种解决办法的时候，只要是有点智力的人就都会选择多管齐下的方法。相反，如果认准了一种能改正自身的错误的方法就只坚持一种方法，是很愚蠢的事情。毕竟这个世界上没有任何一种单一的解决事情的办法是完美的，只有把多种方法结合起来才是最正确的选择。

在改正自身的错误这个问题上，用最简单的方法却是不行的，而是必须用最困难的方法才能起到一劳永逸的效果。前面我们就说过了，对于改正自身的过错这个问题，最简单的方法是从事情上改正自身所犯的错误，最困难的办法是从心里面改正自身所犯的错误。在改正自身的错误这个问题上，想要最完美地解决这个问题必须要用从心里面改正自身的错误这个办法。

想必大家都已经知道了，我们之所以去改正自身所犯的错误，其目的并不只是单一的为了改正自身的过错，最重要的目的其实是为了消除内心里的妄念，让自己的内心变得清净，从而防止自己以后再去犯错误，也保证自己以后不再去做恶事，也不再产生罪业。人们可能会犯的错误是多种多样的，而且不是说一个错误人们犯过之后就不会再去犯，如果单单只是用从事情上改正自己的错误的办法去解决的话，那么就必须一件一件地去解决，解决了这个之后再去解决那个。但是一个人的精力毕竟是有限的，从事情上改正自己所犯的错误又需要强制自己，这就要耗费很大的精力，这就有可能导致一个人在改正了一个错误之后，就把之前已经改正过的错误忘记了，导致再犯相同的错误。这样的话就相当于是拆了东墙补西墙，除了在徒劳地耗费自己的精力之外，没有任何的效果。到最后，人们就会发现，自己根本就没有从源头上把可能犯错误的原因掐断，一生都是活在不停地犯错误、改正错误、再犯错误、再改正错误的怪圈之中。

因此，如果可以，人们在改正自身所犯错误的时候最好是能选用高级一些和效果更好的办法，不要去管难度的问题，这也是了凡先生说"执下而昧上，则拙矣"的原因。如果从哲学上的观点来说，其实这就是一个表象和本质的问题。如果有能力的话，解决问题当然要从本质上入手才最有效果，从表象上去解决问题，没有办法改变本质，当然也就没有办法彻底地解决问题。

改过之后的效果和反应

【原文】

　　顾发愿改过，明须良朋提醒，幽须鬼神证明；一心忏悔，昼夜不懈①，经一七，二七，以至一月，二月，三月，必有效验。或觉心神恬旷②；或觉智慧③顿开；或处冗沓④而触念皆通。或遇怨仇而回嗔⑤作喜；或梦吐黑物；或梦往圣先贤，提携接引⑥；或梦飞步太虚⑦；或梦幢（zhuàng）⑧幡⑨宝盖，种种胜事⑩，皆过消罪灭之象也。然不得执此自高，画而不进。

【注释】

　　①不懈：不放松，不松懈。
　　②恬旷：淡泊旷达。
　　③智慧：聪明才智。
　　④冗沓：繁杂。

⑤嗔：怒，生气。
⑥接引：佛教称佛、菩萨引导众生进入西方极乐世界为接引。
⑦太虚：宇宙，太空。
⑧幢：又叫宝幢、天幢、法幢，是一种圆桶状的、表达胜利和吉祥之意的旗帜。
⑨幡（fān）：旗帜。
⑩胜事：美好的事情。

【译文】

于是发愿改过，外在需要贤良的朋友监督提醒，内在需要鬼神来作证明。一心一意虔心悔过，白天或夜晚都不能懈怠，经过七天、十四天，甚至一个月，两个月，三个月，一定会有效果和验证。有时候会觉得心神淡泊旷达，有时候觉得聪明才智一下子都涌现出来，有时候身处繁杂的事情当中，所有想法也都能变得清楚明白。有时候遇到以前结的冤家仇人，竟然也能将怨恨转为欣喜，有时候梦见将肚子里的污秽之物全吐了出来，或者会梦见古圣先贤对自己进行提携和引导。有时候梦见飞向太空漫步，有时候梦见庄严的旗帜和镶满宝物的伞盖，这些所有种种美好的事物，都是罪过消除的象征。

【解读】

在这段中，了凡先生主要讲述的是一个人改正错误之后的效果和反应。内心清净了，什么事情都想得明白和清楚，也能够消除自身所有的罪业。

首先，了凡先生在这里对改正自身过错的条件做了一个补充。在前面了凡先生讲述了改正自身过错需要的三个条件，即羞耻心、敬畏心和勇猛心；同时，了凡先生也指出了改正自身所犯的错误的三个方法，那就是从事情上改过、从道理上改过和从心里面改过。但是，在之前了凡先生说的这些所有的东西，全部都可以算作改正过错所需要的内部的条件，即人们想要改正自身的过错的话自身应该满足的条件。但是，在改正自身的过错这个问题上，只是具备了内部的条件是不够的，同时还应该具备外部条件。而了凡先生在这里补充的就是改正自身的过错应该具备的外部条件，那就是"明须良朋提醒，幽须鬼神证明"。

在这个世界上，有很多的事情根本就不是单单一个人能够完成的，而是需要很多的人分工、合作来共同完成，就比如说改正自身的过错这件事，改正自身的错误从来就不是一件简单的事情。举一个简单的例子，比如说一个人把别人家的墙推倒了，这应该算是一个错误，那么想要改正这个错误应该怎么办呢？最直接的办法就是应该给人家重新砌上一堵墙，这问题就来了，砌墙这种事可能是一个人能够完成的吗？我认为不是，要是一米两米的墙也就算了，要是长一点的呢，一个人根本就不能够完成，况且如果是需要急用的呢，这就肯定要用到别人的帮助。所以说，改正自身的错误有时候是离不开别人的帮助的。

人们不论做什么事情，其实都被一双无形的眼睛观察着，或者说是被监视着，这就说明不论人做什么事情，不管是做了善事还是恶事，其实都是有证人的，这个证人其实就是我们平常说的天地鬼神。前面就曾经说过，天地鬼神无时无刻不在暗处监视着人们，只要人们做出了什么事情天地鬼神都能够知道，这其实也就是上天赐给人们福报或者是降下祸患的根据。所以说，人们不用害怕自己改正过错了上天不知道，天地鬼神其实就是我们的证人。

外部有了亲戚朋友的帮助和天地鬼神的监察之后，人们要做的事情就是要立马去改正自身的过错了。只要人们能够放下一切身外事物，一心一意地去忏悔自己的罪过和错误，发誓改过，并且坚持不懈，一刻也不放松地坚持下去，在这样的情况之下，经过七天、十四天，甚至一个月，两个月，三个月，那么人们就能够发现在改变自身的错误这件事情上有了明显的成果或者说是进步，即使是看不到进步那么也会在日常的生活中发现明显的征兆。

那么坚持改过了一段时间之后，究竟会有一个怎样的成果呢？在这里了凡先生也作了描述："或觉心神恬旷；或觉智慧顿开；或处冗沓而触念皆通。或遇怨仇而回嗔作喜；或梦吐黑物；或梦往圣先贤，提携接引。或梦飞步太虚；或梦幢幡宝盖。"

这些心情和状态，都是一个人改过之后的表现。比如说"梦吐黑物"这件事情。其实这里的黑物我们就可以理解成是自己以前犯过的错误或者是积攒下来的罪业，在改过了一段时间之后，罪业在逐渐地减少，错误也在逐渐地改变，而吐黑物其实就是这两种行为的直观表现。

其实，不论是心旷神怡、智慧顿开这样的感觉，还是梦到幢幡宝盖、梦到口吐黑物、梦到足步虚空这样的事情，都是非常好的征兆。这些都在证明人们的罪业正在减少，错误正在改正。那么坚持并且努力地改正自己的过错为什么会出现这样的效果呢？这就是我们常说的一种因果关系的原理。因为有坚持改过这样的原因，所以产生了这些好的感觉或者是梦境这样的结果，这是一个十分正常的事情。当然这些并不是了凡先生杜撰出来的，这些在经典中都是有记载的。比如了凡先生提倡诵读准提咒这个事情，根据经典中的记载，如果能够长期坚持诵读的话，自身的罪业就会被消灭，也会出现像是口吐黑物、足步虚空这样的事情。

当然了，或许有人会说，自己也曾经努力地改变过自身的过错，可为什么了凡先生所说的那些美好的感觉和吉祥的预兆全部都没有出现呢？这也属于正常的情况，当然这是由多方面的原因造成的。第一可能是自身犯的错误实在是太大，罪孽深重，还没有达到出现这种预兆和感觉的境界。这种情况下想要改变自身的错误的话不是一时半会儿就能够完成的，需要一个长期的过程，只有真正地改过有了一定的成果之后，这样的感觉和预兆才可能会出现。另外还可能就是人在改正自身所犯的错误的时候，内心并不是真诚的。前面就曾经说过很多次了，想要改正自身所犯的错误的话，内心必须要是真诚的，只有真诚的内心才有可能改正自身的错误，消除自身的罪业，不真诚的话是永远都达不到自己想要的结果的。所以说，只要以一颗真诚的心并且能够坚持改过下去，所有的人其实都能够体会到了凡先生所说的那种感觉。

还有一点要注意的是，即使是体验到了了凡先生所说的那种感觉和预兆，那也应该继续坚持着以真心一直改过下去。正所谓"行百里者半九十"，如果要走一百里这样的路程的话，走了九十里和走了一半其实是一样的，因为都没有到达终点。改过也是这样，因为出现了了凡先生所说的那些好兆头之后就不再去改过了，那就是永远都不会成功的。无论什么样的情况下都能坚持下去，最终肯定会获得更好的结果。

蘧伯玉改过

【原文】

昔蘧伯玉①当二十岁时，已觉前日之非而尽改之矣。至二十一岁，乃知前之所改，未尽也；及二十二岁，回视②二十一岁，犹在梦中，岁复一岁，递递③改之，行年④五十，而犹知四十九年之非，古人改过之学如此。吾辈身为凡流，过恶猬集⑤，而回思往事，常若不见其有过者，心粗而眼翳也。

【注释】

①蘧（qú）伯玉：春秋卫国贤大夫。名缓，字伯玉，谥成子。孔子周游列国走投无路之际，数次投奔蘧伯玉，称赞蘧伯玉是真正的君子。

②回视：回顾，回头看。

③递递：连续。

④行年：指当时的年龄。

⑤猬（wèi）集：事情繁多，像刺猬的硬刺那样丛聚，比喻众多。

【译文】

从前卫国贤大夫蘧伯玉刚二十岁时，就已经能够察觉出以往所犯的过错，并且全部改正。到了二十一岁，才知道以前的过错未完全改掉。到他二十二岁，回头查看二十一岁时自己所做的事，感觉好像还在梦中一样，年复一年，连续不断地改正过失。等他到了五十岁的时候，仍然还清楚自己四十九岁那年尚未改正的过失，古人改过的态度就是如此。像我们这种凡夫俗子，做过的恶事太多，当我们回想往事的时候，常常看不见自己做过的错事，粗心大意，就像得了眼翳一样看不清楚自己的过失。

【解读】

了凡先生是以古代的一个圣贤之人、卫国的大夫蘧伯玉改过的事情为例子，来说明古代的人十分重视修行和改正自身所犯的错误，也说明古代人对于改过那种坚定的信念，同时也是用这个例子来勉励他的儿子，教育他的儿子应该持之以恒地改正自身的错误。

蘧伯玉，名瑗，伯玉是他的字。蘧伯玉是春秋时期卫国的大夫，共经历了卫献公、卫襄公和卫灵公三朝，在当时是以贤德之名而闻名于诸侯的。同时，他还是孔子的弟子，据说他品德高尚，做人光明磊落。蘧伯玉死后谥号成子。关于蘧伯玉品德高尚这件事情，孔子就曾经称赞过蘧伯玉是真正的君子。据说孔子在周游列国走投无路的时候，曾经数次投奔过蘧伯玉，他称赞蘧伯玉是真正的君子："君王有道，则出仕辅政治国；君王无道，则心怀正气，归隐山林。"

关于蘧伯玉善于改过并且拥有很高的自我改正精神这件事情，在《论语·宪问》中就有记载："蘧伯玉使人于孔子，孔子与之坐而问焉，曰：'夫子何为？'对曰：'夫子欲寡其过而未能也。'使者出，子曰：'使乎！使乎！'"这句话是说有一天，蘧伯玉派人来拜望孔子，孔子向来人询问蘧伯玉的近况，来人回答说："他正设法减少自己的缺点，可却苦于做不到。"来人走后，孔子对弟子说："这是了解蘧伯玉的人啊。"其实这句话就已经充分地表明了蘧伯玉的自我反省精神。

在这段中，了凡先生也举出了几个蘧伯玉改正自身错误的几个具体的例子，蘧伯玉刚二十岁时，就已经能够察觉到以往所犯的过错，并且全部改正。到了二十一岁，才知道以前的过错未完全改掉。到他二十二岁，回头查看二十一岁时自己所做的事，感觉好像还在梦中一样，年复一年，连续不断地改正过失。等他到了五十岁的时候，仍然还清楚地记得自己四十九岁那年尚未改正的过失。

其实在这段中，我们就应该发现了，蘧伯玉最开始改正自身所犯的错误的时候，当时他的年龄只有二十岁。一个人在二十岁的时候就能够察觉到自己所犯的错误，并且能够改正自身所犯的错误，确实非常难得。

蘧伯玉每天都改过，坚持了几十年，一直到去世，每一年下来，他都觉得自己以前所改不如意，不彻底，天天在用功。了凡先生讲述蘧伯玉的事情，也是为了让他的儿子向蘧伯玉学习改正过错的方法和坚持不懈的精神。

讲完了古代圣贤之人改正自身过错的方法和精神，了凡先生又用普通的凡夫俗子和圣贤之人做了一个对比。首先要说明的一点是，凡夫俗子和圣贤之人在出生的时候情况都是一样的，前面好像就讲过，人人都可以成为尧舜，也就是说出生的时候每个人都是能够成为尧舜那样的圣贤之人的，但是随着时间的推移，有的人成为尧舜、孔孟那样的圣贤之人，更多的人却变成了凡夫俗子。这其中是由多个方面的原因所造成的，其中也包括有没有改过的精神、能不能改正自身的过错这个原因。

前面了凡先生讲述了圣贤之人能够改正自身所犯的错误，但是凡夫俗子呢？凡夫俗子身上的过错可能是像刺猬身上的刺一样，到处都是，但是自己根本就发现不了，即使是静下心来自我反省，也由于心粗眼翳的原因而对自身的错误视而不见。所以说，凡夫俗子想要改正自身的错误的话那就必须要有很高的智慧、长远的目光，同时也要细心不能粗心大意，否则不要说改正自身的过错，即使是想发现自身所犯的错误也是不可能的。

罪孽深重的表现

【原文】

然人之过恶深重者，亦有效验①：或心神昏塞②，转头即忘；或无事而常烦恼；或见君子而赧然③相沮；或闻正论④而不乐；或施惠而人反怨；或夜梦颠倒，甚则妄言失志；皆作孽之相也。苟⑤一类此，即须奋发⑥，舍旧图新，幸⑦勿自误。

【注释】

①效验：征兆。

②昏塞：昏庸闭塞。

③赧（nǎn）然：形容羞愧的样子。

④正论：正确合理的言论。

⑤苟：如果，假使。

⑥奋发：振作精神。

⑦幸：希望。

【译文】

然而凡是罪孽深重的人，也会有一些征兆：有的人心神昏庸闭塞，失志健忘；有的人即便是没有什么事情，也时常烦恼；有的人遇见品德高尚的人却显出羞愧的样子，并且很沮丧；有的人听到圣贤之道却显得不高兴；有的人施加恩惠给别人，反而遭到别人的抱怨；有的人夜里会做一些颠倒是非的噩梦，更有甚者因此语无伦次，精神失常，这些都是过去造的罪孽而表现出来的现象。如果出现这一类的情况，你就应该振作精神，舍弃过去不好的行为，改过自新，希望你千万不要耽误了自己的前程。

【解读】

当人们改错到了一定的程度的时候，就会出现某种预兆或者说是反应，其实当人们的罪业达到一定程度的时候也是能够在现实生活中表现出来的。而这段中讲述的其实是罪业深重的人可能会发生的一些表现。

当人们在做了某些事情的时候，总会在外部发生某种特别的状况，即使是再隐秘的事情都是会有一些比较特别的情况发生，就像是无论犯了多么隐秘的罪的罪犯到最后都会被绳之以法一样。其实自身所犯的错误也是一样的，不管是多么隐秘的错误，到最后肯定都是可以被人们发现的，因为人们在犯了错误之后常常会出现一些特别的现象或者是举动，而这些现象和举动一定能够帮助自身找到所犯的错误。

那么人们在犯了过错产生了罪业之后究竟会有哪些举动或者是特别的表现呢？了凡先生在这里列举了几种。比如说了凡先生列举出来的"或心神昏塞，转头即忘；或无事而常烦恼；或见君子而赧然相沮；或闻正论而不乐；或施惠而人反怨；或夜梦颠倒，甚则妄言失志"等这些情况就全都是人们自身犯了错误之后可能会产生的表现。比如说"无事而常烦恼"，本来是没有什么事情的，那为什么还会产生烦恼呢？其实这就是人们的内心中有了妄念的缘故。人们心中有了妄念之后，因为过于执着而不能放弃，所以才会感觉到烦恼，而这样的妄念其实就是人们犯了过错有罪业的表现。

　　了凡先生在这里总结了一下，人们之所以会有这些列举出来的情况或者表现发生，最重要的原因就是人们罪业深重。了凡先生告诫他的儿子，平时生活中一定要仔细地观察、仔细地反思和检查自己，看看是不是有之前说的那些情况发生，如果有的话，就说明自身犯了某些错误了，这个时候就一定要把自身所犯的错误找出来，然后去改正，这样做才是最正确的方法。如果发现了那些情况，但是却不努力地去改正自身的错误的话，那一定是会耽误自己的前程的。了凡先生在这里其实就是希望他的儿子不要耽误自己的前程。

　　所谓"良医治未病"，所有的病症最好都是在没有发生的时候就要进行预防。就像错误这种东西更是这样的，虽然说人们自身所犯的所有的过错都可以在人们的努力忏悔之下全部改正，但这毕竟是亡羊补牢的事情。如果人们能够在没有犯错误的时候一直能够保持住内心的清净，这样就能够保证自己不去犯错误。

第三篇 积善之方

积善之家有余庆

【原文】

《易》①曰："积善之家，必有余庆。"昔颜氏将以女妻叔梁纥②，而历叙其祖宗积德之长，逆知③其子孙必有兴者。孔子称舜之大孝，曰："宗庙飨④之，子孙保之。"皆至论也。试以往事征⑤之。

【注释】

①《易》：指《易经》。
②叔梁纥：春秋时期鲁国大夫，孔子的父亲。
③逆知：预言。
④飨（xiǎng）：这里指祭祀。
⑤征：证明。

【译文】

《易经》上说："经常积德行善的家庭，一定会得到很多福分和喜庆的事。"古时候颜氏把女儿嫁给了孔子的父亲叔梁纥，只是因为打听到他的先祖曾经积德行善，从而预言他的子孙中一定会出现出人头地的人。孔子也称赞舜的大孝说："舜将来一定会得到子孙们在宗庙的祭祀，子孙也会兴旺的。"以上的论断都是正确的。可以试着用古时候的事情来证明。

【解读】

"积善之家有余庆"在《易经》中的详细表述是："积善之家，必有余庆；积不善之家，必有余殃。"这句话明确地论述了福祸的发生与积德行善行为之间的关系。

古人认为，人们所经历的和将要发生的福祸都与人们的所作所为有着很密切的关系。无论是福还是祸，都不会无缘无故降临到人们的身上，所谓"善恶到头终有报，不是不报，时候未到"。一个人积德行善必然会带来天大的福气，恶贯满盈也自然会导致天大灾祸的降临。即使福祸没有降临在自己的身上，也会在子孙后代身上出现。

了凡先生列举了两个古代的例子。

第一个是孔子父亲的例子。中国古代人婚姻嫁娶讲究的是"父母之命、媒妁之言"。孔子母亲的父母把她嫁给孔子的父亲时，看的不是孔子父亲的贫穷富贵或者是知识文化水平等，而是考察了孔子的先祖祖祖辈辈所做的积德行善的事，才做的这个决定。看起来这件事情和《易经》中这句话毫无联系，但是要知道，孔子的母亲嫁给孔子的父亲之后，生的孩子是孔子。孔子是谁？中国古代最伟大的大教育家、大圣人，儒家学说的开山鼻祖。所以，了凡先生这是通过孔子的成就，再联系孔子祖辈积德行善的行为，反向地说明及教育后人"积善之家有余庆"的道理。直到已经提倡自由恋

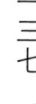

爱的今天，一个人的道德修养和家庭名声，都是人们是否选择其作为婚姻配偶的重要标准。

　　第二个讲的是孔子对于舜的评价。舜是一个品德高尚的人，以孝道著称于世，在中国古代二十四孝中排在第一位，很受儒家的推崇。传说中，舜早年丧母，后来舜的父亲又娶了一个女人，并生下了一个男孩，也就是舜的继母和弟弟。但是在一家四口中，舜的父亲、继母以及同父异母的弟弟都把舜当成了眼中钉、肉中刺，三番五次地想要把舜置于死地。只是多次谋害都没有成功。对于一般人来说，如果有人这样对待自己，那早就该心生怨恨，甚至可能会想尽一切办法来进行报复。但是舜却没有这样做，无论他的父亲、继母以及同父异母的弟弟怎样地蓄意谋害他，他都毫不在意，也毫无怨恨，对父亲和继母依然十分恭敬、孝顺，对弟弟也是呵护有加，十分慈爱。所谓"孝感动天"，舜以德报怨的至孝行为最终感动了帝尧，帝尧不仅把帝位禅让给了舜，还把自己的两个女儿都嫁给了他。孝是一种善行，在这里，了凡先生首先就用舜最终的成就地位说明了"积善之家有余庆"的道理。

　　那为什么又说"宗庙飨之，子孙保之"呢？纵观中国古今，凡是在历史上品德高尚起到表率作用的，或者是有功于国家和人民的，都会得到人们的尊敬。对于这样的人，后人或为其树碑立传来颂扬，或者是建祠修庙来祭奠。舜既然能够"宗庙飨之"，就说明他的德行、他的行为足以影响到后人，对后人的行为准则起到了一个表率作用。舜因为道德高尚而被后人所铭记。佛家认为，道德是一种力量，是真实存在的东西，因此当然会给人带来利益。那舜的道德力量的最大获益者是谁？当然是他的子孙后代了。因此才有了"子孙保之"。同样的道理，孔子的后人也是世代不衰，十分兴旺。

　　这里主要讲的就是积善与余庆的因果关系。了凡先生认为，孔子和舜之所以能够取得那么大的成就，他们的后人之所以能够兴旺不衰，就是因为他们自身的积善行为或者是先祖有积善行为。因此教育后人，在平时的生活中要注重自己的品德，多做善事，即使不是为了自己，也要为自己的后代着想。

杨荣家的福报

【原文】

　　杨少师[①]荣，建宁人，世以济渡[②]为生。久雨溪涨，横流冲毁民居，溺死者顺流而下，他舟皆捞取货物，独少师曾祖及祖，惟救人，而货物一无所取，乡人嗤[③]其愚。逮少师父生，家渐裕。有神人化为道者，语之曰："汝祖父有阴功，子孙当贵显，宜葬某地。"遂依其所指而窆[④]之，即今白兔坟也。后生少师，弱冠[⑤]登第[⑥]，位至三公[⑦]，加曾祖、祖、父，如其官。子孙贵盛，至今尚多贤者。

【注释】

　　①少师：官名。即辅导太子的高官。春秋时期楚国设置。

②济渡：摆渡。
③嗤：嘲笑。
④窆：埋葬。
⑤弱冠：古代男子二十岁即为弱冠。
⑥登第：指古代科举中进士。
⑦三公：一般指古代地位最高的三个官职。

【译文】

建宁人少师杨荣，祖祖辈辈都是靠摆渡为生的。有一次，一连下了很多天的大雨，使得河水上涨。当河水冲毁房屋的时候，有淹死的人顺着河流漂下。别的船只都只顾着捞取从上游漂下来的货物，只有杨荣的曾祖父和祖父在打捞落水的人，没有捞取一点货物。同乡的人都嘲笑他们愚蠢。等到杨荣的父亲出生的时候，他们家渐渐富裕了起来。有一个神仙化身成为一个老道对杨荣的父亲说："你的祖父和父亲积德行善，有阴功，子孙当尊贵显赫。应该把他们埋葬在某个地方。"杨荣的父亲依照老神仙的指示把祖父和父亲埋葬了，就是现在的白兔坟。后来杨荣的父亲生了杨荣。杨荣在二十岁就中了进士，后来做官一直做到三公的位置。他的曾祖父、祖父、父亲也都追封了和他一样的官职。子孙也都尊贵兴盛，一直到现在都有很多贤能的人。

【解读】

了凡先生在这里提到的杨荣，按照历史的记载，应该指的就是明朝明成祖永乐年间的内阁首辅。无论是中国古代或者是现代，能力出众的人都是有很多的，为什么能当上大官的只有那么几个？为什么又只有杨荣当上了明成祖的内阁首辅呢？了凡先生认为，凡是位极人臣的人，他最终都要依靠阴德，拼的也是阴德。如果没有祖辈所积累的阴德，人是不可能登上显贵的位置的。

一个内阁首辅祖上所积累的阴德，绝对要比一个县官祖上积累的阴德要多很多倍。或许，这个县官能力要比内阁首辅强很多，但这些都不会使一个七品芝麻官转变成一个朝廷的内阁首辅。所以杨荣能当上明成祖的内阁首辅，不仅仅是因为杨荣的才德优秀、能力出众，很大一部分原因是杨荣的祖祖辈辈所积德行善，是他们所积攒下的阴德最终把杨荣送上了内阁首辅的位置。了凡先生通过一件事情充分地说明了杨荣的祖上把积德行善放在了首位。

文中说杨荣的家住在建宁，祖祖辈辈都是靠摆渡来维持生计的。由此可见，杨荣祖辈的家境并不富裕，甚至也只能说是勉强度日，也就是说杨荣家的先祖都是穷人。一次，一连多日的大雨使得河水暴涨，冲毁了民房，淹死的人和各种金银财货顺着河流漂下。财货既然已经顺着河流漂下，说明这些财货已经是无主之物了，不再属于任何人。无论是古代还是现代，唾手可得的无主财货对于穷苦人家的百姓来说，都是具有莫大的吸引力的。当时的人们也是这么做的，大家纷纷捞取从上游漂下来的财货。但是也不是全部，杨荣的曾祖父和祖父就是例外。他们没有捞取任何的财货，而是只打捞那些从上游顺流漂下来、也许还有生存希望的人。当时的其他人还嘲笑他们愚蠢。

别人难以理解为什么一个穷人家居然放弃唾手可得的财物而去做一些对自己来说毫无意义的事。在这种生命危急的时刻，杨荣的曾祖父和祖父高尚的思想品德得到了充分的体现。

早期的道教认为，人的善恶行为，会在后世子孙身上得到报应。就是说，先人如果行善积德的话，那后世就一定会得到福气。所以，等到杨荣的父亲出生以后，杨家就逐渐富裕起来了。

这时候，有一个神仙化身成为一个老道对杨荣的父亲说："你的祖父和父亲积德行善，有阴功，子孙当尊贵显赫。应该把他们埋葬在一个我指定地方。"杨荣的父亲依照老神仙的指示把祖父和父亲埋葬了，就是现在的白兔坟。看似有点荒诞，似乎与了凡先生所要表达的观点没有多大的关系，但其实不是这样的，这里面涉及了一样古人很重视的东西——风水。

风水，本为相地之术，也叫地相，古称堪舆术。风水的核心思想是人与大自然的和谐，早期的风水主要关乎宫殿、住宅、村落、墓地的选址、坐向、建设等的方法及原则。古人认为，风水的好坏，直接关系到一家人的吉凶祸福。

风水宝地所有人都想追求，杨家人自然也不例外。但是一块好的风水宝地又不是平白无故就能得到的。一般的坟墓风水的好坏，都是自己选择的，为什么杨荣的父亲能得到老神仙的指点呢？这样就联系到了故事的主题了，就是因为杨家的前几代人一直在积德行善啊。我们试想一下，如果当初河水暴涨的时候，杨荣的曾祖父和祖父也像其他人一样，专门捞取河里的财货，那么杨荣的父亲还会得到老神仙指导的风水宝地吗？当然不会。

到了杨荣这一代，杨家前几代人积累的阴德所产生的福荫彻底地表现了出来。"后生少师，弱冠登第，位至三公。"杨荣在二十岁的年纪就中了进士，最后做官一直做到了内阁首辅的位置。一人之下，万人之上，这是何等的荣耀啊。"光宗耀祖、出人头地"，无论古人还是现代人，都把这个当成了毕生奋斗的目标，但是真正能做到的人却是少之又少的，由此可见杨荣是需要多大的福气才能做到这一点的。

"加曾祖、祖、父，如其官。"能够追封一名官员祖上三代为同样的官职，或许在我们现代人眼里，追封死人官职是没有任何意义的事情，但是在古代，这却可以算是朝廷对官员的最高奖励了。同时，在这其中也是有深刻含义的。一方面是告诫官员，能够取得这么高的成就，是与祖宗积德行善的行为分不开的；另一方面也是通过平民升官这种荣耀来告诫世人，自己多多积德行善，后人也是能够跟着享受到福气的。

最后说杨家至今也是贤人辈出，没有说原因，但是并不难理解。原因自然就是杨家人祖祖辈辈积德行善、修阴德的结果。

为囚犯下跪求情

【原文】

鄞①人杨自惩,初为县吏,存心仁厚,守法公平。时县宰严肃,偶挞②一囚,血流满前,而怒犹未息,杨跪而宽解之。宰曰:"怎奈此人越法悖理,不由人不怒。"自惩叩首曰:"上失其道,民散久矣。如得其情,哀矜③勿喜;喜且不可,而况怒乎?"宰为之霁颜④。

【注释】

①鄞:(yín)指鄞州,即现在的宁波市鄞州区,位于浙江省。
②挞:鞭打。
③哀矜:怜悯。
④霁(jì)颜:变得和颜悦色,指息怒了。

【译文】

浙江鄞县人杨自惩,最初在县衙里做一名小小的官吏。他宅心仁厚,为人守法公平,铁面无私。有一次,县令鞭打一个犯了罪的人,打得那人满脸是血后,县令还是怒气冲冲的,不见一点消散。杨自惩见到这种情况就跪下劝解县令不要再生气了。县令说:"这个人干了违法犯罪的事情,怎么能不让人愤怒。"杨自惩一边磕头一边说:"朝廷中已经没有什么道义、公理可言了,政治一片黑暗、贪污、腐败,人心散失已经很久了。审问犯人要是审出真实情况,应该替他们伤心,可怜他们的不明事理,不应该因为审出了案情,就高兴。高兴都不可,更何况是生气发怒呢?"县令听了杨自惩的话后,觉得很有道理,就慢慢息怒了,变得和颜悦色起来。

【解读】

这一段故事主要讲述的事情是杨自惩不忍心见到囚犯遭到县令的毒打,下跪求情并劝说县令。杨自惩在县衙里只是一个小吏,换句话说杨自惩只是一个小人物,他是吏,但不是官。

在中国古代,吏指的是官府中的胥吏或差役和没有品级的官员或吏卒;而官一般都是指有品级的、有权力的人,拿到现在来说,一般都是指职务里带"长"的人。换句话说,当官的就是坐在那里指挥别人干活的,动动嘴就行;而小吏那就是专门跑腿打杂的,负责干活的人。在中国古代,封建社会的社会阶层等级制度是十分森严的,杨自惩这种连官都不是的人在县衙根本就没什么地位,从整个故事的内容来看,杨自惩就是一个看守牢房或者犯人的衙役,顶多就是个牢头。

"存心仁厚,守法公平。"这说的是杨自惩的性格。杨自惩是一个爱护别人、宅心仁厚的好人,很有同情心和慈悲之心。同时他又是一个公正无私的人,很让人敬佩。

先来看第一件事。杨自惩的顶头上司也就是当时的县令，是一个很严厉的人，对待囚犯十分严厉。有一次，县令在审问一个犯人的时候，再一次遏制不住心中愤怒的火焰，所以这个可怜的犯人就遭到了毒打，被打得遍体鳞伤，血流不止。这时候，杨自惩看不下去了，于是他请求县令不要再打了。

无论什么时代，领导生气的时候都尽量不要出现在他的眼前，这是生存之道。特别是古代，动不动就砍头掉脑袋的时代，杨自惩敢于在县令怒不可遏的时候张嘴替犯人求情，可以说勇气可嘉，但是行为很傻。但是杨自惩傻吗？当然不是，他这样做是有自己的原因的。

第一点，可以说是出于从县令的角度考虑的。要知道，一个人在盛怒之下，往往会做出过激的行为。当时县令那么激动，很有可能一不小心就把那个犯人打死。虽然县令有很多办法可以解决这种事情，但是因为愤怒就杀死自己治下的百姓，总是会影响到县令的名声的。古人对名声是十分看中的。像关羽，为什么他能流芳百世，因为他义薄云天的名声传遍天下；像宋江，为什么他能当上梁山大头领，因为他"仗义疏财"，名气很大，别人都特别尊敬他。所以，杨自惩求情的第一个原因可能是为了保住县令的名声。

第二点，就是因为县令是一个好人。县令的愤怒是因为对于犯人犯罪的反感，只是因为性格的暴躁，所以想要用这种方法给犯人一个深刻的教训。他并不会因此而迁怒别人。杨自惩知道自己求情并不会受到县令的责罚，所以才在犯人已经受到"血"的教训后向县令求情。

第三点，当然就是杨自惩自身的性格原因。杨自惩是一个有爱心、同情心和慈悲之心的人，他在旁边看到犯人已经被县令打得血肉模糊、血流不止，所以他于心不忍，并且十分同情犯人，因此他产生了恻隐之心，这才向县令求情。

第四点就在于当时的社会背景。当初秦朝以法治天下，但也是由于严苛的刑法导致了秦二世而亡。所以从高祖刘邦建立汉朝起，奉行的是黄老之学，无为而治。汉武帝的时候，更是"罢黜百家，独尊儒术"，从此之后的历代封建王朝，都是以儒家学说来作为治理国家的依据，延续了上千年。儒家学说提倡的是仁政，所以杨自惩认为县令这样打骂犯人是不对的，因此他要替犯人求情。

和严苛的刑法相比，儒家学说更注重的是德治。大圣人孔子曾经说过："道之以政，齐之以刑，民免而无耻；道之以德，齐之以礼，有耻且格。"在中国古代所有儒家先辈圣贤的心目中，一个国家的统治者存在的最大的目的就应该是对天下人民的养育、教导、教育。"仁义礼智信，温良恭俭让""修身、齐家、治国、平天下"这些东西不是天生就能存在于老百姓的心目当中的。百姓们的一举一动，见解、行为、思想、主张、伦理道德规范、行为准则等都需要统治者一点一点地分别教导。所以，要想彻底地教育犯人、彻底地让犯人改过自新，就一定要先了解为何罪犯会铤而走险，又为什么会干那些触犯法律的事情。

但是县令并没有因为杨自惩求情就放弃殴打犯人，他认为犯人既然违背了法律，就应该受到严厉的惩罚；既然制定了法律就要遵守法律；既然触犯了法律就要按照法律来制裁。但是杨自惩不这样认为，他认为"上失其道，民散久矣"，百姓犯罪的原因在于统治者的统治出现了问题。百姓犯法的原因，就在没有人教导他！那么谁负责教导呢？地方官员，也就是市长、县长、乡长这些父母官。儒家言："作之君，作之亲，作之师"，"之"就是人民。各级地方官员应当是人民的领导、父母和老师，你的子弟为非作歹，这与你没有把他们管教好有很大的关系。杨自惩说得非常清楚，原因是朝廷失道，人民离心。从某种意义上说，罪犯越多，证明世道混乱不堪，这是统治者的责任，是朝廷的责任。

经过杨自惩的劝说，县令也明白了。在这种混乱的世道中，即使这个县官再怎么样地维护法律、明朝秋毫，也改变不了什么。就算审出了案情，处置了犯人，那又有什么值得高兴的？本来政治黑暗，人民生活在水深火热之中，这足以让一个有责任心的官员感到羞愧了，还有什么可喜的事情呢？如果说事情可喜，那是盼望人民犯罪。杨自惩劝谏县令这件事情的结果是"宰为之霁颜"。这说明杨自惩的智慧、德行、见地都十分地了不起。

杨自惩看到罪犯，他更多的是同情，是可怜，是慈悲，他觉得如果这个罪犯能够接受圣人教诲，肯定不至于沦落到成为罪犯的地步。但当时社会黑暗，政治不明，哪里还有让人接受圣贤教育的机会呢？因此，杨自惩看到罪犯，他心中是慈悲的，更多的是对天下国家的感叹，表现出来的是一颗忧国忧民之心。

杨自惩恻隐之心福荫后代

【原文】

家甚贫，馈遗①一无所取。遇囚人乏粮，常多方以济之。一日，有新囚数人待哺，家又缺米，给囚则家人无食，自顾则囚人堪悯②。与其妇商之。妇曰："囚从何来？"曰："自杭而来，沿路忍饥，菜色可掬。"因撤己之米，煮粥以食囚。后生儿子，长曰守陈，次曰守址，为南北吏部侍郎③。长孙为刑部侍郎，次孙为四川廉宪④，又俱为名臣。今楚亭、德政，亦其裔也。

【注释】

①馈遗：馈赠，赠与，赠送。
②悯：可怜。
③侍郎：官名。唐以后，中书、门下二省及尚书省所属各部均以侍郎为长官的副手，官位逐渐提高。相当于现在的部长、副部长级别。
④廉宪：官名，廉访使的俗称。主要负责考校官吏政绩，明、清时改为提刑按察使。

【译文】

杨自惩的家里十分清贫，但是对于别人的财物他从来不贪恋，别人赠送给他的东西他也从来都不收取。但是每次遇到缺少粮食吃的犯人,他总会想方设法地救济他们。有一天,又有好多名新来的犯人没有粮食吃,挨饿了。杨自惩想要救济他们,可是他自己家里也没有存粮了。如果把粮食给新来的囚犯们吃,那么他自己和家人就没有粮食吃了。如果把粮食留给自己吃,又觉得囚犯们实在是太可怜了。于是杨自惩和他的妻子商量。他的妻子问他:"那些囚犯是从哪里来的?"杨自惩回答说:"是从杭州来的,一路上都是挨饿过来的,现在脸上已经没有一点血色了,像是又青又黄的菜一样,几乎用手就可以捧起来。"于是夫妻两个就把自己吃的米煮成粥送给那些囚犯吃了。后来他们生了两个儿子,大儿子叫杨守陈,二儿子叫杨守址,做官一直做到了南北吏部侍郎的位置。他们的大孙子也做到了刑部侍郎的位置,二孙子也做到了四川廉访使的位置,都是一代名臣。现在的名人楚亭和德政,也都是杨自惩的后代。

【解读】

除了替囚犯求情之外,杨自惩还做了很多善事。他不忍心看到囚犯没饭吃,所以就宁可自己和妻子饿着也要把米让给没有饭吃的囚犯。

杨自惩的家里很穷,也就勉强能有个温饱。但是,别人送的东西他却什么都不收。要知道,杨自惩是主要负责看管犯人的小吏。犯人可不等于是孤家寡人,他们也有父母亲人,他们的亲人当然也希望他们能少受点苦,所以就免不了给这些距离犯人最近的小吏们好处,但是杨自惩就是不收。也许有人会问,既然家中如此窘迫,那这样做又是何苦呢?要知道,杨自惩怎么说也是公务员,若接受别人馈赠,那不就是受贿了?汉代杨震不接受弟子馈赠的黄金,并口诵:"天知,地知,你知,我知,谁谓无知?"这又是为了什么?古代的读书人是有骨气的,耿耿胸怀,日月可鉴,所谓"富贵不能淫,贫贱不能移",说的都是中国人的节操。杨自惩不接受别人的馈赠,这是他的气节操守所在,与家境无关。

杨自惩虽然家穷,但是他总是记得救济别人。就连囚犯缺粮了,他都会想办法去救济他们。无论是古代还是现代,普通人对粮食都是特别看重的。特别是在古代,统治阶级的剥削本来就严重,一般人家肯定不愿拿出粮食分给其他人吃,更何况还是囚犯。杨自惩家中已经到了揭不开锅的地步了,但当他看到罪犯断粮的时候,依然拿出了家中仅有的一点儿米。他拿出了他们家全部的积蓄,这说明了什么?说明他爱别人比爱自己更深!一个人为善,关键看他的存心,在如此艰难的条件下,依然能够坚持善念而不懈怠,这个功德不可思议。真是难能可贵!

还有一点必须要注意,杨自惩在把自己家的口粮让给囚犯的时候,并不是自己私自决定的,而是和家里的妻子商量并且得到妻子支持的。这说明杨自惩的妻子也是一个善良的人。

杨自惩为善虔诚,用心积累阴德,数十年如一日,那最后得到的结果又是什么呢?杨自惩有两个儿子,大儿子杨守陈和小儿子杨守址,他的这两个儿子都当过明代的吏部侍郎,在明代是朝廷正三品。杨自惩的两个孙子,大孙子是刑部侍郎,也是朝廷三品大员;小孙子是四川廉宪,在明代也是正三品。明代的杨楚亭和杨德政这两位朝廷大员,从家谱上面去查找,也是杨自惩的后代。

其实，重要的不是看到了杨自惩一家的显贵结果，而应该弄清楚杨自惩一家获得显贵结果的原因，是因为他们一家广积善缘和阴德，这才是关键。

谢都事好生之德福后辈

【原文】

昔正统①间，邓茂七倡乱②于福建，士民从贼者甚众。朝廷起鄞县张都宪③楷南征，以计擒贼。

后委布政司④谢都事⑤，搜杀东路贼党。谢求贼中党附册籍，凡不附贼者，密授以白布小旗，约兵至日，插旗门首，戒⑥军兵无妄⑦杀，全活万人。后谢之子迁，中状元⑧，为宰辅；孙丕，复中探花⑨。

【注释】

①正统：这里指明朝明英宗朱祁镇的年号。

②倡乱：带头作乱。

③都宪：明朝时期都察院、都御史的别称。专门纠正和弹劾百司，辨明冤枉，提督各道，是天子的耳目。

④布政司：全称为承宣布政使司，是明代的地方行政机关。

⑤都事：官名。明朝在都察院、五军都督府、各都指挥使司都设有。

⑥戒：禁止。

⑦妄：乱。

⑧状元：古代科举考试中的第一名。

⑨探花：古代科举考试中的第三名。

【译文】

以前在明英宗正统年间的时候，有一个叫邓茂七的人在福建带头造反，有很多读书人和老百姓都跟着他一起造反。于是朝廷就命令曾经当过都宪的鄞县人张楷去福建剿灭反贼，张楷用计策抓住了反贼头领邓茂七。

后来，张楷又派了福建当地的谢都事去搜捕剩余的乱党，搜到之后就地格杀。谢都事不想乱杀无辜，于是他想办法找到了反贼的名册，凡是没有在名册中留下姓名的，就暗中发给他们一个白布旗子，并且和他们约定等到大军到来的时候把旗子插在门口，谢都事就会禁止士兵乱杀无辜。最后，他这么做保住了一万多人的性命。后来，谢都事的儿子谢迁，在科举中考中了状元，当官当到内阁首辅的位置；他的孙子谢丕，后来也考中了探花。

【解读】

邓茂七佃农出身，勇悍自智，是明代中叶著名的起义军首领，他带领的起义军人数一度达到了八十多万人，控制了大半个福建，二十多个州县，还攻破江西石城、瑞金、广昌等地，形成了明朝开国以来最大的一次农民起义，撼动了大明王朝的统治。邓茂七为什么要起义呢？

第一就是上层官员带头作恶、鱼肉百姓。当时的福建左布政使是宋彰，这个人没有真才实学，而是靠着贿赂当时的权臣大太监王振而上台的。所以，他上台后并没有为百姓谋取利益，而是变了法地翻倍剥削百姓。

第二是当时福建的大地主和富户对佃农的剥削非常严重。当时福建各地的官僚接受了大地主们的贿赂，对于大地主们多征收佃农地租和加倍收取佃农欠账不闻不问，导致普通百姓劳动一年之后仍不得温饱，同时也没有地方说理、讨公道，使得当地百姓的怨气非常大。

当时邓茂七所在的沙县又是剥削最严重的。沙县的佃户把向地主家交租称之为"送租"，即要把需要上交的地租送到地主们指定的地点。另外，每到逢年过节佃户们还要向地主家奉献鸡鸭等家禽物品，这叫"冬牲"。这个剥削就有点严重了。佃户本来就是给地主打工的，按现在的眼光来看，每当逢年过节应该是身为老板的地主给身为打工者的佃户发福利，怎么可能强迫打工者给老板送礼？

第三就是百姓的正常要求得不到解决。当时邓茂七领导佃户们向官府投诉，希望能够废除"冬牲"，拒绝"送租"，让地主自己上门收地租。但是，他们这些正当的要求却没有得到官府的同意，反而是地主们通过贿赂官府，成功地让官府派人去抓捕邓茂七。

第四点就是周边起义的带动。邓茂七并不是最先发动起义的，正统九年（1444年），浙江人叶宗留领导矿工发动武装起义；正统十三年（1448年）正月，叶宗留的好友陶得二发动农民起义。由于明朝政府的围剿不利，导致起义军的规模越来越大，使得东南沿海地区形势混乱，百姓们也并不惧怕造反。

因此，在官府派县衙的兵丁抓捕邓茂七的时候，邓茂七拒捕，并打死了来抓捕他的兵丁。沙县县令亲自带着几百官兵来抓邓茂七，邓茂七知道被抓到后他一定会被杀死，因此走投无路之下就决定起义。他的决定得到了广大被地主剥削的百姓的支持，他们和邓茂七一起武装抵抗，杀死了县令，正式宣布起义。起义刚开始的时候，起义军以沙县为根据地，建立地方政权，积极向外扩展势力。由于受不了剥削和压迫的人很多，所以起义军初期发展很快。几个月后，邓茂七的起义军就达到了八十万人。

发生了这么大规模的农民起义，大明王朝的统治者们最开始的态度是招安、招抚，希望能通过和平的手段来解决问题。但是邓茂七不仅拒绝招安，还杀死了朝廷派来招安的使者。这下子，明英宗彻底地愤怒了，颁下圣旨给张楷，让他不惜一切代价，一定要剿灭邓茂七叛军。

张楷认为，所谓的农民起义，只不过是一群吃不饱饭的人造反而已，终究不算正规军，只能是一群乌合之众。八十万人的内部不可能是铁板一块，所以肯定有人会被收买。果不其然，张楷收买了邓茂七身边一个叫罗汝先的人。由于被叛徒罗汝先引诱，邓茂七再次率兵进攻延平。农民军在路上被明军埋伏的火铳、火炮等突袭，邓茂七和一些农民军的主要将领当场战死。

邓茂七等人战死后，农民起义军的形势急转直下，很快就失去了对大明朝统治者的威胁。虽然还有几十万反贼躲在城中需要剿灭，但张楷也知道想彻底消灭这几十万人很麻烦。同时他认为自己已经完成了圣旨交给的任务，于是他就把剿灭剩下的叛军的事情交给了这个故事的主人公，福建布政司的谢都事。一同交给他的还有反贼的名册和斩尽杀绝的命令。

都事，并不是一个大官，按照明朝的官职来说，顶多就是一个七品的芝麻小官。谢都事这个人虽然官职不大，但是这个人非常善良，也非常聪明。他接到的命令是对叛军斩尽杀绝，那就可以理解为凡是和叛军沾上一点点关系的人都应该被处死。但是谢都事不想这样做，他认为只要没有参加叛乱那就没有罪，不应该算在斩尽杀绝的行列中。虽然他不想杀错人，但是他害怕执行任务的官兵滥杀无辜，于是他就想了一个办法。

"谢求贼中党附册籍，凡不附贼者，密授以白布小旗，约兵至日，插旗门首，戒军兵无妄杀，全活万人。"

谢都事通过反贼的名册，找到了那些不属于反贼的人，暗中发给他们一面白旗，约定官兵杀人的时候将白旗插在家门口，这样官兵就不会杀错人了。就是通过这个办法，谢都事保全了一万多名无辜百姓的性命。

平常总是听见有人说："救人一命，胜造七级浮屠。"浮屠就是佛塔，一般的层数都为单数，如五、七、九等，以七级的为最多，因此有"七级浮屠"的说法。佛塔原来是用来埋葬圣贤的身骨或收藏佛经的，因此建造佛塔的功德很大。但是佛家说法认为建造一座佛塔的功德并没有救一个人的功德大，所以才有"救人一命，胜造七级浮屠"的说法。救一个人就有那么大的功德，那么救一万人的功德就更加大了。

俗话说"善有善报，恶有恶报"，种善因才能得善果，这是很有道理的。有时候，善恶往往就在人的一念之间，所以一定要注意和重视。特别是一个人大权在握的时候，往往也是最应该小心的时候，因为这个时候，一不留神，就会造作天大的罪孽；善念一动，便是无量的功德。就像谢都事的处境一样，手握数万人的生命，只要他动动嘴，所有该死的和不该死的都会死去。如果他这样做了，那么他的手上就会有一万多无辜百姓丧命，那么他的罪孽和恶行就非常大了。但是，儒家学说中的仁治思想和他心中存在的善念没有让他这样做，而是让他保住了这一万多人的生命，成就了他的功德。

这个谢都事的儿子，便是大名鼎鼎的明朝风云人物谢迁。谢迁的官职是太子太保、兵部尚书兼东阁大学士。谢迁一身担任国家四大要职，称得上权倾天下，显贵至极了。谢丕，是谢都事的孙子，谢迁的儿子，他又如何呢？根据史书记载，谢丕中了探花之后，就任职吏部侍郎之职。

谢家能够如此地显赫和富贵，是怎样得来的？当然就是当年谢都事怀着一颗慈悲心，拯救了一万名百姓的生命，从中换取来的，这正是莫大的功德所致。古代人讲究因果报应，天理循环，谢都事积德行善攒功德，谢家后代兴旺发达，正是这个道理，同时也是"积善之家，必有余庆"的又一有力证据。

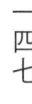

林母好善

【原文】

莆田林氏，先世有老母好善，常作粉团①施人，求取即与之，无倦色。一仙化为道人，每旦②索食六七团。母日日与之，终三年如一日，乃知其诚也。

因谓之曰："吾食汝三年粉团，何以报汝？府后有一地，葬之，子孙官爵，有一升麻子之数。"

其子依所点葬之，初世即有九人登第，累世簪缨③甚盛。福建有"无林不开榜"之谣④。

【注释】

①粉团：用糯米制成，外面包裹芝麻，放在油中炸熟后食用。

②每旦：每天。

③簪缨：古代达官贵人的头上戴的东西。这里指高官显贵。

④谣：民谣，歌谣。

【译文】

在福建莆田一个姓林的家族里，祖辈中有一个老太太很喜欢做善事。她经常制作粉团给没钱吃饭的人吃，只要有人向她要，她就会立刻给人家，从来没有表现出厌倦的样子。

有一个仙人，变身成了道士的样子，每天都会向她索要六七个粉团。林老太太每天都给他，坚持了三年都没有改变，老神仙知道了林老太太是真心做善事的。

因此老神仙对她说："我吃了三年你免费送的粉团，应该怎么样报答你呢？你们家后面有一块地，如果你死之后埋葬在那里，那么你的子孙后代能做官的人，将会有一升芝麻粒那么多。"

林老太太的儿子按照老神仙的指点埋葬了她，之后的第一代人中就有九个人中了进士，之后的每一代都有很多人坐上高官显贵的位置。所以福建有"无林不开榜"的民谣。

【解读】

福建省莆田有一个林老太太，她制作完粉团布施给别人的时候，只要有人向她索要，她就会给，而不会去看这个人是什么人、穿什么样的衣服，也不会去在意这个人是否是真的贫穷、是否真的没饭吃，也不会去管这个人的身份是好人还是恶人。她不会拒绝任何向她索要饭团的请求，也不会产生出任何厌倦的神情，更重要的是她也不会要求任何的回报。林老太太的这种做法，其实是说明了她对别人的一种态度，那就是众生平等。

众生平等其实是佛教的说法。佛教认为，抱有一颗平等的心来普度人就是一份很大的功德。每个人都是爹生娘养的，不论是贫富、善恶、美丑或者是贵贱，这些都是普通的人，佛不会只普度其中的某一部分或者某一种人，而放弃其他的人。这也是佛教中慈悲为怀的真正含义，无论对谁，都能够宽厚包容。

林老太太对所有人都平等对待，所以她有很大的功德。也许有人会说，如果这样就是大功德的话那自己也是能做到的。但是扪心自问，真的可以做到吗？不说别的，只要看看现在的社会现实就知道了。有多少人见到无家可归的人在街上流浪伸出了援助之手？又有多少人看到在街上乞讨卖艺的人时是绕路而走？又有多少人行善是不为名利？

白居易在《放言》中曾写道："试玉要烧三日满，辨材须待七年期。"这就是说，无论做什么样的事情都应该坚持下去，否则得不到什么好的结果。没有经过仔细的考察就妄下结论，是一种严重的错误。俗话说："路遥知马力，日久见人心"，要想知道一个人是不是真的善良，是不是真心地做善事，那就一定要观察这个人的持久力，看看这个人会不会在做善事的过程中产生了懈怠。一旦这个人做善事是"三天打鱼，两天晒网"一样地进行，那么就说明这个人只不过是一个普通人，并不是真真正正的善人。因为这个人已经产生了懈怠的心理，也说明这个人并不是真正虔诚地在做善事。当然，如果这个人是一个彻彻底底的善人、真真实实的善人的话，那么这个人在做善事的时候就一定会十分地虔诚没私心，因为只有心无旁骛的人做善事才会不懈怠，这才是真正的善人。所以说，林老太太是真真正正的大善人，是真正有功德的人。也只有这样的人才值得老神仙化身老道亲自考察了三年。

既然林老太太能这样坚持不懈地做善事，那么她是不是应该得到一个好的结果和回报呢？答案当然是肯定的，就连老神仙都被他持之以恒行善的慈悲之心感动了。所以，在老神仙考察完林老太太之后就对林老太太说："吾食汝三年粉团，何以报汝？府后有一地，葬之，子孙官爵，有一升麻子之数。"

老神仙的话说得很清楚，只要林老太太死后能够埋葬在他指定的位置，那么她的子孙后代就会有无数的人能当上大官。所谓的"一升麻子之数"就是形容很多，有一升的芝麻粒子那么多。

林老太太用她坚持不懈的善行把老神仙都感动了，由此可见她的功德是多么的深厚了。那么老神仙想要报答林老太太为什么不给她一些东西作为礼物直接报答林老太太呢？为什么给林老太太安排了一个好的墓地来报答她的子孙后辈呢？这里面应该是有两个方面的原因的。

第一，还是因为林老太太的功德太过巨大。像她这样有这么大的功德的人，老神仙要是随便地报答一下她，是不能够彻底地了却这么大的功德。所以，她的功德就应该延续到她的子孙后代身上。

第二，古人对于风水问题的看重也是一个重要的原因。古人认为，要把祖宗及父母死后的遗体安葬于一个风水好的坟墓当中，这样既可以使子孙后代尽孝，又可以产生福泽绵延到子孙后代身上，保佑子孙后代兴旺发达。所以上至皇帝，下至百姓，对坟墓安置地点的风水都格外地重视。风水理论认为，祖墓的风水，会影响后人的命运。这就像古代各个朝代的帝王死后都会寻找风水最佳的位置进行埋葬，这样做的一个重要原因就是埋葬在风水宝地可以保佑王朝的繁荣昌盛和子孙的兴旺发达。所以有时候，古人会为了寻找一块合适埋葬的风水宝地而花无数的心思：就比如说明成祖朱棣为了找到一块风水宝地埋葬皇后许氏，派人找了整整两年的时间才找到，就是现在明十三陵所在的位置。

所以，老神仙给林老太太找到了一处风水宝地作为她死后的埋葬之地，这是对林老太太积累了那么大的功德的最好回报，因为这是让她的子孙后代和她的整个家族都能长期受益的事情。

那么经过老神仙的指点之后，林老太太的家族和她的子孙后代是不是就得到好报了呢？是不是就有了深厚的福泽了呢？了凡先生在故事里给出了肯定的答案。林老太太被埋葬在老神仙指定的地方之后，第一年她的后人中就有九个人考中了进士。而且，林老太太的后人的福报并不是出了这九个进士就结束了，而是她的后代子孙中不停地出现官员。在古代，能够不断出现官员的家庭要么就是皇亲国戚，要么就是皇帝的亲信、地位极高的大臣之家，由此可以看出林家十分兴旺发达。甚至到后来，连普通的百姓都认定了林家的地位，要不然怎么会有民谣说没有林家的人参加的科举考试就不值得开考呢？

林家整个家族能有如此富贵繁华的局面，如此兴旺发达的景象，就是林老太太用她一个人坚持不懈地行善所积累的功德和阴德换来的。

救人一命得福报

【原文】

冯琢庵太史①之父，为邑②庠生③。隆冬早起赴学，路遇一人，倒卧雪中，扪④之，半僵矣。遂解己绵裘衣之，且扶归救苏⑤。

梦神告之曰："汝救人一命，出至诚心，吾遣韩琦为汝子。"及生琢庵，遂名琦。

【注释】

①太史：官名，主要负责修写历史，在明代也叫翰林。

②邑：这里指县。

③庠（xiáng）生：庠为古代学校的别称，庠生就是指学生。

④扪（mén）：摸。

⑤苏：苏醒。

【译文】

太史冯琢庵的父亲曾经在县学里做过学生。一次在一个寒冷冬天，冯琢庵的父亲早晨起床去上学，在路上他遇到了一个倒在雪地里的人。伸手摸了一下，身体几乎要完全冻僵了。于是冯琢庵的父亲把自己的绵衣服脱下来穿在那个人身上，并且把他带回家救醒了。

梦神在梦中告诉冯琢庵的父亲："你救了别人一命，并且是真心实意的，我就派韩琦投胎到你家做你的儿子。"等生了冯琢庵，就给他取名也叫冯琦。

【解读】

　　了凡先生在这里讲的故事虽然非常的短，但是故事的内容非常地清楚。首先要了解一下冯琢庵这个人。冯琢庵姓冯名琦字用韫，琢庵是他的号。冯琢庵是明朝万历五年（1577年）的进士，后来当过翰林院编修、礼部右侍郎、礼部尚书等官职，最后死在了官位上。可以说，他在当时的朝廷里是地位很重、很有分量的一个人。就连万历年间朝廷的内阁首辅张居正也评价冯琢庵为"国器"。什么是"国器"？在古代，"国器"就是指可以治国的人才。由此可见冯琢庵的才德之深和地位之重。那么，冯琢庵能够取得那么大的成就和那么高的地位只是他自己努力的结果吗？当然有一部分原因是源于他自己的努力并能把握住机会，还有另一个原因就是冯琢庵的父亲早年间行善积德的结果。

　　"冯琢庵太史之父，为邑庠生。隆冬早起赴学。"冯琢庵的父亲当年也是一个读书人，并且还是县学里的秀才。他在寒冬时节的早上也闻鸡起舞，坚持上学，由此可见他的努力程度和寒窗苦读的艰辛程度。

　　在一个冬天的早晨，冯琢庵的父亲和往常一样去学校读书的时候，发现有一个人躺在雪地里面不动了。于是，好奇心促使他去看了一下，但是发现那个人没反应。于是他便伸出手摸了那个人一下，发现那个人已经冻僵了。

　　冯琢庵的父亲摸了一下，发现那个人已经冻僵了的时候，他什么都没想，马上把自己的衣服脱了下来盖到了那个人的身上，然后就把那个人带回自己的家中去救治，很快就把那个人救醒了。

　　冯琢庵的父亲救人的时候是在早上，所以根本没有人看到。既然没人看到，那就没有人能证明，又怎么能说他是诚心救人呢？当然有人能够证明，而且能证明的不是人，而是神仙。因为神仙已经明确地在冯琢庵父亲的梦中说了："汝救人一命，出至诚心。"

　　既然冯琢庵的父亲是出于诚心来救人的，那么他就是做了一件善事，而且是一件大善事。做善事是为了什么，当然是为了积累功德和阴德。那么做善事有什么好处吗？他获得的好处很大——天赐麟儿。神仙赐给了冯琢庵的父亲一个儿子，神仙连孩子的前身都告诉了冯琢庵，这个孩子就是韩琦转世。

　　韩琦，字稚圭，北宋仁宗天圣年间进士，北宋政治家、著名将领。韩琦从小就有大的志向，他发奋读书，学问过人，长大后进入仕途，曾经担任过北宋扬州、相州、定州等多个州的知府，最高官至宰相。曾经与北宋另外一位著名大臣范仲淹一起主持过"庆历新政"。在当时治理蜀地、征讨西夏和庆历新政中都有杰出的贡献，可以说是一位对北宋贡献巨大的杰出政治家。老神仙把这样一个杰出的人才赐给了他当儿子，这说明他儿子未来的成就已经摆在那里了，一代名臣，很有可能成为朝廷之中最重要的几个人物之一，这是多么光宗耀祖的一件事情啊。

这里面涉及了一个魂魄和六道轮回转世投胎的问题。佛教认为："善业是清净法，不善业是染污法。以善恶诸业为因，能招致善恶不同的果报，是为业果。作为业果的表现形式，世俗世界的一切万法，都是依于善恶二业而显现出来的，依业而生，依业流转。所以，众生行善则得善报，行恶则得恶报。而得到了善恶果报的众生，又会在新的生命活动中造作新的身、语、意业，招致新的果报，故使凡未解脱的一切众生，都会在天道、人道、阿修罗道、畜生、恶鬼道、地狱道中循环往复，这就是佛教所说的轮回。"而在这六道中轮回的过程就是一个魂魄转世投胎的过程。

因为是老神仙赐给的儿子，所以冯琢庵的父亲生了冯琢庵后取名冯琦。后来冯琦在当时的朝廷做官做得很大，真的可以和北宋时期的韩琦相媲美了。冯家因为冯琦而光耀门楣、光宗耀祖，这都要感谢冯琢庵的父亲真心行善救人一命啊。

应尚书卖地救人

【原文】

台州应尚书，壮年习业于山中。夜鬼啸集①，往往惊②人，公不惧也。

一夕③闻鬼云："某妇以夫久客④不归，翁姑⑤逼其嫁人。明夜当缢⑥死于此，吾得代矣。"公潜⑦卖田，得银四两，即伪作其夫之书，寄银还家。其父母见书，以手迹不类⑧，疑之。既而曰："书可假，银不可假，想儿无恙。"妇遂不嫁。其子后归，夫妇相保如初。

【注释】

①啸集：呼叫聚集。

②惊：吓。

③夕：晚上。

④客：在外地，出远门。

⑤翁姑：公公和婆婆。

⑥缢：上吊。

⑦潜：偷偷地。

⑧类：相似。

【译文】

应尚书是浙江台州人，他在壮年的时候曾在山里面读书。山里面在晚上经常有鬼怪聚集、出来吓人，但是应尚书一点也不害怕。

一天晚上他听见鬼说："一个女人的丈夫出门在外很长时间了都没有回来，她的公公和婆婆就逼着她嫁给别人。明天夜里她就要在这里上吊而死了，到时候我就能找到替身了。"应尚书悄悄地把自己的田地卖掉了，一共得到了四两银子。然后以那个女人的丈夫名义写了一封信回家，并附带了四两银子。男人的父母看了这封书信后，认为和以前的信手迹不一样，因此十分怀疑。但是又一想，书信可以造假，但银子却不可能是假的，自己的儿子一定没什么事情。于是那个妇女就不用改嫁了。之后那个男人回到家中，夫妻二人还是和以前一样相爱。

【解读】

　　这里的应尚书指的是明朝嘉靖年间的刑部尚书应大猷。应大猷，字邦升，明朝正德九年（1514年）的进士，后担任南京刑部主事，并参与平定宁王之乱。后来还在嘉靖年间担任过吏部右侍郎，最终官至刑部尚书。他为官清廉，乐善好施，即便在富庶之地做官也从不贪任何东西，深得民心。每次卸任的时候，"官行一担书，民送两行泪"，由此可见应大猷的品德之高尚。后来严嵩专权的时候，应大猷被奸佞小人所陷害，被迫辞官回乡著书，著有《周易传义存疑》一卷、《容庵集》十卷等作品。

　　应大猷能够考中朝廷的进士，并且做到刑部尚书那样的大官，说明他是有真才实学的，也说明他年轻时读书也一定很刻苦努力。当然，事实也是这样。应大猷在年轻的时候就已经在山里面努力地读书了。

　　山中阴气重，按照古人的说法，容易有阴魂鬼怪。应大猷仍然选择在山中读书，免不了要受到影响。他所读书的山中经常会有许多鬼出来吓唬人，但是应大猷自己不怕鬼。那么在那个对于鬼神十分敬畏的年代，为什么他会不怕鬼呢？这里我们可以借用明代哲学家、心学集大成者王守仁先生在《传习录》当中的一句话来解释："只是平日不能集义而心有所慊，故怕。若素行合于神明，何怕之有？"阳明先生说得很清楚，为什么有些人会怕鬼，就是因为这些人平日里行事不合乎道义、不合乎仁德，心里有鬼才会怕鬼。从这一句话就可以看出，应大猷之所以不怕鬼就是因为他平日里行事注重合乎道理道义，注重仁德修养和道德的修为。心中无鬼，身上正气和阳气盛，所以他根本不需要怕鬼。

　　应大猷和一群鬼在山中各干各的事情，颇有一些互不打扰的意思。应大猷读自己的书，鬼们也在干自己的事业。对于鬼来说事业是什么，当然是吓唬人，并且期待着能够早日投胎转世。古人认为，一般凡是自杀的鬼是不能立刻投胎转世的，这是对他们不珍惜生命的一种惩罚。只有当附近再次有人用相同方式自杀，出现新鬼来代替先前的鬼，那么先前的鬼才能去投胎转世。所以自杀的鬼都十分盼望替身的早日出现。就在一个鬼终于等到了一个替身的时候，这件事情却被应大猷知道了。

　　"一夕闻鬼云：'某妇以夫久客不归，翁姑逼其嫁人。明夜当缢死于此，吾得代矣。'"有人要逼自己的儿媳妇改嫁，儿媳妇不肯，要在附近上吊了。但是应大猷认为这件事情不应该是这个样子的，那个妇女不愿意改嫁是因为心里还有她的丈夫，如果这样子被自己的公公和婆婆逼死了，那将是多么地冤枉啊。于是他便打算想办法救一下这个妇女。

　　在古代，一般的普通百姓之家生活并不是很好，有时候种上一年的地之后连饭都吃不饱。所以，一些有头脑的人便会选择出门到外面去谋生活，做生意或者干一些别的事情。这个准备上吊的妇女的丈夫就是因为各种原因而离开家去外面谋取生活了。

只是长期出门在外，可能是生活依然艰难没赚到钱，也可能是由于古代通信方式的不发达而暂时失去了联系，总之是很久没有给家里写信了。女人的公婆也不知道自己的儿子在外面怎么样了，既然这么久都没有消息就以为是死了，于是就逼迫自己的儿媳妇改嫁。当然这有可能是出于好心，也有可能是出于恶毒的想法。要是出于好心就可能是不希望再耽误儿媳妇的青春，让她再找一户好人家。要是恶毒的想法就有可能是觉得儿媳妇没有什么用处而且还要吃饭，不想养活一个吃白食的人。总之是要把她赶走。但是儿媳妇居然不走，而且强迫她走的话人家都准备上吊了。

按照正常的思维来理解，这个女人的丈夫已经失去消息那么久了，那死在外面或者在外面有了别的女人的情况是很可能发生的，既然这样，女人要是改嫁的话也很正常。况且是她的公婆逼迫她改嫁的，她内心里也不用有任何的压力，何乐而不为呢？这就要从古代的教育和社会风气说起了。

在中国古代，女子的社会地位在大部分的时候都十分低下，一般而言会作为男人的附庸，有时候甚至会作为商品。像现代社会的男女平等在那时候是不存在的。在配偶的选择上，古代社会讲究的是"父母之命，媒妁之言"，男人都无权自己选择，女人更是无法选择自己心仪的对象作为丈夫，甚至有时候在结了婚之后才会知道对方到底长什么样子，是什么样的一个人。或许有人会说，即使是结了婚，那不满意的话不是可以离吗？那是现代社会才有的，在古代这是行不通的。姑且不说在古代只有男人休妻的说法，即使是女人主动提出并成功地离了婚，那么她也会受到当时封建社会的其他人和自己内心的谴责。因为古代社会对女人的教育思想就是忠贞烈女、从一而终。所谓"忠臣不事二主，烈女不侍二夫"，古代的社会风气就是如此，所有人都把女子的贞洁看得十分地重要，女人当然更加重视自己的名节问题。从一而终是一种精神，忠妇烈女也会受人尊敬。所以古代的大多数女子在嫁给了丈夫之后都会从一而终，不管任何原因都不离不弃。比如说长篇叙事诗《孔雀东南飞》中写的那样："其日牛马嘶，新妇入青庐。奄奄黄昏后，寂寂人定初。'我命绝今日，魂去尸长留！'揽裙脱丝履，举身赴清池。"烈女刘兰芝被婆婆赶回娘家，又被娘家逼迫改嫁，她不愿意，为了表示对爱情的忠贞不二，所以她跳水自杀了。

了凡先生讲的这个故事里的女人也是这样一个忠妇烈女，深受从一而终观念的影响。她不相信自己的丈夫会出事情，坚信丈夫在外面平平安安，早晚都会回来的，所以她不想改嫁，也不能改嫁。公婆的逼迫让她自己也无能为力，她无法改变公婆的决定，也无法抗拒公婆的决定，所以她就决定用上吊自杀来捍卫自己的贞洁，表达自己对丈夫的忠贞不二。

本来这件事情只是那个女人自己的事情，但是在不经意间被应大猷知道了，所以应大猷决定救下这个女人。

应大猷觉得女人的公婆逼迫她改嫁应该是有两个方面的原因，一个是女人的丈夫长期没有音信，可能是在外面出事情了，另一个就是家里没钱。所以，他认为只要冒充女人的丈夫写一封信并寄一点钱就应该能解决问题了。但是信的问题好解决，他一个读书人写一封信是没有任何问题的。但是钱的问题怎么解决呢？他只是一个穷书生，根本就拿不出来钱啊。但是救人这人命关天的大事他又不敢耽误，于是他就想了一个办法。他回到家，悄悄地把自己家的地给卖了，得到了四两银子。有了银子之后，应大猷把银子和伪造的书信一起寄给了女人的公婆。

女人的公婆收到"儿子"的书信之后很高兴，毕竟儿子有消息了。但是他们却发现这信的笔迹不像是儿子的，毕竟父母都是了解自己的孩子的，于是他们就产生了怀疑，甚至怀疑是儿媳妇为了避免改嫁私自伪造的。但是又一想，信有可能是假的，但是四两银子是不能造假的，儿媳妇不可能有这么多钱，于是他们就相信了儿子应该是安然无恙的。于是也就没有再逼迫儿媳妇改嫁了。四两银子是多少呢？在古代，对于普通的人家来说，四两银子大概是一家人一年的花销，这可是相当大的一笔钱。既然钱也有了，儿子也有消息了，那么女人的公婆当然不会再逼迫她改嫁了。女人自然也就不用再想着上吊自杀了。

后来，可能是老天把女人和她公婆的思念带给了她的丈夫，也可能是她的丈夫终于想起了在远方还有自己的家和自己的妻子、父母，还可能是为了应验应大猷在信中所说的话，所以女人的丈夫回来了。回来后，女人和她的丈夫仍然恩爱，他们的家庭仍然和睦，仍然很幸福。

积德行善鬼神惊叹

【原文】

公又闻鬼语曰："我当得代，奈此秀才坏吾事。"旁一鬼曰："尔何不祸①之？"曰："上帝以此人心好，命作阴德尚书矣。吾何得而祸之？"应公因此益自努励，善日加修，德日加厚。遇岁饥，辄捐谷以赈之；遇亲戚有急，辄委曲②维持；遇有横逆③，辄反躬④自责，怡然顺受。子孙登科第者，今累累也。

【注释】

①祸：害死，祸害。
②委屈：委曲求全，殷勤周到。
③横逆：强暴，不讲道理。
④躬：自己。

【译文】

后来应尚书又听见那个鬼说："本来我已经找到好的替身了，没想到却被这个秀才坏了我的好事。"旁边一个鬼说："那你为什么不害死他呢？"鬼说："上帝说这个人的人品很好，所积累的阴德已经足够做到尚书的位置了，我怎么能再去害死他呢。"

应尚书因此就更加地努力，善事一天又一天地去做，功德也在一天又一天地增加。遇到荒年的时候，他就捐献粮食用于赈灾；遇到亲戚有危难的时候，他会想尽一切办法来帮人家渡过难关；遇到有人蛮不讲理地批评的时候，他从来都是从自己身上找原

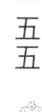

因，对于别人的批评很愉快地接受。他的子孙中中了进士的人，到现在已经有很多了。

【解读】
　　女人的家庭能保持完整，保持和睦幸福，这里面所产生的功德是很大的。当然，作为促成这件事的人，这里面的功德当然都是由应大猷获得了。但是，应大猷做这件事的时候并不是为了能够获得这些功德，他只是真心地同情和怜悯那个女人，所以才会不计较个人的得失，偷偷地帮助那个女人，这完全是出于一片善心。救完人后，应大猷该读书还是继续读他的书，没有因为救人而沾沾自喜，也没有感觉救人了就应该得到什么回报，就只是觉得这些都是自己应该做的。当然，他也丝毫没有觉得这是破坏了那个鬼的愿望，他只是不想这个世界上再多一个孤魂野鬼，所以他仍然可以心安理得地到山里面去读书。

　　应大猷阻止了那个女人上吊自杀，那个女人之后家庭和睦幸福，自然很快乐，而应大猷救人之后自然也是心情舒畅，十分开心。但是，他们是开心快乐了，盼星星盼月亮才好不容易等到一个替代者代替自己的鬼，很是不高兴了。当然，终于有机会能够投胎转世重新做人了，不用在荒山野岭继续做孤魂野鬼了，这么高兴的一件事情却被人破坏掉了，换了是谁都会不高兴的。俗话说"断人财路如杀人父母，此仇不共戴天"，应大猷这种做法可是属于断鬼前途，那鬼能不恨他吗？

　　应大猷破坏了鬼的好事，它十分痛恨应大猷，它身边的其他鬼也认为它一定会向应大猷展开报复，所以都在等着看好戏。但是等了很长的时间，也没有看见那个鬼对应大猷实施什么样的报复，所有的鬼都觉得很奇怪。于是就有一个鬼问那个鬼为什么没有去报复应大猷。那个鬼也很郁闷地说："不是我不想报复他，只是上帝说这个人心地善良，阴德深厚，很快就能够做尚书了，这样的人我又怎么敢去害他呢？我又怎么可能报复得了他呢？"这里的上帝可不是西方人天天拜的那个神，根据中国传统文化的角度来看，这里的上帝应该指的是天。中国古代人认为，天是自然和人世至高无上的主宰，天是无所不能的，所以对天一定要尊敬。"人的命，天注定"，由此就可以看出人们对于天的敬畏。不说别的，单说在古代有任何大事情都要先祭天，之后才能往下进行，这就很说明问题了。既然世间万物都是由天来主宰的，那么鬼也害怕天是理所应当，所以对于有天保护着的应大猷，鬼也是不敢去轻易报复的。

　　"上帝以此人心好，命作阴德尚书矣。吾何得而祸之？"虽然这句话是那个鬼因为无法报复而郁闷时发出的感叹，有一些抱怨的嫌疑，但是仔细一想，这句话里面还是有好几层的意思的。第一，因为应大猷心地善良，出于真诚的心去做善事，所以他能当上尚书，老天也会照顾他。这说明老天是赏罚分明的，有功必赏。第二，鬼之所以能害人，那是因为人有罪，恶行太多。只要平时多做善事，功德积累得够多，鬼见到人也是要绕道而走的。"不做亏心事，不怕鬼叫门。"只要心地光明磊落，做事情光明正大，心地善良，多行善行，就根本不用害怕各种鬼怪的报复。事实上，在这里，了凡先生主要是想教育他的子孙后代做事情要光明磊落，多做善事，这样不仅各种鬼怪会远离，自己也会受到上天的眷顾和保佑。

　　两个鬼之间的对话又被应大猷听见了。应大猷这时候才知道，原来他随随便便做的一件事情居然会引出这么多的结果,并且能给自己带来那么多的好处,他十分地高兴。在听到了两个鬼的对话后,应大猷觉得自己受到了认同,这说明他做的事情是正确的,他走在一条正确的道路上,他没有对不起儒家圣贤们的教诲。所以,他对救助别人这样的善事做得更加地尽心尽力了,也更加地有动力了,他知道他做这些事情不会白做。因此,他在之后更加努力地积累功德和阴德了。

随着应大猷在不断地做着善事的时候,他自身的功德当然也在一天天地增加。那么他都是怎样做善事的呢?

第一,"遇岁饥,辄捐谷以赈之。"遇到灾荒的年头,他就捐赠谷物救灾。古代有个说法是"天灾人祸",像灾年一般都是天灾,这对于古代人来说是无法抗拒的。在这种时候,没有饭吃是很正常的,而应大猷能捐赠谷物本身就说明他这个人很善良。另外,如果当一个人有粮食,而他周围的人在忍受饥荒的时候,我想在更多的时候这个人会把粮食储存起来,囤积居奇,或者是以高昂的价钱卖掉,趁火打劫一下,这才是正常的选择。但是,应大猷居然能够在这种时刻还把自己的粮食捐出来,可见他的内心是多么地善良了。

第二,"遇亲戚有急,辄委曲维持。"遇到亲戚有危难的时候,他会想尽一切办法来帮助。俗话说:"夫妻本是同林鸟,大难临头各自飞。"有时候,患难夫妻之间在遭遇困境的时候都会劳燕分飞,更何况只是普通的亲戚朋友呢?有些时候,当一个人有难的时候,作为亲戚的人不落井下石就已经不错了,又怎么可能会拔刀相助呢?从古至今,有多少人因为利益的原因而陷害亲戚朋友甚至是兄弟,所以说,应大猷能在亲戚有难的时候伸出援助之手,这就是行善。

第三,"遇有横逆,辄反躬自责,怡然顺受。"遇到有人蛮不讲理地批评、侮辱他的时候,他从来都是从自己身上找原因,对于别人的批评很愉快地接受。从表面上看,这个和做善事好像没什么关系,虽然这不是在做善事,但是足以说明他是一个善良的人。古代文人是讲求风骨的,气节、名声对于他们来说是十分重要的。那为什么有人在侮辱应大猷的时候他还能忍受呢?这是因为他认为别人侮辱自己就一定是自己错了,是自己把别人得罪了,惹得人家不高兴,所以才会做出侮辱自己的举动,所以他会反省自己究竟犯了怎样的过错,以免以后再次惹别人生气。

虔诚行善,信念坚定的应大猷,最后得到好报了吗?当然得到了,大名鼎鼎的应尚书走到哪里都会受到百姓的爱戴,同时在朝廷里也是重要的大臣。而且不光如此,由于他实在太善良了,做的善事也确实够多,所以他的后代也受到了福报。从应尚书的时代到了凡先生的时代,百八十年的时间里,应尚书的子孙能够考中科举、光宗耀祖的比比皆是。这些都是他积德行善所得到的好报。

老父行善，凤竹中举

【原文】

常熟徐凤竹栻，其父素①富，偶遇年荒，先捐租以为同邑之倡，又分谷以赈贫乏。夜闻鬼唱于门曰："千不诓②，万不诓，徐家秀才，做到了举人③郎。"相续而呼，连夜不断。是岁，凤竹果举于乡。

其父因而益④积德，孳孳⑤不息，修桥修路，斋僧接众，凡有利益，无不尽心。后又闻鬼唱于门曰："千不诓，万不诓，徐家举人，直做到都堂⑥。"凤竹官终两浙巡抚⑦。

【注释】

①素：一直。

②诓：欺骗。

③举人：中国古代地方科举考试中试者之称。

④益：更加。

⑤孳孳：比喻勤奋、坚持不懈的样子。

⑥都堂：尚书省总办公处的称呼。

⑦巡抚：官名。中国明清时期地方军政大员之一。主要负责巡视各地的军政、民政的大臣。

【译文】

江苏常熟人徐栻，字凤竹，他的父亲一直以来都比较富有，有一次遇到了荒年，他带头取消了地租，为县里人做了榜样。同时，他又拿出粮食用来赈灾。夜晚听到有鬼在他们家门前高声大喊："千般不说谎，万般不说谎，徐家的秀才，要考上举人了。"呼喊声一波接一波，一夜都没有停止。当年，徐凤竹果然考中了乡里的举人。

因为徐凤竹考中举人的原因，他的父亲更加对积德行善孜孜不倦了。他修桥修路，布施斋饭供养出家人，救济穷人，只要是和行善有关的事，他都尽心尽力。后来又有鬼在他们家门前大喊："千般不说谎，万般不说谎，徐家的举人，要到朝堂上做官了。"徐凤竹当官一直当到了两浙巡抚的位置。

【解读】

这个故事讲的是父亲行善，得到了儿子做大官的福报的事情。

故事里的儿子姓徐名栻字凤竹，是江苏常熟人。徐栻是明朝的一个大官，通过科举考试走上的仕途，并且最终当官当到了两浙巡抚的位置。可以说他的成就已经很高了。那么，他能取得这么大的成就做到这么大的官，都是他自己一个人努力的结果吗？当然不全是，有很大一部分原因都是他的父亲行善积德的结果。

他的父亲很有钱，在当时来说应该算是大地主阶级的人。徐杻的父亲是地主，所以要把地租给百姓，他只是负责收租子。但是每到灾荒之年，青黄不接，百姓自己都吃不饱饭的时候，又拿什么东西来交租子呢？一般来说，就是地主和地主的家奴们发威的时候了。地主们是不会管什么天灾人祸的，他们要的就是百姓把地租交上来，如果没有的话，要么拿东西抵，要么就卖身给地主家为奴为婢偿还。就是《白毛女》中说的那样："没钱就拿喜儿抵债。"古代的地主大多数是这样残酷地剥削和压迫百姓的，但是徐杻的父亲和他们完全不同，因为他是一个善良的人。

　　每次遇到灾荒之年的时候，徐杻的父亲不但不会强迫百姓交齐租子，反而会把自己家的粮食分给百姓吃，用来帮助他们渡过难关。不要求百姓交租子这就是做善事吗？当然是的，因为百姓借用了地主家的地，年终岁尾给地主报酬是天经地义的事情。就像现在一样，农民种别人家的地仍然需要地租，人想要租住别人家的房子就要交房租，就连向银行贷款都需要支付利息，所以地主把地租给百姓然后收租子那就是再正常不过的事情了。在灾荒之年的时候，百姓的地里收获的粮食连自己都不够吃，说不定还会饿死几个自家的人，如果再要交租子的话，那就更是雪上加霜了，估计全家人都活不了了。因此，在灾荒之年不收租子对于百姓来说相当于活命之恩啊，这能不算是做善事吗？不收租子能拯救无数人的性命，这可算是做了天大的善事了。

　　另外，徐杻的父亲不仅不会向百姓收租子，还给百姓粮食让他们渡过灾年，这就又是一桩天大的善事了。本来百姓家有可能会有人因为粮食不够而活活饿死，但是现在徐杻的父亲给了粮食，又救活了一大批的人，当然又是一件天大的善事。

　　当然，还有最重要的一点就是，徐杻的父亲做这些事情是真心诚意的，他没有要求百姓们给他任何的回报，他的目的很单纯，只是希望不要死人，仅此而已，这才是真真正正的行善，真真正正在做善事，这样就会获得数不尽的功德。

　　善事做得多，就会功德深厚。功德深厚，当然就会感动天，感动地，甚至是感动鬼神。古人对于鬼神之说是深信不疑的。古代生产力不发达，农业生产的成败，主要取决于季节和天气的变化，以及地理条件的影响。因而在民间信仰中，天地信仰占据了重要的地位，天地诸神受到民间广泛的奉祀。大约在商周时代，中国人就用天、地来概括整个自然界，形成了各种的信仰体系。而在古代，上层社会中对于鬼神一说，也是充满敬畏的。同时古人也认为，乡村里，由于人口少，阳气不盛，很有可能出现鬼怪。特别是在夜晚的时候，人们甚至可以听见鬼说的话。所以说，徐杻的父亲做了这么大的善事，积累了这么多的功德，感动了鬼，导致了鬼出现在他们家的门口。鬼在他们家的门口说："千不诓，万不诓，徐家秀才，做到了举人郎。"徐杻能够考中举人，这是鬼的预言。等到这一年科举考试的结果出来之后，徐杻果然考中了举人。

　　鬼的预言，就像是一首赞歌，让徐凤竹的父亲十分开心。善有善报，恶有恶报，徐凤竹成功地考中了举人，不仅准确地验证了鬼的预言，同时也给了他的父亲巨大的信心，既然做了善事就能保证徐杻的前途，那如果做更多更大的善事徐杻的前途岂不是就更加地不可限量了？这下子，徐杻的父亲就更加坚定自己的想法了，因此他行善积德更加积极了。

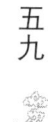

"修桥修路，斋僧接众，凡有利益，无不尽心。"

修桥修路，这绝对是在做善事，这点是毫无疑问的。古代的路和现代可是大不相同的，没有水泥路、柏油路等，只有土路顶多就是夯实的次数多一点，但那也只是官道。一般不是官道的道路是凹凸不平、坑坑洼洼的，十分难走，因此徐栻的父亲自己花钱修路，方便别人也方便自己，这绝对是一件善事。桥梁也是一样的。由于造桥的水平低，材料也有限，所以桥梁很容易就会损坏，走起来一点都不方便。所以他拿钱修桥就又是一件善事。

斋僧就是尊敬和供养僧人，这个怎么能算是做善事呢？斋僧用最简单的话来说就是请和尚吃饭，这种事情在明朝和清朝时期是很盛行的。斋僧其实就是对和尚的一种布施，一种供养，佛家讲究因果报应，因此这种供养对于僧人来说是不能白白接受的。僧人既然接受了别人的布施，那也就要去对别人布施。那么和尚怎么去给别人布施呢？宣扬佛法、教化百姓。因此，斋僧也是一件很大的善事，也是能积累功德的。接众就是救济贫困的人，让吃不起饭的人能够有饭吃，让衣不蔽体的人能够有衣服穿，这个当然毫无疑问是在做善事。反正是对社会有利益、对广大人民大众有益的事情徐栻的父亲都会尽心尽力地去做。有句话叫"人不为己天诛地灭"，大部分人不论在做什么事情的时候最先考虑的肯定是自己的利益，但是徐栻的父亲却从不考虑自己的利益，那么他积累的功德肯定会比别人的多。将要取之，必先予之。想要得到常人得不到的功德，就必须先付出常人不能付出的东西，也就是自己的利益、自己的钱财。钱财付出得越多，那么功德肯定也会越积越多。

徐栻父亲的功德越积越多又换来了什么呢？换来的是鬼第二次在他们家门口高唱赞歌。"千不诓，万不诓，徐家举人，直做到都堂。"都堂就是指总督、巡抚一类的大官，按照品级来说相当于正二品或者是一品的大官。如果一个人能当上都堂那类的大官，那就肯定是朝廷的栋梁之才了，一定会很受重视。另外，一个家庭里出现了一个都堂类的大官，那是家族的荣耀，是一件光宗耀祖的事情。

徐栻最后当上了两浙巡抚。巡抚主管的是一个地区的军政和民政大权。而两浙，在当时也是一个很大的地区，相当于现在的浙江省的全境，江苏省的镇江、苏州、无锡、常州，不含崇明岛的上海再加上福建省的闽东这么大的一块地区，作为两浙的最高长官，可见徐栻当时在朝廷里地位一定是很高的，那么徐家的人一定会以徐栻为骄傲的。

徐栻能够仕途顺利，光宗耀祖，说明他的福气一定很大，而他福气这么大的原因就是积德行善。徐栻的父亲就是不停地行善积德，所以最终才能获得福报，才能帮助徐栻登上两浙巡抚的位置。所以说，行善积德无论是对自己和自己的子孙后代都是很重要的，了凡先生就是教育儿子善不能不修，德不能不积，行善积德的人是一定会有好报的。

屠勋调查冤狱

【原文】

嘉兴屠康僖公，初为刑部主事①，宿狱中，细询诸囚情状，得无辜者若干人。公不自以为功，密疏其事，以白堂官②。后朝审③，堂官摘其语，以讯诸囚，无不服者，释冤抑十余人，一时辇下咸颂尚书之明。

【注释】

①主事：官名，一般来说掌握实权。
②堂官：衙门的最高长官。
③朝审：是明朝的一种审判制度，在秋后处决犯人之前，召集朝廷大臣共同复审死囚罪犯，主要是为了表示对人生命的重视。

【译文】

屠勋，谥号康僖，是浙江嘉兴人。他刚刚当上刑部主事的时候，每天晚上都睡在狱中，细细地询问囚犯们的各种罪状，发现有好多的囚犯都是没有罪而被冤枉的。

但是屠勋并不认为自己在这件事中有什么功劳，他秘密地把这件事报告给了刑部主官。后来到了秋后重审的时候，刑部主官挑选了屠勋所提供的内容中一些事情来询问囚犯，结果囚犯们没有一个不服从的，释放了被冤枉的无罪人员十多个人，一时间百姓们都称赞刑部主官明察秋毫，十分英明。

【解读】

这段故事主要讲述的是屠勋为了避免冤案和错案的发生，亲自深入监狱调查案情的事情。

屠勋，字元勋，是明朝时期赫赫有名的官员，曾先后做过工部、刑部、大理寺和都察院的官职，最后当上过刑部尚书。后来宦官刘瑾专权，屠勋不服从他，所以遭到打压，辞官回乡。死后谥号康僖。这段故事讲的就是他刚当上刑部主事的时候发生的事情。

刑部就是一个国家主管各种法律和审核各类案件的部门，而刑部主事就是具体负责调查需要审核的案件的人。屠勋刚刚当上刑部主事的时候，就住到了监狱里，仔细询问每个犯人都是因为什么原因被关进监狱的，可能是想看看是不是有被冤枉的人，好替他们平反。可是仔细地问过之后屠勋被吓了一跳，果真有很多犯人是被冤枉关进监狱的。

其实，像冤案、错案这种事情的发生，有些时候根本就是不可能避免的，毕竟人不是神，不可能所有的事情都能知道得清清楚楚。即使是在现代，在这个法律如此健全的社会，偶尔也会发生冤、假、错案，更何况是古代。古代审讯犯人的程序很不严谨，很多官员一开始就要求嫌疑人交代事情、招供，甚至有些官员得不到自己想要的事情之后就会严刑逼供，根本不会在乎犯人的感受，这样就让很多人在不明所以的情况下由于生命受到威胁而选择屈服，这样就会导致很多冤案的发生。另外，官员在审问犯人的时候缺乏必要的监督也是一个原因。没有人监督，官员当然想怎么做就怎么做，只要最后向上汇报的时候说得清楚明白一些，是没有人会追究案情究竟是什么样子的，所以有些官员审问案情时就会草草了事，随便判罚，这也会导致冤案的发生。

再有，古代审问案情的公堂是一个十分严肃的地方。在一个严肃到死气沉沉的地方，一些胆小的人就容易语无伦次，甚至受到惊吓，这种时候他们就有可能因为无法辩驳而被关进监狱，这也会导致冤案的发生。还有就是人为制造的冤案了，利益的驱使经常会导致这种事情发生。所以说，在古代冤案是平反不完的，因此有很多人对冤案的态度就是睁一只眼闭一只眼，不会很在乎的。

但是儒家学说倡导的是以仁治天下，本来就对严刑酷法不是很赞同，对冤假错案就更不能容忍了。而屠勋作为儒家圣贤的坚定拥护者，当然也是不希望看到冤假错案的发生，因此他才会在当上刑部主事后，住到监狱里去调查有没有冤假错案。虽然他的这种做法也许不能彻底杜绝冤假错案的发生，但起码也是对自己良心的安慰，也是在做善事。

屠勋当上刑部主事的时候正处于明宪宗成化年间，当时太监汪直等人专权，控制军队和官吏的任免，因此导致社会腐败，百姓生活在水深火热之中，在这种情况下是很容易就会出现各种各样的冤案的，所以，在屠勋和每个犯人都仔细交流过以后，果然发现了很多的冤案。屠勋是一个有慈悲之心和天下为公之心的人，所以在他见到有人是因为被冤枉而进的监狱时，他当然要想办法解救这些被冤枉的人，平反这些冤案。

毫无疑问，如果能把这些冤案全部平反肯定是大功一件，但是屠勋身为一个聪明人，是不可能自己独立去平反冤案的。先不说他一个小小的刑部主事有没有这个能力，就单单是官场上的一些规则也不允许他独自解决。要知道，在官场中和上司抢功劳可不是一件明智的选择，更何况在朝廷不是很清明时。

贪图功利、居功自傲的人，很可能就会引来杀身之祸，功高震主的人基本上更是必死无疑。所谓"飞鸟尽，良弓藏；狡兔死，走狗烹"，功劳越大，死得越快。就像汉初三杰之一的韩信，功劳大，连史书上都说："汉之所以得天下者，大抵皆信之功也。"连汉高祖也称赞他"战必胜，攻必取"，刘邦的大半个江山都是韩信打下来的，功劳很大。之后呢，功高震主，被逼走上了谋反之路，惨遭杀害。再比如助力曹操打赢官渡之战的重要功臣许攸，也是因为居功自傲而死。许攸本来是袁绍的谋臣，后来因为得罪袁绍而在官渡之战中中途投奔曹操，并建议曹操奔袭乌巢，烧毁袁绍粮草，最终帮助曹操打败袁绍。可是之后呢？居功自傲，得意忘形，不把任何人放在眼里，甚至对曹操也是呼来喝去，最终曹操忍无可忍，就下令将许攸杀死。

当然，面对功劳或功劳过大的时候也可以选择隐忍，不去争夺功劳，或者是选取别的途径来获取功劳，有时候这是十分正确的选择。李白在《侠客行》中曾经写道："十步杀一人，千里不留行。事了拂衣去，深藏身与名。"做什么事情之后，不张扬，深藏不露才是最正确的选择。能选择功成身退的人是值得敬佩的。春秋时期越国大夫范蠡，辅佐越王勾践卧薪尝胆，发愤图强，最终灭掉了死敌吴国。灭亡吴国后，又怕自己功高震主，于是辞官归隐，享受安逸的生活。还有汉初三杰之一、有"运筹帷幄之中，决胜千里之外"之能的张良，在西汉建立后也渐渐不问政治，而是专心向往修道成仙。这样做的原因就是他怕自己和韩信一样功高震主，从而丧失性命，这是典型的明哲保身之法。

屠勋毫无疑问是一个聪明的人，所以他在平反冤案、能救无数人出狱这么大的功劳之下，为了保证自己的安全，他做得更绝，他选择了隐忍，直接把功劳让给别的人。那么他是怎么做的呢？"公不自以为功，密疏其事，以白堂官。"堂官，这里指的就是刑部尚书，刑部最大的官，也就是屠勋的顶头上司。屠勋没有把这个功劳占为己有，而是把自己调查出来的事情全部悄悄地告诉给了刑部尚书，让刑部尚书出面去解决这个事情。

有道是行善积德，只要做了善事就会有功德。平常大家都说做善事会有功德，这是正确的，但是并不仔细。因为功德也分为两种：一种是在做了什么善事之后，大力宣传出去，通过这种行为使自己获得相应的名声，这是阳德；而另一种则是做了善事之后不需要让别人知道，只是自己知道就可以了，这就是阴德。

虽然都归属于功德，但是与阳德相比，阴德的善功明显要大得多。因为喜欢积累阳德的人做善事的目的或者说是动机并不是纯粹的，也并不是以一颗虔诚的心在真心实意地行善。他们行善的目的就是为了获取好的名声，让人们都知道他，记住他，或许会有什么深层次的目的在接下来要完成。而积累阴德的人就不同了。从他们默默地做善事不让别人知道就可以看出来，他们是在真心地做善事，因为他们是真正不求回报的，也是以一颗虔诚的心真心实意地在做着善事的。古人所说的行善积德中的德指的就是要多积累阴德，因为古人也认为"有阴德者必有阳报"。而屠勋所做的事情，把本来是自己的功劳让给了刑部尚书，这样善事也算做成了，又不用自己出面就积累了功德，这就很符合古代人那种多积累阴德的思想。

直到这个时候为止，屠勋的善事也只能算是做到了一半，真正要看能积累多少阴德还是要看刑部尚书看过他的报告之后的反应。当刑部尚书看到屠勋的报告之后，也看出来了，这要是事实的话，只要是能为那些冤案平反，释放因为被冤枉而被关进监狱的人就是大功一件。他很心动，既有功劳，又有政绩，他没有什么理由拒绝，于是他决定对屠勋调查出来的案子进行重新审理。当然，早就已经定下结论并且已经报备刑部通过的案子，并不是谁说一句话就能重新进行审理的，这也是需要一定的机会的。幸好在明朝时候有一个制度为重新审理这些案件提供了方便，这个制度就叫作"朝审"。所谓的朝审就是明朝时设立的一种审判制度，具体的做法就是对那些被判为死刑却还没有被执行的普通犯人在秋后重新审理定案，这一方面是为了表示朝廷对生命的重视，另一方面也有一种避免犯人因为冤案而惨遭杀头的下场。这种审判制度就为刑部尚书重新审理屠勋所说的冤案提供了方便。

朝审到来的时候，刑部尚书就按照屠勋提供的报告来审问那些犯人，结果当然发现那些人都是受了冤枉的，案子也都是冤案。于是刑部尚书大手一挥，当场就释放了很多无罪的人。之后，刑部尚书的这种做法受到了全京城百姓的称赞，什么明察秋毫、办案入神、公正无私等评价纷纷向刑部尚书"袭来"，一时间，刑部尚书简直就是公平公正的代言人了。

经过这些事情之后，刑部尚书有了功劳，有了政绩，也有了名声，收获是十分巨大的。但是纵观整个过程和最终的结果，好像都跟屠勋没有什么关系了，他也没有因为这件事情获得什么好处。如果这样想那就大错特错了，因为整个平冤减刑的过程，看似和屠勋没什么关系，但是屠勋才是整个平冤减刑的过程中真正的幕后推手，是他先调查发现冤案，也是他提出让刑部尚书查证重新审理的。在这个过程中，他既不图名，也不要利，而是真心地想让那些被冤枉的犯人能够平反，获得自由，因此他获得的是巨大的阴德。

多多积累阴德，自然会有无法想到的好处。不说别的，单说屠勋在后来能够当上刑部尚书，就和他积累的那么多的阴德有密切的关系。所以，多做善事、多积累阴德十分必要。

上奏减刑得批准

【原文】

公复禀曰："辇毂①之下，尚多冤民，四海之广，兆民之众，岂无枉者？宜五年差一减刑官，核实而平反之。"

尚书为奏，允其意。时公亦差减刑之列。

梦一神告之曰："汝命无子，今减刑之议，深合天心，上帝赐汝三子，皆衣紫腰金②。"是夕夫人有娠，后生应埙（xūn）、应坤、应埈（jùn），皆显官。

【注释】

①辇毂（gǔ）：天子的车驾。这里指天子脚下。
②衣紫腰金：形容做高官。

【译文】

屠勋又向刑部主官禀报说："在天子脚下都有那么多被冤枉而关起来的人，那么在全国上下有那么多的地方和千千万万的百姓，难道会没有被冤枉的人吗？我们应该每五年就派一名减刑官，到各州各地去查询囚犯犯罪的详细情况，确定犯罪的，要明确定罪；确定无罪的，就要释放。"

刑部主官听了他的奏报后，向皇上禀报了，皇上也同意了他的想法。刚巧屠勋也是被派出去的减刑官中的一个。

在梦里，一个神仙对屠勋说："你命中注定没有儿子，但是因为你提出了减刑这样的建议，正好符合天意，所以上天就赐给你三个儿子，都是今后能够做高官的。"当天晚上他的夫人就怀孕了，之后生下了应埙、应坤、应竣三个儿子，最后都做上了大官。

【解读】

　　冤案也平反了，刑法也解除了，这是一个皆大欢喜的事情。按照道理来说，每个参与这件事情的人都应该很高兴，也确实值得高兴。当然其他人都是很高兴的，但是屠勋却没有什么高兴的感觉，因为他想得更远。

　　一般来说，无论是中国古时候还是近代现代，京城之中、天子脚下都应该是一个国家治安最好、民众最稳定、政治最清明、冤假错案发生的几率最低的地方。但是现如今在京城屠勋就能发现并找出这么多的因为被冤枉而关进大牢的人，那么京城以外的其他地方，那些通讯不发达的地方，朝廷管理松散的地方，冤案是不是就会更多，被冤枉的人也应该会比京城多得多，那么他们和他们的家人就实在是太可怜了。所以屠勋决定想办法帮助他们，想办法让朝廷能重视并解决京城以外的冤假错案。

　　屠勋觉得这件事是能得到朝廷的认可的，于是他又给刑部尚书提出了一个建议。他认为朝廷应该每五年就派一名减刑官，到各州各地去查询囚犯犯罪的详细情况，确定犯罪的，要明确定罪；确定无罪的，就要释放。这件事情如果能够通过的话就肯定又是大功一件，而且提出这件事的人名声肯定也会提高，这些东西刑部尚书当然能看出来。他知道这个提议很好，实际上他也很想同意这个提议，但事实上他是不能做主的。之前的事情，因为涉及的范围只包括京城，算是刑部内部的事情，所以他可以决定。但是这次是关于整个国家的政策，这种情况必须要得到朝廷和皇帝的同意才行。于是，刑部尚书就把这个建议整理成奏章上奏给了朝廷。

　　刑部尚书这个奏章得到了皇帝的批准。之后，朝廷就建立了减刑官这个制度，而屠勋也作为第一批减刑官出去为别人平反冤狱去了。

　　这个政策确实是一个非常好的政策，因为冤狱害人不浅。第一，冤狱害了被冤枉的个人。一般而言被冤枉的人在公堂上拒不认罪的话，就会遭到大刑伺候，这就使人身体上受到了伤害；一个好人，却因为被冤枉而坐进了大牢，这很容易就让人在心里面产生不平衡，甚至是报复心理，这可以说是精神上的伤害；把别人关进大牢，是剥夺了人家本来拥有的自由；一个大好青年，因为被冤枉而关进大牢，这是彻底地毁坏了别人的前途。

　　第二，一件冤狱很可能毁掉一个美好的家庭。被冤枉的人如果是一个无足轻重的人还好，如果是一个家庭的顶梁柱的话，那么就是彻底地毁坏了这个家庭。

　　第三，一件冤狱也很有可能会害了很多无辜的人。一个长期被冤枉成罪犯的人，很可能会饱受心理折磨，也很可能造成心理上的不平衡。长期的心理不平衡，就很可能造成报复社会的想法。这样的人一旦重新进入社会，很有可能会真的走上犯罪的道路。如果发生这种情况的话，那就是真的害了很多无辜的人了。

　　所以说，屠勋设立减刑官这个建议很好。第一，这可以避免冤案的发生，因为官府在调查案件的时候会更加地认真负责。第二，可以让人们更加地有安全感。因为人们不用再担心一不小心就会因为被冤枉而被关进大牢了，即使是已经被冤枉的也不用担心自己的冤屈无处伸张、自由无处寻找了。第三，会让人们对这个国家感到更加地

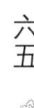

信任。不冤枉一个好人会让老百姓对国家更加地满意,不放过一个坏人也会让老百姓感到更加地安全,因此也会更信任国家。这样,一个国家的凝聚力就提高了。

在这件事情上,屠勋又获得了巨大的阴德。为什么这样说呢?因为整件事情最开始是由他提出来的,而最后他又能成为一个减刑官亲自去为别人平冤减刑。同时,在这个过程中,所有冤案得到平反的人都是间接地由于屠勋的帮助获救的,所以说屠勋这是救了很多人,这是做了很大的善事。但是别人又不知道是他救的,所以说他积累了很大的阴德。

屠勋做了这么多的善事,积累了这么多的功德,他因此获得了很多好处。"梦一神告之曰:汝命无子,今减刑之议,深合天心,上帝赐汝三子,皆衣紫腰金。"

神告诉屠勋说本来他命中注定是没有儿子的,但是因为他提出了平冤减刑这样的建议,正好符合天意,所以上天会赐给他三个儿子,都是今后能够做高官的。

在神对他说了奖励之后,他就有了屠应埙、屠应坤、屠应埈三个儿子,不但为他延续了香火,并且后来他的三个儿子都做了大官。在中国古代,高官厚禄、光宗耀祖的思想根深蒂固。在古代实行封建宗法制,一个人要是能做上大官的话,那么他就能为自己的家族和祖先带来荣耀,家族内部其他人也能得到各种各样的好处。所以说,天神给屠勋奖励了三个能当大官的儿子,这是对他最大的奖励。

累举不第的包凭

【原文】

嘉兴包凭,字信之。其父为池阳太守①,生七子,凭最少,赘②平湖袁氏,与吾父往来甚厚,博学高才,累举不第,留心二氏③之学。

一日东游泖湖④,偶至一村寺中,见观音像,淋漓露立,即解橐⑤中得十金,授主僧⑥,令修屋宇。僧告以功大银少,不能竣事。复取松布四匹,检箧⑦中衣七件与之,内纻褶,系新置,其仆请已之。凭曰:"但得圣像无恙,吾虽裸裎⑧何伤?"僧垂泪曰:"舍银及衣布,犹非难事。只此一点心,如何易得。"

后功完,拉老父同游,宿寺中。公梦伽蓝⑨来谢曰:"汝子当享世禄矣。"后子汴、孙柽(chéng)芳,皆登第,作显官。

【注释】

①太守:官名,即明清时期的知府,是一郡的最高长官,除治民、进贤、决讼、检奸外,还可以自行任免所属掾史。

②赘:男方入赘女方家,即俗称的倒插门。

③二氏:即指佛、道两家。

④泖(mǎo)湖:平静的湖。

⑤橐(tuó):口袋。

⑥主僧：寺庙里的主持。
⑦箧（qiè）：箱子一样的东西。
⑧裸裎（chéng）：赤裸着身体。
⑨伽蓝：僧伽蓝摩的简称，指为佛教寺院护法的神明。

【译文】

　　浙江嘉兴有个人叫包凭，字信之。他的父亲是池阳的知府，总共生了七个儿子，其中包凭是最小的。包凭倒插门给平湖县的袁家做了上门女婿。他和我的父亲交情很深厚。他博学多才，但是多次参加科举都没有能够高中，于是便开始留心研究起了佛、道两学。

　　有一天，他到东边的泖湖游玩，偶然走进了一个乡间的寺庙里，看见里面观音菩萨的塑像就在露天之中立着，受着风吹雨打。于是他解开了自己的口袋，从里面拿出了十两金子交给了寺庙里的住持，让他把露顶的房屋修好。但是住持却说，修屋顶的工程太大，这点钱是不可能完成的。于是他又拿出了四匹松布，然后又从自己的箱子之中拿出七件新衣服给住持。他的仆人说还是把衣服留给自己穿。但是包凭说，只要观音菩萨的塑像能够不再受到风吹雨淋，我就算赤裸着身体也没什么大不了的。老住持含着眼泪说："舍弃衣服和金银并不是什么难事，但是能有这样的一份心还是最难得的。"

　　后来在寺庙修完后，包凭和他的父亲一起去游玩，夜晚留在寺庙中过夜。夜晚，包凭的父亲梦见僧伽蓝摩对他说，你的子孙应该世代都享受高官厚禄。后来，包凭的儿子汴和孙子柽芳都中了进士，做到了很高的官。

【解读】

　　浙江嘉兴人包凭包信之，是池阳太守的小儿子，入赘平湖袁家当上门女婿。他博学多才，却一直都考不上科举，因此就开始沉迷于佛学和道学。这个故事的真实性是不用怀疑的，因为故事中已经明确说出了了凡先生和包凭之间相互是很熟悉的。首先，文中称呼了包凭的字。古人的字一般都是十分友好的人之间才能互相称呼的。其次就是包凭是入赘到平湖袁家当上门女婿的，而了凡先生就是姓袁的，应该就是平湖袁家的人，所以他们应该很熟悉。最后，包凭和了凡先生的父亲交情深厚，因此和了凡先生不可能不熟悉。所以了凡先生讲了一个发生在自己身边的故事劝诫儿子。

　　包凭这个人，博学多才，知识渊博，又是大明官员的儿子，所以他奋斗在科举考试这条道路上是理所当然的。但是很可惜，他在考了无数次之后还是没有能够考中一次。一个人想得到的东西再怎么样地努力都得不到之后，就有可能对这件事情失去兴趣。一旦人们对一件事情失去兴趣之后，那么在这个时候有再强的意志力也是支撑不住人的堕落的。而此时的包凭就是这种情况。屡次科举不中，难免在心里面对自己产生怀疑，再加上"人的命，天注定"这种思想，就渐渐对考科举失去了兴趣。既然走仕途入世的道路不能达成，那么就只能选择出世了，于是开始沉迷于佛教、道教两派的学说当中。

所谓的"二氏之学"就是指的佛教和道教两家的学说。入世是指一个人要在现实生活中追求自己的人生和价值，就是要建功立业；而出世是表示不再追求现实里面的物质生活，而是追求精神上的满足。由于多次考科举都没有得到过高中，因此对入世失去信心的包凭产生了消极避世的心理。在古代的读书人中间，流传着"入则儒法，出则释道"的说法。意思就是说，想要入世，就要学好儒家的学说和思想，想要出世就要懂得佛教和道教的思想。当然，在人受到挫折或受到严重打击的时候，心会静下来，继而万念俱灰，这时候还有一种可能，那就是去自杀。幸好包凭没有这么想，他只是单纯地想要出世，多钻研了一些佛教和道教的事情。也正是因为包凭开始对佛家的经书典籍感兴趣，所以才使得下面的事情能够发生。

有一天，他到东边的泖湖游玩，偶然走进了一个乡间的寺庙里，看见里面观音菩萨的塑像就在露天之中矗立着，受着风吹雨打。于是他解开了自己的口袋，从里面拿出了十两金子交给了寺庙里的住持，让他把露顶的房屋修好。

观音菩萨大家都知道，佛教四大菩萨之一，历来都是大慈大悲、救苦救难的代表。同时，在道教中也存在观音菩萨这样的人物，那就是慈航道人。"家家弥陀佛、户户观世音"。慈悲即观音，在中国妇孺皆知。观世音菩萨象征泛在的真理，无形而无所不在，因此十分受人尊重。同时，由于包凭也在钻研一些佛教的东西，所以他对观音菩萨更加地尊敬，因此他是见不得观音菩萨的塑像在露天之中遭受风吹雨打的，所以他要出钱把供奉观音像的房屋修好。这一方面是出于不忍心、慈悲之心，另一方面也是出于善心。所以他捐出了十两金子。但是我们都知道，观音像也是佛像，而在古代佛像一般都会建造得很大，同时供奉佛像的房子也是有一定讲究的，不能随便建造。住持说，修屋顶的工程太大，这点钱是不可能完成的。

包凭是真心看不得观音像被风吹雨淋的，所以他也是真心地想把房子修好。但是他只是出门游玩而已，本来就没有带多少钱，刚才就已经全部捐赠出去了，现在又怎么能拿得出钱来呢？于是他又拿出了四匹松布，然后又从自己的箱子之中拿出七件新衣服给住持。他的仆人说还是把衣服留给自己穿。但是包凭说，只要观音菩萨的塑像能够不再受到风吹雨淋，我就算赤裸着身体也没什么大不了的。宁愿自己不穿衣服也要给观音像修房子，从这里就可以看出包凭做这件事完全就是出于一颗真心了。

在老和尚的眼里，包凭捐钱捐衣服就是对寺院的布施，而佛家的布施就是行善，所以包凭这是在寺院里面做善事。老住持含着眼泪说："舍弃衣服和金银并不是什么难事，但是能有这样的一份善心还是最难得的。"

在寺庙修完后，包凭和他的父亲一起去游玩，夜晚留在寺庙中过夜。夜晚，包凭的父亲梦见僧伽蓝摩对他说，你的子孙应该世代都享受高官厚禄。后来的事实证明了佛说的话，包凭的儿子汴和孙子柽芳都中了进士，做到了很高的官。

只要多多做善事，哪怕是很小的事情积累起来也是非常大的功德。只要多真心做善事，多积功德，子孙后代一定会获得很大的福泽和好处的。

维护公正，支家兴盛

【原文】

嘉善支立之父，为刑房吏①。因囚无辜陷重辟②，意哀之，欲求其生。囚语其妻曰："支公嘉意，愧无以报。明日延③之下乡，汝以身事之，彼或肯用意，则我可生也。"

其妻泣而听命。及至，妻自出劝酒，具④告以夫意。支不听，卒为尽力平反之。

囚出狱，夫妻等门口谢曰："公如此厚德，晚世⑤所稀。今无子，我有弱女，送其为箕帚妾⑥，此则礼之可通者。"支为备礼而纳之，生立，弱冠中魁⑦，官至翰林孔目⑧。立生高，高生禄。皆贡为学博⑨。禄生大纶，登第。

【注释】

①刑房吏：掌管着法律事务、刑狱事务。
②重辟：重罚、重刑。
③延：邀请。
④具：全部。
⑤晚世：近代。
⑥箕帚妾：拿箕帚的侍女。比喻地位很低，只能做妾。
⑦魁：就是第一名。
⑧翰林孔目：翰林院的属官。
⑨学博：用五经教学生的学官。

【译文】

浙江嘉善人支立的父亲，在县衙中的刑房里当一个小官。有一个无辜囚犯因为受到别人的牵连被判了死刑，支立的父亲很同情他，就想要帮助他。这个囚犯对他的妻子说："支公有替我开罪的心意，我很惭愧，不知道怎么报答他。明天就邀请他到乡下来，你好好地侍奉他，如果他能感念这份情意，那么我就有活命的机会了。"囚犯的妻子哭着答应了他。

第二天支公来了，囚犯的妻子亲自劝支公喝酒，并且把丈夫的想法告诉了支公。支公并没有这样做，但是依然想尽办法使囚犯获得释放。

囚犯出狱后，和他的妻子登门拜谢支公，说："像您这样德才出众的人，现代都少有了。现在您还没有儿子，我有一个女儿，不如就让他当你的侍妾，这在情理上是可以说通的。"于是支公就准备了彩礼来迎娶囚犯的女儿。婚后，他们生下了支立。支立二十岁时就在科举中考上了第一名，做官做到了翰林院的孔目。后来支立生下了支高，支高生下了支禄，都被举荐为学博。后来支禄生下了支大纶，他考中了进士。

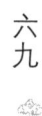

【解读】

　　支立的父亲本来只是一个小小的刑房吏，说白了就是看大牢的或者是管大牢的，小人物一个，但是他却有着一颗慈悲之心和同情心。

　　当他得知有一个无辜囚犯因为受到别人的牵连而被判了死刑，就很同情他，想要帮助他。在这里，首先就表现出来支立父亲的同情心，同时也能间接地体现出支立的父亲不畏权贵、追求正义的精神。或许有人会说，看见一个被冤枉的人被判了死刑，放在任何人的身上都会产生同情的。但是要明白，产生同情心是一回事，产生出手相救的想法就是另一回事了。虽然说那个犯人是因为被冤枉才判的死刑，但是也可以看出牵连他的案子的重大。更何况，支立的父亲只是个小小的看大牢的，官职卑微，又有什么资格去谈救人，又哪来的勇气去和判案的人说这是误判，这些都是他内心的慈悲之心在支撑着的。

　　既然决定了，那当然要付之于行动。所以为了使自己的判断更有说服力，支立的父亲肯定会要找那个被冤枉的犯人了解情况。那犯人一家只有他一个男人，他是家里的顶梁柱，如果他真的被执行死刑，那么他整个家庭就全完了。所以支立的父亲如果真的能把他救出去，那可就相当于把他们一家人都给救了。可是他也明白支立的父亲不可能不要求任何回报白白地救他，他是一个死刑犯，身无分文，家里也十分贫穷，根本就拿不出东西来报答，因此他想办法把他的妻子找来了，并和他妻子商量如何报答支立的父亲。犯人对他的妻子说："支公有替我开罪的心意，我很惭愧，不知道怎么报答他。明天就邀请他到乡下来，你好好地侍奉他。"

　　牺牲掉一个女人来保护自己，这种做法是很正常的，最起码在古代这种做法就有很多。大到汉朝时期的和亲政策，为了阻止匈奴南下袭击汉朝，把汉朝的公主嫁给匈奴人求和；小的也有历朝历代的帝王们为了巩固自己的统治，保住自己的地位，把自己的女儿嫁给心腹大臣的子孙当妻子；就更别说还有把自己的妻子、女儿献给上官做晋升之道的了。其实死刑犯自己也不愿意这么做，虽然说在古代女子的地位低下，相互之间送来送去也是很正常的事情，但是男人都是要脸面的，又有谁会把自己的妻子送给别人呢？哪个男人又能忍受自己的妻子去侍奉别人呢？那个死刑犯能下这样的决心，一方面是希望支立的父亲真的能够帮助他洗脱罪名，另一方面是实在不知道该怎么报答支立父亲的恩德了。

　　死刑犯的妻子应该也是矛盾的。一方面古代的女子都是十分重视贞洁的。儒家思想宣扬的是"忠臣不事二主，烈女不侍二夫"，作为一个有了丈夫的女人怎么能够再去侍奉别的男人呢？但是另一方面，古代女子必须是"嫁鸡随鸡嫁狗随狗"的，讲究的是"在家从父，出嫁从夫"。既然嫁人了，就一定要听从自己丈夫的话。那时候女人的地位本来就低下，现在又是丈夫命令她去这么做，她又怎么敢反抗呢？即便是这样，让她去侍奉别的男人，在她的心里面还是不愿意的。在这样矛盾的心理之下，她实在不知道该怎么办了。这一着急竟然哭了起来。可是一想到现在自己的丈夫被冤枉成为一个死刑犯，如果被执行死刑的话，失去了男人的她和她的整个家庭就全完了。现在好不容易有支立的父亲要替她的丈夫伸冤，救她的丈夫，就一定要抓住机会，也一定要报答支立的父亲。同时，又是自己的丈夫命令她这么做的，夫命难违，所以她就决定第二天邀请支立的父亲到家里。

第二天，死刑犯的妻子按照计划邀请支立的父亲来家里做客。吃过饭之后死刑犯的妻子就决定按照计划来亲自侍奉支立的父亲。可没想到的是，当她把自己的想法对支立的父亲说完之后，却被支立的父亲十分坚定地拒绝了。他是真心救人的。他只是为了救人而救人，没有想自己付出了就应该得到回报，也没有想救人之后需要别人的报答，只是单纯地为了救人而救人，所以他是不会接受死刑犯妻子的报答的。

支立的父亲想办法救那个死刑犯，死刑犯的妻子认为应该报答他，这是一种很正常的思维逻辑，或许对于一般人来说，就会顺水推舟地接受了。但是支立的父亲对于这样一种情况却严词拒绝了，这是为什么呢？

第一，支立的父亲在本性中没有任何邪恶的想法。他能依靠自己的良知良能，抵挡住死刑犯妻子的美色诱惑。同时又用自身强大的控制力，坚持自己的底线，所以毅然拒绝了死刑犯妻子的要求。

第二，因为支立的父亲道德修养十分高尚。他做事情都是光明正大的，不会去做那种乘人之危、趁火打劫的苟且之事，所以他拒绝了死刑犯妻子的主动侍奉。支立的父亲做事情是十分坚持原则的，只要他认为是对的事情他就会去做。而此时，支立的父亲知道死刑犯是被冤枉的，那么就应该去救他，这是正确的事情，而要是接受死刑犯妻子的侍奉就是错误的。支立的父亲是一个坚持真理、坚持正义的人。对就是对，错就是错，而且错了就要改正。把一个普通人冤枉成死刑犯，这就是错误的，所以他就要负责去纠正这个错误。可能他认为这是他自己的事情，根本不需要别人的报答。所以当死刑犯的妻子打算提前用身体报答他的时候，他肯定是不会接受的，因为在他的心里面就没有理由接受，而他救人只是为了坚持心中的正义。

虽然说支立的父亲拒绝了死刑犯的妻子用自己的身体换取他营救她的丈夫，但是支立的父亲还是尽了自己最大的努力去平反冤案，最终成功地把死刑犯拯救出了监狱。滴水之恩当涌泉相报，再小的恩惠都要努力地去报答，更何况是救命之恩。所以囚犯对支立的父亲说："像您这样德才出众的人，现代都少有了。现在您还没有儿子，我有一个女儿，不如就让她当您的侍妾。"这句话的意思很明显，摆明了就是用自己的女儿给支立的父亲当妾室作为对支立的父亲的救命之恩的报答。

从前面的事情来看，支立的父亲去救那个死刑犯只是为了坚持自己心中的正义，他没有任何目的，也没有任何想要回报的意思，所以，当他面对死刑犯又一次的报答的时候，他也应该严词拒绝才是。但是支立的父亲却出人意料地接受了。

支立的父亲是根据自己的真实情况而顺理成章地答应下来的，他结婚很多年，却没有孩子。既然如此，那再娶一个妾室来传宗接代就是顺理成章的事情了。在古代，纳妾就是为了传宗接代的。

后来，支立的父亲的这个妾室给他生下了支立这个儿子。支立二十岁时就在科举中考上了第一名，做官做到了翰林院的孔目。后来支立生下了支高，支高生下了支禄，都被举荐为学博。后来支禄生下了支大纶，他考中了进士。从这里就可以看出来，支立一家真的是子孙富贵、兴旺发达了。

支立的父亲做了善事，救下了一个人，积累了功德，所以他的子孙后代才能够兴旺发达。

行善的分类

【原文】

凡此十条，所行不同，同归于善而已。若复精而言之，则善有真，有假；有端①，有曲；有阴②，有阳；有是，有非；有偏，有正；有半，有满；有大，有小；有难，有易；皆当深辨。为善而不穷理③，则自谓行持，岂知造孽，枉费苦心，无益也。

【注释】

①端：端正。

②阴：阴德。

③穷理：追求真理。

【译文】

上面的十个故事，所做的事情是各不相同的，但是都是行善的事情。要是仔细地来说的话，那么做善事有真的，有假的；有端正的，有扭曲的；有阴德，有阳善；有正确的，有错误的；有偏善，有正善；有半善，有满善；有大善，有小善；有困难的行善，有简单的行善；都应该深刻地加以说明。如果只是做善事而不追求做善事的真理，那就是自己认为是在做善事，但实际上对别人来说是造孽，白白浪费了一片苦心，没有任何的好处。

【解读】

这段话主要是为了总结前面的内容，然后引出后面的内容，起到一个承上启下的作用。

当看完了上面所写的这些故事以后，应该能够发现一个问题，那就是故事里面的主人公行善的方式是各不相同的。杨荣的曾祖父和祖父在洪水来临的时候拼命地打捞溺水者；杨自惩不忍心看到犯人被打得头破血流，同时又可怜吃不起饭的犯人，把自己家里的粮食分给他们；谢都事不忍心对反贼斩尽杀绝，想了办法救活了一万多人；林老太太十年如一日地发放粉团给没有饭吃的人，坚持不懈；冯琢庵的父亲看见有人冻僵在雪里面，就把那个人扶到家里面救醒；应大猷没钱，就用卖地的办法筹集钱救了一个想要上吊自杀的女子，后来更是经常在别人有困难的时候帮助别人；徐凤竹的父亲在灾年带头不收地租，并且经常做修桥修路、布施斋饭等事情；屠勋替犯人平冤减刑并努力使之发展成为一种制度；包凭不忍心看到观音菩萨的塑像在露天之中忍受着风吹雨打，捐赠自己的钱财和衣服来修建供奉菩萨的大殿；支立的父亲把一个被冤枉的死刑犯从牢里救了出来，并且没有要求任何人的回报。虽然这些人做的事情是各不相同的，但是他们做的事情所产生的影响或者说是带来的结果是相同的，那就是他们每个人的子孙后代都是高官富贵、兴旺发达。

那为什么他们做的是不同的事情，所产生的影响或者说是结果是相同的呢？归根结底他们做的是同一类的事情，那就是做善事，他们这些人都是在行善。那么行善的目的是什么呢？行善的最终目的就是积累功德。那么有了功德之后呢？"积善之家，必有余庆。"有了功德之后就能够给子孙后代带来想不到的好处。所以他们这些人的后代都有了相同的结果，都是高官富贵，兴旺发达。

要是仔细地分析的话，行善、做善事也是包括很多种的：有真的，有假的；有端正的，有扭曲的；有阴德，有阳善；有正确的，有错误的；有偏善，有正善；有半善，有满善；有大善，有小善；有困难的行善，有简单的行善。这些就是善行的分类。

要是没有仔细、全面地分析一下这个善字的话，就不知道什么才是真正的行善，怎么样做才算真正地做了善事。如果没有经过认真地分析和推理，就去做那些自己所认为的善事，那有些时候做出的就不是善行而是恶行了。到时候就会白白地浪费自己的一片苦心，却不会得到任何的好处。从事实上来说也是这个样子的，那些没有明白什么才是真正的善行就盲目地去做自己认为的善事的时候，大多数时候做出的都属于恶事，但是他们自己却会觉得自己心地这么好一定会获得很大的功德。但事实上他们做的这些事情不但不会有功德，而且还会产生相当大的罪业。这种行为大概就是所谓的事与愿违或者叫作弄巧成拙了。

在《庄子·内篇·应帝王》中曾写道："南海之帝为儵（shū），北海之帝为忽，中央之帝为浑沌。儵与忽时相与遇于浑沌之地，浑沌待之甚善。儵与忽谋报浑沌之德，曰：'人皆有七窍以视听食息，此独无有，尝试凿之。'日凿一窍，七日而浑沌死。"浑沌是模糊一团的，与人的样子大不相同。儵和忽本来是想感谢浑沌的友善恩德，就想让浑沌变得和人一样有七窍来看世界和倾听世界、吃东西和呼吸新鲜的空气。他们以为这是在做善事，可是根本就没有考虑到浑沌的实际情况。浑沌本来就是这个样子的，又怎么能随意地改变呢？这就像人整容一样，小修小补是有可能的，大面积地整容总是会出现问题的。最后，儵与忽的"善心"却害死了浑沌。

所以说，人们做善事的时候，要全面地分析自己的所作所为。只有通过各个方面的深入调查，才能最终知道什么才是真正的行善。

真善与假善

【原文】

　　何谓真假？昔有儒生数辈，谒①中峰和尚②，问曰："佛事论善恶报应，如影随形。今某人善，而子孙不兴；某人恶，而家门隆盛；佛说无稽③矣。"

　　中峰云："凡情④未涤，正眼⑤未开，认善为恶，指恶为善，往往有之。不憾⑥己之是非颠倒，而反怨天之报应有差乎？"

　　众曰："善恶何致相反？"

　　中峰令试言。

　　一人谓："詈人殴人是恶，敬人礼人是善。"

　　中峰云："未必然也。"

　　一人谓："贪财妄取是恶，廉洁有守是善。"

　　中峰云："未必然也。"

　　众人历言其状，中峰皆谓不然。因请问。

【注释】

①谒：拜见。

②中峰和尚：元代高僧，姓孙，字中峰，号幻住道人。浙江钱塘人。

③无稽：没有根据的。

④凡情：凡人的思想。

⑤正眼：正确的见解。

⑥憾：怨恨。

【译文】

　　什么是真善和假善？以前有几个读书人去拜见中峰和尚，问他说："佛家说善有善报、恶有恶报，谁都避不开这个道理。现在有一个人经常行善，但是他的子孙却不兴旺；而无恶不作的人，子孙却十分地兴盛；佛说的东西一点根据都没有。"

　　中峰和尚说："凡人的思想没有经过洗涤，被世俗的见解所迷惑，不能得到正确的见解，所以把真善当作恶行、把恶行当作真善的人一直都有。不怨恨自己把真假颠倒，反而抱怨上天报应吗？"

　　众人又问他："到底是什么原因使我们把行善和作恶弄反的呢？"

　　中峰和尚让他们自己试着说一说。

　　一个人说："打人、骂人是恶行，尊敬别人、对人有礼貌就是行善。"

　　中峰和尚说："不一定。"

　　又一个人说："不择手段地敛财是恶行，奉公守法、廉洁自律是善。"

中峰和尚说："也不一定。"

所有人都说出了自己的想法，但是中峰和尚都说不对。大家趁机问他的想法。

【解读】

　　善行是分为真善和假善的。所谓的真善就是善行，假善就是恶行。那么怎么样区别真善和假善，了凡先生在这里是用一个例子来说明的。

　　有几个读书人去向中峰和尚讨教佛教学说里的善恶报应的道理。这里面就有一个问题。佛教所说的善恶报应就是善有善报，恶有恶报，其实这就是一种简单的因果关系。佛教认为，世间一切事物，有因必有果，有果必有因。也就是说，世间一切事物都不是孤立存在的，任何事物都是一定的原因和条件所导致的结果。善因必生善果，恶因必得恶果，善和恶的本质区别就在于因为行善或者是作恶而形成的结果。不论怎么样，这个是有一定道理的。同样地，在儒家学说中也是包含着大量的因果关系理论的。儒家就是借用佛教的善有善报这种思想，从而劝人向善，安贫乐道，不要造反，要为了未来的幸福生活而努力，因此儒家思想才会成为统治阶级的主流思想。这就是问题的所在了。既然双方都承认因果报应这个观点，那么那几个读书人有什么好向中峰和尚讨教的呢？

　　首先要了解一下中峰和尚这个人。中峰和尚，就是元代的高僧明本，中峰是他的号。他从小就喜欢佛教的东西，刚刚认识字就经常读佛经到深夜。在他二十四岁出家之后，经常是白天干活劳动，晚上诵经念佛，后来终于成为了一代高僧。这里面说得很清楚，中峰和尚是元朝人，当然那几个读书人就也是元朝人了。古代的读书人学的是什么，这应该是所有人都知道的，古代统治者以儒家思想治国，读书人想要走进仕途的话学的肯定就是儒家思想。但是有一点可能有些人不知道，元代读书人学的虽然是儒家思想，但却是宋朝程颢、程颐、朱熹等建立的程朱理学，已经是一种客观唯心主义思想体系了。程朱理学的诞生，一方面是由于佛教和道教思想对儒家思想的冲击所造成的，另一方面则是由于当时有一种儒家思想、道教思想、佛教思想三教合一的潮流。魏晋南北朝时期，佛、道盛行，儒学面临挑战；隋朝时，儒学家提出"三教合归儒"，又称"三教合一"；唐朝时，统治者奉行三教并行政策，儒学的地位受到挑战。因此，儒家学者展开了复兴儒学、抨击佛道的活动，而程朱理学从本质上来说是一场复兴儒学的运动，是当时中国有抱负有思想的学术群体对现实社会问题以及外来佛教和本土道教文化挑战的一种积极回应，他们在消化吸收佛道二教思想的基础上，对佛道二教展开了文化攻势，力求解决汉末以来中国社会极为严重的信仰危机和道德危机。

　　正是由于这些原因，导致了儒家思想和佛教思想的严重冲突。而这种冲突最主要的表现形式就是以程朱理学为代表的儒家思想对佛教思想的攻击。在程朱理学的代表人物或者说是集大成者朱熹的作品《四书集注》中，反反复复地强调着一个观点，那就是污蔑佛教，否定因果之间的关系，认为因果关系根本就是不存在的。要知道，朱熹在历史上是被誉为一代儒学宗师的人，在儒家的地位仅次于孔子和孟子，他的思想肯定会受到他之后的读书人的追捧，所以再看开头，那几个读书人向中峰和尚讨教善恶报应、因果报应的问题就不奇怪了，因为朱熹就是认为因果报应不存在。

由于几个读书人是儒家思想的信仰者，所以在当时来说是深受程朱理学思想的影响。因此，他们一上来就指责佛教所谓的善恶报应和因果报应是无稽之谈，指责佛教就是虚妄的、骗人的。当然，凡事都是要讲求证据的，不论古代或者是现代都是如此。不论在古代还是现代，如果想要给一个犯人定下罪名，就必须要有足够的证据来支持犯人有罪的说法。而这几个儒生一上来就给佛教定下了一个欺骗民众的罪名，这当然也是需要一定证据的。这几个读书人是很明白这个道理的，所以他们也准备了证据，根本就是有备而来。

这几个读书人质问中峰和尚："佛教思想宣扬的是善有善报，恶有恶报，这点是无法改变的。那为什么现在有人经常行善做善事，但是他的子孙却不能兴旺；有人作恶多端，却是家庭兴旺、富贵、发达呢？"

在他们眼里，既然佛教说善有善报，恶有恶报，那么多行善事的那个人当然应该兴旺发达，而常常做恶事那个人就应该贫穷困苦、受到惩罚。可是现在却是相反的，因此他们有理由去质疑佛教的思想。但是，他们这种想法只是从现实的社会角度出发的，或者说所谓的善行和恶行只是他们眼中的，并不是普通大众眼中的。

他们的这种想法不能说是错误的，只能说是他们并没有真正地理解佛教的善恶报应和因果报应的道理。佛教所说的善恶报应是和佛教的三世因果说相呼应的。佛教认为："善恶之报，如影随形。三世因果，循环不失。"现在所受到的结果，是前世种下的原因，而现在所做的善事或者是恶行，报应要在未来的后世中体现。因此这几个读书人只是根据自己对于佛教说的因果关系的片面的理解就来责难，显然是要受到挫折的。

虽然明知这几个读书人对佛教思想的理解是片面的，但是中峰和尚也并没有直接去反驳他们，而是说："凡人的思想没有经过洗涤，被世俗的见解所迷惑，不能得到正确的见解，所以把真善当作恶行、把恶行当作真善的人一直都有。不责怪自己把真假颠倒，反而抱怨上天报应吗？"事实上大多数人都会因为自己周围的人"行善不得福，作恶不遭殃"而否定佛教善恶报应、因果关系的存在，所谓"一叶障目，不见泰山"，对于客观存在的事物片面地去认知，当然会导致一个人产生观念上的错误。这就是"凡情未涤，正眼未开"所产生的结果。因此，想要真正地懂得善恶报应和因果报应，就一定要先洗涤思想，擦亮眼睛，懂得什么是善，什么是恶；怎样做才是真善，怎样做又是假善。

中峰和尚让他们各自举几个例子来说明一下自己眼中的善与恶。这几个读书人就每个人举了几个例子。但是每次他们举一个例子之后中峰和尚都只是否定一下他们的说法，并没有举出实际的例子来和他们辩驳。这下子这个几个读书人就迷惑了，就问中峰和尚为什么老是说他们举的例子不对。

善恶划分的标准

【原文】

中峰告之曰:"有益于人,是善;有益于己,是恶。有益于人,则殴人、詈人皆善也;有益于己,则敬人、礼人皆恶也。是故人之行善,利人者公,公则为真;利己者私,私则为假。又根心①者真,袭迹②者假。又无为而为者真,有为而为者假。皆当自考。"

【注释】

①根心:发自内心。
②袭迹:模仿别人。

【译文】

中峰和尚告诉他们说:"做有益于别人的事情,就是行善;做只有利于自己的事情,就是作恶。如果是有利于别人的事,即使是打人、骂人都是行善;如果只有利于自己,那么即使恭敬人、对人有礼貌也是恶行。所以人们行善,有利于别人就是出于公心,出于公心就是真的;有利于自己就是出于私心,出于私心就是假的。发自内心的行善才是真的,只是为了模仿别人来行善就是假的。做善事不是出于某些目的就是真的,出于某种不可告人的目的就是假的。这些道理都需要自己去认真地体会。"

【解读】

中峰和尚说:"做有益于别人的事情,就是行善;做只有利于自己的事情,就是作恶。"这种说法可就是颠覆了普通人的认知,让人有点迷惑不解了。大家都知道,一般人眼中的行善就是去帮助别人,而去陷害别人就是作恶,怎么到了中峰和尚的嘴里行善与作恶是不在乎一个人做什么,而在乎的是一个人做一件事情的时候内心的想法呢?所以中峰和尚又继续进行解释。

"有益于人,则殴人、詈人皆善也。"只要做的事情是有利于别人的,那么即使是打人和骂人也是在行善。其实这个说法不难理解,举个简单的例子就可以了。联想一下自己现实中的生活,有哪一个人在小的时候没有挨过父母的打骂?哪个人在上学的时候没有受到过老师的批评?一个人在工作中做错了事情,也是会遭到领导的批评。或许放在小的时候大家都不会理解,但是长大之后还是不能明白其中的道理吗?父母的打骂、老师的批评、领导的责备这些可全都不是害人,而是真心地为一个人好,如果想要害人的话,那完全就可以放任不管,让那个人在错误的道路上继续走下去,那样早晚会撞得头破血流。所谓忠言逆耳,既然知道了结果,又何必要去做那个坏人呢?所以说,打人和骂人也不一定就是恶行,而是要看人做这些事情时候的目的。

"有益于己,则敬人、礼人皆恶也。"如果做的是只对自己有利的事情,那么即使

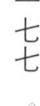

恭敬人、对人有礼貌也是恶行。这个道理和前面的那句话是一样的，只不过是反过来而已。中国历史上历朝历代都会出现一些权臣，特别是在一个朝代将要走向灭亡的时候最容易出现。当然，权臣在出现之后，那么他的身后一定会出现无数的党羽。由于权臣大多掌握着一些朝政大权并且行事专横跋扈，所以，权臣的党羽为了避免遭到排挤和打压，就会对那些权臣十分恭敬，甚至会卑躬屈膝地阿谀奉承。就像秦二世时，宦官赵高掌握大权，为了看看朝中大臣是否真的服从他，就演了一出指鹿为马的好戏。大臣们都害怕赵高的权势，害怕一着不慎就会丢掉自己的性命，害怕成为赵高打击报复的对象。于是，为了能保住自己的小命和利益，就纷纷跟着赵高的意思，把鹿说成是马。这些人对权臣们多么地恭敬，但是这就是在做善事了吗？当然不是。他们尊敬那些权臣只是为了保护自己的生命和利益，却在不声不响中害了一个国家和这个国家的普通百姓，因此这种行为根本就是在作恶。所谓官逼民反，普通百姓之所以会起义反抗朝廷就是因为那些官员不停地搜刮民脂民膏，使百姓活不下去了，这就说明那些官员在作恶，是坏人。但是他们哪个人不是对当朝皇帝恭恭敬敬的，难道这样就能把他们说成是好人、把他们的行为当作是做善事吗？

　　读懂了这些东西，就会明白什么才是善行，什么才是恶行。也就是说找到了区别真善和假善的真正标准："人之行善，利人者公，公则为真；利己者私，私则为假。又根心者真，袭迹者假。又无为而为者真，有为而为者假。"

　　"利人者公，公则为真"，就是说做善事的时候，如果是有利于别人，那就是出于公心，出于公心就是真善。所谓公心，就是一种天下为公的心理，以天下为己任的人，那他做的善事当然就是真善。就像是大禹治水的时候，他三次路过家门，本来他可以顺便回家看一看自己的妻子和儿子的，但是他为了让百姓早一些免受水患的痛苦，毅然三过家门而不入，这就是天下为公的精神，因此大禹治水的行为就是真善。

　　"利己者私，私则为假"，就是说做善事的时候，如果只是有利于自己那就是出于私心，以一颗私心去做善事就是假善。就像现代有一些人一样，他们也会做善事。但是他们在做善事的时候一定就会伴随着媒体铺天盖地的宣传。那么他们做善事的目的是什么呢？目的就是为了在媒体的宣传攻势之下打出自己的名声，他们不会在意他们帮助的是什么人，也不会去想这些人以后如何，只要出名了就行了。这种情况下做事就是出于私心，所以那所谓的善事就是假善。再比如说现在的各类广告。所有的公司都肯定会在广告里面宣扬自己的产品能够帮助人们解决很多很多的问题，但是他们做广告真的是为了帮人们解决问题、真的是为了行善吗？当然不是，他们的最终目的是让自己的产品卖得更好，自己赚得更多钱而已。因此这也是假善。

　　"根心者真，袭迹者假。"根心就是真心，这句话就是说出于真心做的善事就是真善；只是为了模仿、学习别人做的事情就是假善。每个人都有恻隐之心，都有慈悲的一面，当人在恻隐之心支配下去做善事的时候，那就是真正地在行善了。这一点其实很好理解。当一个人的恻隐之心占据内心的时候，那么他满脑子想的都会是怎样去帮助别人，而绝对不会去想帮助别人之后会得到什么东西，这就是真正的做善事。那么为什么要说模仿别人去做善事就是假善呢？这里可以举一个例子。济公大家都知道，他是一个和尚，而且是一个喝酒吃肉的和尚。但是他在做了酒肉和尚的同时却从来没有忘记帮助别人做好事，人家那是"酒肉穿肠过，佛祖心中留"。很多人也想学习一下济公，酒肉确实是穿肠而过了，但是好像也把佛祖给带走了，之后就成了耍酒疯，犯错误，这就是盲目学习的后果，就是恶行。

"无为而为者真。"心中放下一切，对一切法都不再执着，在这个时候，生起大悲心，生起无量的善心，这就叫无为而为。意思就是说在做善事的时候不是为了追求什么样的现实目的，也不是为了追求心里面的满足感，只是因为受到内心的支配而顺其自然地去做的。不强迫，不强求，随缘行善，随遇而安，这样才是真善。就像了凡先生在前面所举的那十个人的例子一样，他们做的事情就是他们觉得应该去做，而不是为了追求什么目的才去做的，所以他们的行为都是真善。老子说"上善若水"，有高尚的善行的人都会像水一样广泛地布施恩德却不会索取回报。

"有为而为者假。"有目的地做善事就是假善，这里的目的应该是指那些不可告人的目的。如果只是一些简单的诉求应该是没问题的。就像了凡先生一样，他懂得积善之家有余庆的道理，所以为了能有"余庆"，他孜孜不倦地做善事。可是对于做善事而言，他本身是真心去做的，所以这样的应该是真善。但要是怀揣着一些不可告人的秘密去做的话，那就是假善了。就像中国古代的一些奸佞小人，他们都通过做一些小善，来获得极好的名声，以此邀功请赏，成为他向上爬的工具，这种情况下他们做的善事就是假善。中峰和尚所说的"有为而为是假"，其实是针对那些假借善事的名义捞取私利的小人所说的，一定要明白这一点，不要错会了中峰和尚的本意。

想要真正地理解真善和假善的区别需要一个长期的过程。要想以后在行善的过程中不至于因为自己考虑不够而导致善行变成恶行的话，那就需要自己多加努力，仔细地去分辨到底怎么样才算是真正的行善，莫让好心行善变成恶行了。

谨愿之士和狂狷之士

【原文】

何谓端曲？今人见谨愿①之士，类称为善而取②之；圣人则宁取狂狷③。至于谨愿之士，虽一乡皆好，而必以为德之贼④。是世人之善恶，分明与圣人相反。推此一端，种种取舍，无有不缪⑤。天地鬼神之福善祸淫，皆与圣人同是非，而不与世俗同取舍。

【注释】

①谨愿：忠厚老实。
②取：肯定，欣赏。
③狂狷：豪放又有原则的人。
④德之贼：败坏道德的人。

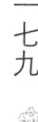

⑤缪：差错。

【译文】

什么是端正和扭曲？现在人们见到忠厚老实的人，都对他们是一种肯定和欣赏的态度。但是古代圣人宁愿喜欢那种很豪放但是有原则的人。至于忠厚老实的人，虽然一个地方的人都很喜欢他们，但是圣人认为这种人一定是会败坏道德的人。因此，普通人眼中的善恶是与圣人眼中的善恶相反的。由此推断，普通人对世上种种事情的判断，没有不是错误的。天地鬼神造福善人、祸害恶人，是与圣人的看法一样的，而不是和普通人一样的。

【解读】

这段主要讲的是什么是端正的善行和扭曲的善行，它们之间有什么区别。了凡先生列举了一个谨愿之士的例子来说明世人分不清善恶的观念，因为世人所说的善恶和圣人所说的善恶很多时候是完全相反的。

谨愿之士，就是指那些谨慎老实的人，说白了就是那些没有道德原则的老好人。这种人基本上没有自己所坚持的原则和立场，别人说什么他们就是什么，别人让做什么，他们就会去做什么。他们只是会去为别人摇旗呐喊，而不会成为被别人摇旗呐喊的对象。就像是在一个团体里面，所有人一起讨论对于团队的看法，当有人提出对团队的想法或者意见之后，这种老好人是不会去自己想一想其中包含的东西的，也不会产生自己的任何想法，只是为这种意见叫好；而当有其他的人提出其他不同的意见时，他同样会是同意的意见；即使是双方发生了辩论，这种老好人也只是会劝解双方，依然不会明确表现出支持或反对任何一种意见。一般来说，这种人的人缘都很好，因为无论什么时候他们都不得罪人；很多时候也都会被别人当成知己，因为他们总是很同意其他人的看法。由于看起来很和善，基本上从来都不反驳别人，所以这种人是很受普通人喜欢的。

但是，对于谨愿之士这种老好人，古代的圣贤们是十分不喜欢的，反倒是那些狂狷之士让古代的圣贤们十分欣赏。所谓的狂狷之士，就是指那些志存高远、有思想、有主见、能坚持自己的看法和原则的人，简单一点地说就是和谨愿之士相反的人，说白了就是真性情，率性而为，就是有"虽千万人吾往矣"那种气魄的人。儒家思想里把真性情看作做人与做学问的基础，《中庸》开篇便强调"天命谓之性，率性之谓道"，认为率性而为才是真正体现出对天道的敬畏，只有把外在天命转化为人内在的真实性情，才是真正的求道。孔子认为，"狂者进取，狷者有所不为也"，意思就是说狂者一般性格外向，不拘一格，狂放激进；而狷者大多数性格内向，清高自守，能独善其身，而狂狷之士这一张一弛之道才是历代儒家学者的追求。

朱熹在《论语集注》中曾经写道："狂者，志极高而行不掩。狷者，知未及而守有余。"意思就是说狂者有很高的志向，做事情也从不懈怠，很有进取心，但是在能力上却满足不了志向的需求；而狷者洁身自好，安守本分，懂得知足，知道多少就行多少，道德原则极为强烈。相对于人云亦云的谨愿之士，狂士和狷士的行为更好一些，所以更受古代圣贤的推崇。

汤显祖在《〈合奇〉序》中也说："士有志于千秋，宁为狂狷，毋为乡愿。"

其实仔细研究一下历史大家就会发现，凡是那些流芳千古、我们耳熟能详的名人，大多数都是所谓的狂狷之士：有屈原"举世皆浊我独清"，有李白"安能摧眉折腰事权贵，使我不得开心颜"，有杜甫"自笑狂夫老更狂"，有龚自珍"负尽狂名十五年"，还有演奏了竹林风流、魏晋风骨绝响的嵇康和不为五斗米折腰的陶渊明，也有宁可让贪官一家子伤心，也不能让昏庸无能的官员搞得一地的百姓痛苦伤心的范仲淹。由此可以看出中国古代传统文化对于狂狷之士的推崇和赞美，可以看出古人对于狂狷行为的追求和向往，充分说明了古代圣贤们对狂狷之士的喜欢。

对于那些普通人都喜欢并且当作善人的谨愿之士，古代圣贤们是十分不喜欢的。《论语》中有这样一句："乡愿，德之贼也。"这里的乡愿，就是指那些谨愿之士，孔子认为这些谨愿之士根本就是一些道德败坏的人。到了后来，孟子对"乡愿"有了更清楚的解释："非之无举也，刺之无刺也，同乎流俗，合乎污世，居之似忠信，行之似廉洁，众皆悦之，自以为是，而不可与入尧舜之道，故曰德之贼也。"意思就是说这种人看起来是忠厚、谨慎、廉洁、有操守，实际上却是与俗世同流合污、没有原则、没有操守的人，和尧舜等圣贤的行为有本质上的不同，所以他们根本就是道德败坏的人。宋代程朱理学的代表人物朱熹也对谨愿之士十分看不起，他说："乡愿是个无骨肋的人，东倒西擂，东边去取奉人，西边去周全人，看人眉头眼尾，周遮掩蔽，唯恐伤触了人。"王阳明则认为"乡愿"往往会以忠信廉洁来博取君子的信任，又以同流合污不得罪小人，但是内心和精神，其实早已被损坏了。

谨愿之士看着善良，其实是因为他们有着巨大的欺骗性，如果他们的善良导致人们争相效仿的话，那到时候犯错的人就多了，罪过就大了。举个例子来说，就像贪官在贪污的时候，如果旁边有谨愿之士的话就一定会赞成贪官的行为，并且表示出支持的态度，与贪官同流合污。这种情况如果长期持续下去的话，到时候贪污的人就会越来越多，那整个社会就完了，这就是谨愿之士的威力。

其实了凡先生本身就是个不做谨愿之士的代表。他本来是兵部职方司主事，后来辅佐经略宋应昌、提督李如松救援朝鲜，抵抗日寇侵略。提督李如松假装给日寇赐官加爵，趁日寇不备，发动突袭，因而打败了日寇。但了凡先生认为使用这样的手段实在有损大明朝的国威，而且李如松手下的兵士滥杀百姓，用人头来换功劳。了凡先生据理力争，导致李如松发怒，独自带着军队出走，使得了凡先生带领的部队孤立无援，幸好了凡先生机敏，击退了前来进犯的日寇。

后来李如松的军队被日寇击败，李如松为了逃避罪责，弹劾了凡先生十大罪状，很快了凡先生就被审判，被迫停职返乡。如果当时了凡先生做个谨愿之士，和李如松的士兵一样用普通百姓的人头换取功劳的话，那就不会有后来被弹劾、罢官的遭遇了。圣人们都不做谨愿之士是很有道理的，当然自身也会得到好处。就像了凡先生一样，虽然不做谨愿之士导致被罢官，但是当时的明朝已经是宦官专权，许多忠臣良将无一例外地遭到杀戮，甚至许多被灭门，袁氏家族因为了凡先生被罢官也因而避免了这场浩劫。

  了凡先生在这里列举谨愿之士的例子，主要就是为了说明普通人和古代圣贤对于善恶的认定标准不同。究竟是世人的看法正确还是圣人的看法正确呢？这里了凡先生给出了明确的答案，当然是圣人的看法是正确的。因为天地鬼神造福善人、祸害恶人，是与圣人的看法是一样的，而不是和普通人一样的。

  大家都知道，古人对于天、地、鬼、神都是十分敬畏的，从经常祭祀天地鬼神这点就能够体现出来。迷信会导致人们对于天地鬼神的盲目崇拜，认为天地鬼神所做的事情无论是福善祸淫都是正确的。但是，天地鬼神福善祸淫的标准都是和古代圣人们是相同的，所以在善恶的认定标准上，圣人才是正确的；既然天地鬼神不会采取世人的看法，那世人对于善恶的评价标准就是错误的。

端正之善与扭曲之善

【原文】

  凡欲积善，决不可徇①耳目，惟从心源②隐微处，默默洗涤。纯是济世之心，则为端；苟有一毫媚世之心，即为曲。纯是爱人之心，则为端；有一毫愤世之心，即为曲；纯是敬人之心，则为端；有一毫玩世之心，即为曲。皆当细辨。

【注释】

  ①徇：遵照。
  ②心源：内心最隐秘、细微的地方。

【译文】

  凡是想要积德行善的，都不能遵照自己所听、所看到的来决定，而是要在自己的内心深处默默地洗涤净化之后决定。纯粹抱着一颗济世救人之心的，就是端正的善；一旦有一点迎合世俗的心理，就是扭曲的善。纯粹是热爱世人的心，就是端正的善；哪怕有丝毫愤世嫉俗的心理，就是扭曲的善。纯粹是敬畏世人的心，就是端正的善；哪怕有一丝玩世不恭的心理，就是扭曲的善。这些都要细细地去体会。

【解读】

  世人和圣贤对于善恶的评定标准是不同的，但是很明显世人是错的，古代圣贤们的标准才是真正正确的。所以世人在判断一点事情或一种行为是善还是恶的时候，绝对不能遵照自己所听、所看到的来决定，而是要默默地洗涤自己的内心，在内心深处默默地分析、辨别之后再决定。这里就说得很清楚了，既然世人评价善恶的标准是错误的，那么就一定不能再坚持原来的标准了。但是圣人的道德思想又相当高深，世人是难以捉摸的，所以又一时难以把握圣贤们的标准。那么在这种情况下，又应该怎样去判断一件事或一个人是善还是恶呢？既然一时间找不到合适的办法，那么就要洗涤自己的心灵，敞开自己的心扉，在判断善恶的时候不要盲目地妄下结论，仔细默默地分析思考，慢慢地进行善恶的判断，这样就会逐渐形成一个正确的判断善恶的标准，逐渐地向圣人的标准去靠拢。

当然，了凡先生在这里说洗涤心灵还有另外一层意思，那就是说在做善事的时候不能去想那些乱七八糟的东西。当人在做善事的时候心无杂念或者只是想一些简单的好人有好报之类的想法时，那做善事是没问题的，也会顺利地积累下功德；但是如果做善事的时候心里面想的是做完之后能获得什么样的利益或是心里面藏着一些不可告人的目的时，那做完所谓的善事之后就不会获得功德了，因为在那种情况下做出的根本就不算是善事。说白了就是为了做善事而做善事的时候，那就会产生功德；但如果是为了其他的不可告人的目的而做善事时，就不会产生功德。按照了凡先生的说法，这两种情况都可以勉强地算作做善事，但是前者是端正的善事，后者是扭曲的善事，不纯粹的善事。

针对端正之善和扭曲之善，了凡先生各自列举了三种情况加以说明。他认为：纯粹抱着一颗济世救人之心的，就是端正的善；一旦有一点迎合世俗的心理，就是扭曲的善。纯粹是热爱世人的心，就是端正的善；哪怕有丝毫愤世嫉俗的心理，就是扭曲的善。纯粹是敬畏世人的心，就是端正的善；哪怕有一丝玩世不恭的心理，就是扭曲的善。这就是所谓的三端和三曲。

要想在行善之后真正地积累功德，就一定要准确地理解好这三端和三曲。

先来看三端。端就是端正的意思，也就是端正之善，即真正的善行。三端就是说在一个人做善事的时候，内心之中就是一片纯粹的济世、爱人和敬人的想法。佛教有一个观点可以准确地描述出怎样才能做到有一个纯粹的济世、爱人和敬人之心，那就是"众善奉行"，就是说要满心是善，都是纯粹的善念，没有一丝一毫的虚假。

对待别人要忠诚，做自己分内之事的时候要尽心尽力。要孝敬父母，和兄弟姐妹团结友爱，同时也要尊敬长辈。人与人之间要相互关心、爱护，这个世界没有谁欠谁的说法，如果别人关心你，那你一定也要关心别人。尊老爱幼，有一颗慈悲之心，多多去帮助有需要的人。爱护身边的一草一木，不能轻易决定其他动物的生死，凡是生命都值得尊重，不能随意加以伤害。要是见到凶恶的人，就应该怜悯他的无知，婉言劝导他，使他改恶从善，以免招来祸患；要是见到行善的人，应该赞美褒奖，达到鼓励他人的目的，同时使自己也生出向善之心。当身边的人遇到一些难处的时候，不要置身事外，应设法给予周济；当身边的人有危险的时候，不能放任不管，应尽力给予救护。对于别人得到的好处，不应该心怀嫉妒，而是与人同乐；在别人失意的时候，不能落井下石，而是应该感到悲伤难过。不可以随便对人宣扬他人的缺点和短处，更不可以向他人夸耀自己的优点和长处。大家都要得到的东西，不妨推让给别人多得一些，自己少取一点也没关系，不要总是因为一些微小的利益而斤斤计较。干大事而惜身、见小利而忘命的做法不可取。宠辱不惊，施恩不求报，才是真正的善人。

能做到上面这些，那就能算作是一个"众善奉行"的人了，也就是说能做到三端了。如果真正地做到了三端，那就根本用不着再去分辨自己所做的事情是不是济世、是不是爱人、是不是敬人了，因为这种情况下做出的毫无疑问是善事，众善奉行已经把一切善事都包含在内了。

但是，"人无完人"，没有完美的人，每个人都会或多或少地有一些瑕疵或者是性格上的缺陷，因此"众善奉行"只是一种理想的状态，能做到的人根本就是少之又少。那岂不是说就没有人能做到三端了？如果真是这样的话那就没有什么人能做出善事了。事实上了凡先生也明白这个道理，所以他又提出了另外一种说法，那就是三曲。即便做不到三端，只要不做三曲，就一样是行善。

曲就是扭曲、委屈，所谓三曲就是说人们在做自己心目中的善事的时候，内心之中存在的是一种媚世、愤世和玩世的心理。了凡先生在这里说三曲，其实就是为了告诫人们做善事的时候要戒掉三曲，这就是佛教的另一个观点"诸恶莫作"，就是说不要有任何做恶事的想法，也不要去做任何的恶事。

在这里详细地解释一下"诸恶莫作"中的"恶"。总在暗中偷偷地使用阴谋诡计，做小人，去陷害那些正直又善良的人。把所有关心和爱护自己的人的话都当作耳旁风，左耳听右耳冒，不长记性，对上司所指派的事，表面上装模作样地去执行，实际上却并不肯认真负责。总是喜欢捉弄那些没有见识的人，经常诋毁诽谤自己的亲人、朋友和同学、同事。一旦得势，就结党营私，制造事端；对下属施行虐政，经常把所有的功劳都占为己有，以图取自己在领导面前邀功，接受领导的奖赏。每天琢磨怎样才能拍领导马屁，奉承、巴结领导、上司，好方便以后弄权舞弊。受到别人的帮助，不会去感激人家，反而怨念别人多管闲事。谋财害命，陷害忠良，还经常恶人先告状。看到别人失败就高兴，看到别人成功就很气愤，以私废公，把他人的功劳占为己有，从不说别人的好话，搬弄是非，挑拨离间，夺取别人钟爱的东西，破坏别人的婚姻。生活奢侈腐化，任意糟蹋东西，随意践踏生命，嫉妒心极强，见不得别人有权有势，总是期待别人过得很差。欠人财物，经常性地选择遗忘或者不还清，总是以为欠钱的才是大爷，巴望着可以赖账。求别人帮助却未能得到满意的结果，就心生怨恨，找到机会就落井下石。经常聚众打斗，怨天尤人，呵风骂雨，为非作歹。暂时没有得到应受的惩罚，便以为没有报应，不在乎羞耻，不思悔改，变本加厉。

这种种的恶行罪过，就是"恶"，就是三曲。只要不去做这些恶行，那么就算做到不为三曲、做到"诸恶莫作"了，这时候，基本上也就算是做到"众善奉行"的原则了，也就是做到三端了。因为当一个人的心中不存在一丝一毫的恶意的时候，那么这个人就满心都是善了，做的事情当然就都是善事了。

或许，现在我们既做不到三端，也做不到三曲，但是只要在日后做任何一件事情的时候，都去认认真真地分析，一点一点地去改变，慢慢地自然就能戒掉三曲。只要坚持不懈，早晚有一天，三端会充满心中。只要人们能真正分得清三端和三曲，真正地做到"众善奉行，诸恶莫作"，早晚有一天会做到事事为善的。

阳善与阴德

【原文】

何谓阴阳？凡为善而人知之，则为阳善；为善而人不知，则为阴德。阴德，天报[①]之；阳善，享世名。

【注释】

①报：报答。

【译文】

什么是阳善和阴德？凡是做了善事而被人所知道的，就是阳善；做善事却不被人所知道的，就是阴德。积阴德，上天会报答的；有阳善，会在世间享有盛名。

【解读】

阴阳是中国古代人以哲学的思想方式归纳出的概念，表示事物普遍存在的相互对立的两种属性，并且已经渗透在中国传统文化的各个方面，包括思想、宗教等等，当然也包括了凡先生所提出的为善之道。

了凡先生在这里所提到的阴阳，主要指的应该是做善事之后所得到的结果，即阳善与阴德。由于阴和阳之间是相互对立且统一的两种情况，所以，阳善和阴德也是相互对立的，但是却统一于做善事之中。所谓的阳善，就是指一个人在做了什么善事之后，大力地宣传出去，让所有人都知道他做了一件善事，从而通过这种行为使自己获得相应的名声；而所谓的阴德，则是指一个人在做了什么善事之后，不会出去到处宣扬，也不需要让别人知道，自己依然还是那样默默无闻，不被别人关注。

虽然这两种方法都是行善，但是作为普通人显然更关注积累了阳善的人。做善事是一种传统美德，在中国，无论是古代还是现代，对于这种传统美德的教育都十分地重视：例如中国古代就有"勿以恶小而为之，勿以善小而不为""善有善报，恶有恶报""善须是积，今日积，明日积，积小便大"等等；而现代教育中对于做善事的宣传也是不遗余力：就像"助人为快乐之本""送人玫瑰，手有余香"等，这些都是对于做善事的宣传。同时，惩恶扬善的思想一直以来都是社会的主流思想，做善事被别人知道了就会受到大力的宣传，甚至会成为千古美谈；而作恶多端就必然会受到法律的惩罚。所以说，行了阳善的人由于大力的宣传必然会受到人们的关注。而且由于教育思想对于做善事的肯定态度，使普通人都认为做了善事的人就是好人，因此行阳善的人当然就是好人，既然是好人那名声自然也就很好，所以行阳善的人会在世间留下很大的名声。

积累了阴德的人就不同了，由于做善事没人知道，所以自然就没有人会去关注，那也自然就没有四处传播或者是流传千古的名声了。但是有一句话叫作"人在做，天在看"，一个人的一举一动都被老天看在眼里，上天不会放过一个坏人，也不会错杀一个好人,所以积累了阴德的人自然会有老天的报答。

从上面就能够看出阳善和阴德的不同:行阳善的人会在做了善事之后马上就能得到报答,那就是获得巨大的名声;而积累了阴德的人就要看老天什么时候赐给回报,也许很快,也许很久,当然大多数时候这种情况下都回报到了子孙后代身上。

阳善与阴善无所谓谁好谁不好的,因为每个人生存在这个世界上,对于生活的态度和追求是截然不同的。有些人活在这个世界上就是为了自己而活的,他们争名逐利的欲望十分的强烈,无论是对物质生活质量还是精神生活的愉悦要求都很高,他们喜欢那种高高在上的感觉,所以名声这种对他们的追求很有帮助的东西,需求也是十分强烈的,所以在这种情况下能获得名声他们会很高兴,也会很满意。

与争名逐利相对立的淡泊名利的人也是有很多的。淡泊名利的人,有的是因为功成身退,已经不在意过去经历过的那些东西了;有的是因为经历过世间的大起大落和人生浮浮沉沉之后,看破红尘,已经不再理会俗世的那些东西了;还有一种人可能是清楚自身的能力有限,知道追求那些东西也没什么结果,所以会表现出把名利看得很淡;当然或许还有其他的一些原因。原因虽然是不同的,但是有一点是相同的,那就是既然自己已经就是这样了,那就要让自己的子孙后代过得好一点,要给子孙后代好好地铺上一条通天大道。所以对于这样的人来说,自身的名声这种东西已经是无足轻重的了,有或者没有影响不大。但是如果老天赐给他们子孙后代福气,那这种人就是求之不得的了,反正他们也是为子孙后代谋福利的。所以相对于阳善来说,这样的人更喜欢阴德的积累。所以说阴德和阳善根据个人的需求来看是没有多大区别的。

名声的好处与危害

【原文】

　　名,亦福也。名者,造物所忌;世之享盛名而实不副者,多有奇祸;人之无过咎①而横②被恶名者,子孙往往骤发。阴阳之际微矣哉。

【注释】

　　①过咎:过错。
　　②横:无辜,意外。

【译文】

　　名气,也就是福气。名气,也被造物主所猜忌;在世间有很大名气却没有真材实料、名不副实的人,常常会遭到意想不到的灾难;一个没有过错的人却无辜有了恶名,那他的子孙经常会突然崛起。阴和阳之间的关系真是微妙啊。

【解读】

　　名声这个东西当然也是分为两个对立的方面,那就是好名和恶名,当然这都是名传千古的。好的名声肯定会流传千古、成为美谈，就像"孔融让梨""程门立雪"等等，不仅让他们的名声流传千古，而且他们做的事也成为现代老师教育学生和家长教育孩子的榜样；恶名那就是遗臭万年了，就像是当初以"莫须有"罪名害死岳飞的大奸臣秦桧，到现在依然让人唾弃。

好的名声对于一个人有很大的帮助，可以为人赢得尊重，让人在做事的时候得到更多帮助。

东汉末年，军阀割据的初期，袁绍成为当时最大的一方诸侯，实力最大的时候曾经独占黄河以北的冀州、青州、幽州、并州，当时是何等的霸气啊。他能得到这么大的势力都是他自己努力获得的吗？并不全是，他们袁家四世三公的名头就给了他很大的帮助。如果没有四世三公名声的帮助，绝不会有那么多的士族门阀甘心为他效力，捐钱捐粮，更不会有那么多的谋臣、猛将纷纷地投靠他。袁绍的这些成就，都离不开四世三公这个名声的帮助。当然，也或许就是因为这么大的名声，导致他做事情十分容易，最后养成了色厉内荏、好谋无断、多疑、小肚鸡肠的性格，最后才导致了他的失败。但是强大名声对他的帮助是不可否认的。

再说一说和袁绍同一时期的另一个枭雄刘备，他的一生之中，名声这个东西更是他能取得所有成就的最大助力。刘备的发迹是从黄巾起义开始的，那么在此之前的二十多年他在干什么呢？用袁术的话来说，他就是一个"织席贩履之徒"，说白了其实就是一个小手工业者、商人。按古代士、农、工、商这样的层级划分来看，他是最下等的一类人。但是为什么后来他能成功地崛起呢？就是因为名声。用汉室宗亲的名头结识了他的两个义弟关羽和张飞，之后平定黄巾起义后治理一县开始渐渐传出了仁德的名声，最后又被皇帝亲自承认为皇叔，得徐州、占荆州、霸益州，最后建立蜀汉，三国鼎立，这些都离不开刘皇叔仁德的名声。

虽然名声是个好东西，但是也不能够不择手段去追求。刻意地追求名声，喜好名声，这样对人没有好处，只有害处。佛说："人随情欲，求于声名，声名显著，身已故矣。贪世常名，而不学道，枉功劳形。譬如烧香，虽人闻香，香之烬矣。危身之火，而在其后。"这就是佛家教育人们好名声没有好处，只有害处。

"人随情欲，求于声名"就是说人们会根据自己的情感、欲望而去追求一个好的名声。所谓的名声首先要有"名"，"名"就是人活在这个世界上的社会地位、虚荣心、欲望心理等；其次还要有"声"，"声"就是指人的"名"要广泛地流传。人们追求名声，就是为了满足自己的欲望。

"声名显著，身已故矣"这是大部分刻意追求名声的人的结果：就是当终于有了一点名声的时候，才发现自己已经老了，名声这种东西已经没有什么用处了。或许这个时候回过头来才会发现，一生之中只顾着追求名声了，生活的滋味却半点都没有体会到，得不偿失啊。

"贪世常名，而不学道，枉功劳形。"这里的功指的是专一做事情的精神。意思是说贪图世间上的名声而专心去追求，却不去学道和增长智慧，那这种专一的精神就白费了，只是在浪费时间而已。做事情能够专心的话，本来是一件很好的事情，但是如

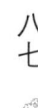

果去专心追求名声的话就得不偿失了。人们只是为争名而忙碌的话，哪里还有时间学道？我们如果能把争取声名的时间，用来增长知识、增长见识，进而身体力行、做造福人群的事，不是更好吗？

"譬如烧香，虽人闻香，香之烬矣。"这句话主要是做一个比喻。人专一地追求名声到最后就会像佛教烧香一样，虽然人们能够闻得到香的味道，但是那个时候香就已经烧尽了。意思和之前的一样，当名声到手时，人已经老去了。所以说人应该专心地去追求道德品质的提高和精神文化的加强，而不是那虚无缥缈的名声。

"危身之火，而在其后。"就是指人们的身边有很多不安分的东西，在追求名声的过程中，一不小心就会引火烧身，所以人们还是应该花更多的时间去做更多有意义的事情。

老子也曾经说过："人与道不两明，人爱名即不用道，道胜即名息，道息而名章即危亡。"人都有自己的人生道路，如果追求自己的人生道路，就会忘记去追求名声；如果因为追求名声而忽略了对于自己人生道路的追求，那样就没有了人生的真正意义，毫无意义的人生就会导致一个人的灭亡。名声应该是在追求人生道路的过程中顺便去获得的，而不是去努力追求得来的。

如果一个人背负着盛名，却又名不副实，那么上天就会降下各种奇异的祸患来惩罚这个人。其实这样的人是有很多的。比如说一个人在静悄悄地犯下滔天的罪恶之后，有时候就会感觉到良心上过不去。这个时候，经常就会由于一些迷信思想作祟，就会表现出多做善事的行为，从而希望功过相抵，这样有时候就会获得很大的名声。但是，这样抱着不可告人的目的地去做善事，不是真心虔诚的，即使获得了很大的名声，也并没有真正地积累功德，所以上天是不会承认的。在这种情况下，名声越大，受到上天的惩罚越重。

与之相反，如果有一个人身上背负着巨大的恶名，但是在这个人的一生中却没有与这个恶名相匹配的行为，他只是被冤枉的，那么这样的人往往会受到上天的眷顾，子孙后代多数会兴旺发达。

《金刚经》中有一句话："若为人轻贱，是人先世罪业，应堕恶道，以今世人轻贱故，先世罪业则为消灭。"翻译过来就是，如果今生没做过什么恶事，本身又没犯错误，却被他人侮辱、诽谤、辱骂，背负上恶名，这样的人可能是因为前世有深重的罪业，所以才招来了这些辱骂和诽谤，本来这样的人应该堕落到三恶道中去的，但是因为被别人诽谤了、侮辱了、辱骂了，从而背负上了严重的恶名，结果前世的罪业就消灭了。因为被人诽谤，恶业没有了，罪业没有了，那就只剩下福德了。一个人，罪业没有了，或者减少了，穷得只剩下福德了，那这个人或是他的子孙后代必然会兴旺发达。所以，背负恶名，受极大冤枉，本身又无过错，这是极好的事情，这是后世子孙要迅速发达的征兆，应该高兴，而不应该是抱怨。

总的来看，在阴德和阳善之间，了凡先生更看重阴德。因为阴德虽说不能照顾到自己，但是子孙后代是一定能够获得上天赐给的福气的。如果一定要选择阳善来获取名声，那么也一定要做到所获得的名声和所做的事情相匹配，名副其实，这样才不会受到上天的惩罚，也才会真真正正地获得自己追求的名声，还有自己想要的好处。若是名不副实，那不仅所作所为全部都是无用功，还会受到上天的惩罚。

所有事物都存在阴阳之间相互对立的情况，有得必有失：通过阳善得到名声就会失去造福子孙后代的机会；通过阴德造福子孙后代就会失去名扬天下的机会。所以究竟如何作为还是要人们根据实际情况做出最符合自己利益的选择。

子贡赎人不受金是非善

【原文】

何谓是非？鲁国之法，鲁人有赎人臣妾①于诸侯，皆受金于府。子贡赎人而不受金。孔子闻而恶②之曰："赐③失之矣。夫圣人举事，可以移④风易俗，而教道可施于百姓，非独适己之行也。今鲁国富者寡而贫者众，受金则为不廉，何以相赎乎？自今以后，不复赎人于诸侯矣。"

【注释】

①臣妾：春秋时期对奴隶的称呼。男性奴隶称为臣，女性奴隶称为妾。
②恶：失望。
③赐：这里指子贡。
④移：改变。

【译文】

什么是善和非善？以前鲁国有法律规定，鲁国如果有人赎回被俘虏到别国的奴隶，都会得到官府赏赐的金子。子贡赎回了奴隶却没有接受官府赏赐的金子。孔子听说后很不高兴，说："子贡做错了。一般圣人的行为，都是可以改变风俗的，还可以用来教导百姓，并不仅仅是个人的行为。现在鲁国富人少而穷人多，如果接受官府赏赐的金子就是不廉洁，那么以后谁还去赎回奴隶呢？从今以后，再也没人会从其他国家那里赎回鲁国人了。

【解读】

所谓的是与非说白了就是简单的对和错的问题，面对一件事情的时候，什么样的做法是对的，什么样的做法是错的，是了凡先生在这里主要讲述的问题。对和错的问题很难分得清，因为每个人所处的环境、地位和高度都是不同的，所以看问题的角度也是不同的，做事情的方法不同，得到的结果自然也就不同，所以根本不可能真的把对错说得十分清楚。所以了凡先生这里主要讲的是判断一件事情是非对错的标准，当然主要是为了讲述圣贤之人与普通人的不同。

了凡先生讲的第一个故事是孔子的弟子子贡的故事。当时鲁国的法律规定，鲁国人可以把被俘虏到别国当奴隶的人赎回来，这样的人能得到国家给的赏金。奴隶就是没有人身自由还要无偿为奴隶主劳动的人，并且还经常要担心会不会被奴隶主无缘无故地杀害。这其中有很重要的一点，那就是没有自由。

子贡出面从别国赎回了奴隶，但是当鲁国的官府出面要给他奖励的时候，他却拒绝了。子贡是一个拥有高尚品格的人，像救人这样做好事的行为他是不求回报的，所以才没有接受官府的奖励。

做好事不图回报，真是一个品德高尚的人，将来一定会得到老天的报答的。孔子却不这么认为，他在听说了子贡的做法之后，毫不犹豫地批评了他。孔子认为子贡这样做之后就再也不会有人去为鲁国赎回在别的国家的奴隶了。这种想法可能会让人感到费解，助人为乐、行善积德这本身不就是儒家学说所提倡的东西吗？作为儒家开山祖师的孔子为什么会反对子贡的做法呢？孔子也给出了自己的理由，他认为像子贡这样的人做出的行为是受到别人所效仿的，现在子贡赎人回来却不受奖励，这样受到了别人的赞美，那么将来如果有另外一个人赎人回来要是接受奖励的话就一定会受到人们的鄙视，一定就会被人说成是不廉洁的代表，这样慢慢地人们一定就会认为赎人回来是没有奖励的，那到时候这种吃力不讨好的事情就更加没有人会去做了。

孔子的这种说法也是对的，榜样的力量确实是无穷的，特别是像子贡这样的贤人，更是会受到别人的尊敬和学习，一个高尚的人确实能影响一代人或几代人甚至是无数人，所以孔子所说的情况是完全有可能发生的，毕竟不是所有人都像子贡一样做好事不求回报。如果真发生孔子所说的那种再也没有人为鲁国赎回奴隶的话，那子贡就真的是罪人了。

子贡只是看到了眼前的事情，却没看到以后的影响。他的行为使他自己获得了名声，但是却有可能使更多的人失去重新获得自由的机会，从这点上看，他这种行为完全就算不上做善事了，根本就不可能积累阴德。另外再仔细想一下，子贡的做法好像全是出于自己心中的考虑，根本就没有考虑过其他人的想法。前面就说过了，以这样的心理做事情的人即使是做了善事也是不可能积累阴德的。

子路救人收牛是善

【原文】

子路拯人于溺，其人谢之以牛，子路受之。孔子喜曰："自今鲁国多拯人于溺矣。"

自俗眼观之，子贡不受金为优，子路之受牛为劣，孔子则取由①而黜②赐焉。乃知人之为善，不论现行而论流弊③；不论一时而论久远；不论一身而论天下。现行虽善，而其流足以害人，则似善而实非也；现行虽不善，而其流足以济人，则非善而实是也。然此就一节论之耳。他如非义之义，非礼之礼，非信之信，非慈之慈，皆当抉择。

【注释】

①由：这里指子路。

②黜：贬低。

③流弊：影响。

【译文】

　　子路拯救了一个落水的人，那个人用自己的牛感谢子路，子路接受了。孔子高兴地说："以后鲁国有人落水的话，一定会有人出手相救的。"

　　用世俗的眼光来看，子贡不接受金子的做法是正确的，子路接受牛的做法是错误的，但是孔子则赞赏子路贬低子贡。要知道人们行善，不仅当时有效果，以后也会有影响；不能只看到一时的效果，还要看长远的效果；不要只考虑自己的感受而要看对天下大众的影响。现在看来是一个做善事的行为，但是对长久以后的影响是坏的，这就是看着是行善但其实并不是；现在看虽然不是行善，但是它的影响却可以改变人们的思想，达到济世救人的目的，那么虽然不是做善事但实际上这才是真正的善行。但是这只是就一件事来讨论而已。其他的比如看似无义的义举，看似无礼的礼仪，看似不讲信用却诚实守信的举动，看似不慈爱却大慈大悲的举动，都需要自己去抉择。

【解读】

　　接下来再看了凡先生讲述的第二个故事，还是孔子的弟子的故事，但这次是子路。子路这个人正直、做事果断、信守承诺。有一次，子路在路上看见一个人落水了，于是就把那个人救了上来。被子路从水里救出来的那个人，也是一个知恩图报的人。子路救了他的性命，他认为一定要报答子路，所以就送了一头牛给子路。

　　按照普通人的认知来说，这种时候就应该谦虚一下，选择推辞、拒绝接受溺水之人送的那头牛的，当然也有实在拒绝不了而接受的那种情况发生，但是总归是要走一下推辞这个程序，毕竟谦虚礼让是中华民族的传统美德。但是，让人意想不到的是，像子路那样品格高尚的人居然连推辞一下都没有，而是直接就接受了。这不禁会让普通人联想，这样的人真的能称得上是品德高尚吗？怎么能够做出这么错误的事情呢？孔子怎么能允许他的弟子做出这样的事情？

　　但是，孔子却表示子路的这种做法是完全正确的。孔子认为，子路救了别人一条命之后能够获得一头牛作为回报，并没有吃亏，这就会让人民也都知道见义勇为能够获得别人的回报，那到时候鲁国见义勇为、助人为乐的人只会越来越多，那到时候就会使鲁国人民的风气变得越来越好。所以说子路这种做法是正确的，因为这是能够起到带动作用的事情，并且还是往好的方面去发展。

　　子路的这种做法确实是好事，虽然说收下别人的感谢礼品这个行为本身不好评价，但是他这样的做法却是起到了一个劝善的作用，而这种作用远远比他救人这件事情本身的功德大得多，因为从此以后鲁国再有人落水的话一定会有人去相救了，这些到时候都可以算作是子路的功劳，所以说子路这种行为看似是恶行，其实是为了行善，是真正能积累功德的，所以连孔子也夸赞子路的这种做法。

　　读完了凡先生讲的两个故事之后，就会发现一个问题，那就是像孔子那样的圣贤之人和普通人之间对于对与错的标准也出现了分歧，往往普通人认为是正确的事情，圣贤们却认为是错误的；而普通人认为是错误的事情，在圣贤的眼里却是无比正确的。对此，了凡先生认为还是古代圣贤们的看法是正确的。

在普通人眼里行为正确的子贡，在孔子眼里却是做了一件错误的事情，因为他的行为可能会导致没有人再去赎回奴隶；而在普通人眼里行为错误的子路，在孔子眼里却是做了一件很正确的事情，因为他的行为使得以后鲁国溺水的人不用再担心没有人来相救了。之所以会有这样的不同，是因为普通人只看到了眼前，而孔子看得更远。我们无论做什么事情都要有一个长远的计划，想得远一些，不要光顾着眼前的利益，也要想到深远的影响；同时，做事情也不能只凭借自己的喜好，只顾虑自己的得失，而是要多站在别人的角度考虑，做事情的时候尽量照顾到每一个人。做善事其实也是一样的，不能光以自己的喜好，认为是善事就去做，而完全不顾做出这件事之后的影响。

就像子贡一样，只是因为自己品德高尚并且不缺钱就不去接受官府的赏赐，结果导致了再也没有人为鲁国赎回奴隶这样严重的后果，看起来是善事，时间长了之后所产生的结果却是恶性的，这就是恶事了。有些事情看着是恶行，也不要急于否定，就像子路救人收牛一样，表面上看来子路接受那头牛是不对的，但是实际上呢，子路的行为却影响了很多人，让更多的人懂得见义勇为了，从长远的影响来看，这个就是好事情。

当然，似善实恶、似恶实善这类的事情还是有很多的，看似是不义之举，而实际上却是大仁大义，看似是大仁大义，而实际上却是不义之举；看似是非礼行为，而实际上却是符合礼节，看似符合礼节，而实际上却悖逆伦理等。人们在面对这样的事情的时候一定要分辨清楚再去下结论，否则的话很容易就会发生犯错误的情况。

善心做恶事

【原文】

何谓偏正？昔吕文懿公①初辞相位，归故里，海内仰之，如泰山北斗②。有一乡人醉而詈之，吕公不动，谓其仆曰："醉者勿与较也。"闭门谢之。逾年③，其人犯死刑入狱。吕公始悔之曰："使④当时稍有计较，送公家⑤责治，可以小惩而大戒。吾当时只欲存心于厚，不谓养成其恶，以至于此。"此以善心而行恶事者也。

【注释】

①吕文懿公：明代人，姓吕名原，号介庵。死后谥号文懿。

②泰山北斗：这里形容声望巨大。

③逾年：过了一年。

④使：假如。

⑤公家：这里指官府。

【译文】

什么是偏善和正善？当年吕文懿公刚刚辞掉了宰相的职位后回到家乡，很多人都仰慕他，他的名气就像泰山北斗一样高不可攀。有一次，一个同乡人喝醉酒之后骂他，吕公并没有生气，只是对仆人说："喝醉酒的人就不要计较了。"之后他就闭门谢客了。过了一年之后，听说那个人犯了死刑罪进了监狱，吕公这才感觉到后悔，说："如果当时我稍稍和他计较一下，或者把他送到官府受罪，这样既可以惩罚他也可以警告他以后不要犯这样的错误。我当时只是宅心仁厚，没想到却养成了他的恶习，所以才弄成现在这个样子啊。"这就是出于善心却做了恶事的行为。

【解读】

了凡先生所说的偏和正其实就是善和恶，而生活中经常会出现偏中带正或是正中有偏的事情，所以好心却办了坏事和抱有恶心却办了好事的情况也经常出现。这段讲的主要是一个好心办了坏事的例子。

在这里了凡先生提到了一个人，那就是吕文懿公。吕文懿公，就是吕原，字逢原，号介庵，文懿是他的谥号。谥号应该都懂，就是在古代一个有地位的人死去之后，后人根据他们的生平事迹或者是品德修养而给出的一个称号，用来简略评价这个人的一生，谥号形成的时间是在西周的早期。文懿，这其中的文就是指有文采、有才华，而懿则是指品德高尚，所以从吕原的谥号中就能知道他并不是一个简单的人物，而是一个才华横溢、品德高尚的人。

吕原是明朝正统七年（1442 年）的进士，当过翰林院编修、翰林院学士等官职，后来在明英宗天顺元年（1457 年）进入内阁，也就是明朝权力的中心，后来还主持过会试，也就是科举考试的一种，并选拔出后来勤俭节约、刚正不阿的一代名臣陈选。吕原在天顺六年（1462 年）的时候由于母亲去世而回家奔丧，因忧郁过度而在不久后死去。他曾主持编修过《历代君鉴录》《寰宇通志》等书籍，他的著作还有《通鉴纲目续篇考正》《介庵集》等。而了凡先生说的这个故事就是发生在他刚刚回家奔丧的时候。

吕原是当时响当当的人物，弟子众多、桃李满天下，仰慕他人品和才学的人不计其数。当时他刚回乡的时候，有一天一个喝醉了酒的普通人居然冲进他的家里当众辱骂他。吕原身边的人都不能容忍这个喝醉酒的人当众骂吕原，他们要教训这个人。但是吕原却制止了，让旁边的人不要和一个醉汉斤斤计较，把他赶出去之后就不再理睬。

本来这只是一件小事情，对吕原这样的大人物来说更是不值得一提。但是一年之后发生的一件事却是让吕原对他当时的这个做法追悔莫及。因为一年后，吕原突然听说了当初骂他的那个醉汉因为犯了死罪而被官府关进了监狱，要执行死刑了。这个时候他后悔了，他觉得如果当初能稍稍地教训一下那个骂他的醉汉的话，那这个醉汉也就不至于犯下这么大的错误了。或许有人会不理解，宽容是美德，为什么说惩罚一下更好呢？

其实不然，有时候，当一个人做了事情不知道对错或者是明知道错误的情况下，如果身边的人没有批评或阻止他，那么这个人就会觉得他所做的事情是没有问题的，所以就会变本加厉地去做比之前的问题更严重的事情。那个醉汉骂吕原就是因为喝醉了酒，所以酒醒之后一定会感到害怕，害怕吕原让人来找他的麻烦。但是，很久也没有等来吕原的报复，于是就觉得自己很有本事了，连吕原也不敢来找他的麻烦，所以之后肯定就是胆子越来越大，最后就控制不住自己了。可能他会觉得，辱骂朝廷大员都没什么事，欺负别人更没什么大不了。正是这样的原因，让那个人犯的错越来越大，最终无法弥补。

其实，对于吕原当时对待醉汉的那种做法，是没有什么可以指责的。他原本只是心存善意，所以才没有和那个骂他的醉汉斤斤计较，希望那个醉汉能够意识到自己的错误，之后能去改过自新，不曾想那个醉汉不仅不思悔改，还变本加厉。

那个犯了死刑罪的醉汉并不值得同情，吕原为了他而感到后悔也不值得。每个人对自己都要有一个清醒的认识，什么事情可以做、什么事情不能做，心里面一定要明确，这样才能保证尽量少犯错误。就像那个醉汉，他得知吕原不打算找他的麻烦后就产生了侥幸的心理，一再犯错，最终受到了刑罚。

了凡先生在这里说的善心做恶事指的就是一个人要有公正的心，对于恶人恶性不能纵容。人的一生中是不能缺少批评和惩罚的，只有被批评过、受到过惩罚的人才能真真正正地成长起来，过度地纵容只会害人。就比如说父母教育孩子：有些父母特别地溺爱孩子，所以就放纵孩子，不去认真管教，即使是犯了错误也是睁一只眼闭一只眼，期待着孩子能够自己去改正，总是觉得孩子犯错误是一件正常的事情，可是结果呢？所谓"三岁看老"，这样的孩子长大后大多数都是自私自利、不辨是非甚至是为非作歹的，因为他们不认为自己做的事情是错。再有就是不孝，很多不孝顺的人都是由于小的时候被父母溺爱所造成的。这样的父母其实就是以善心办恶事。相对的也有另一种家长，他们从来不溺爱孩子，孩子犯了错误就一定要进行批评或惩罚，教育孩子改正，这样的家长教育出的孩子长大后多半都会成才，并且很少犯错误。

所以说，对于恶人恶性，一些适当的批评和惩罚是很有好处的。无论做什么事情，一定要好好地想一想自己做的是不是真正的善事，不要到头来像吕原一样，抱着一颗善良的心却做了一件错事。

恶心做善事

【原文】

又有以恶心而行善事者。如某家大富，值岁荒，穷民白昼抢粟于市。告之县，县不理，穷民愈肆，遂私执而困辱①之，众始定②。不然，几乱矣。故善者为正，恶者为偏，人皆知之。其以善心行恶事者，正中偏也；以恶心行善事者，偏中正也。不可不知。

【注释】

①辱：使受到侮辱。

②定：安定、平静。

【译文】

也有出于险恶的用心却做了善事的人。例如一个有钱的人家，赶上灾荒之年的时候，穷人们在白天就到街市上抢他们家的粮食。去县衙报案，县衙根本不管，导致穷人们越来越放肆，于是就决定自己派人把抢粮的人抓起来了，这样才让人们安定下来。要不然就乱了。因此，做善事是正，做恶事是偏，这是人人都知道的。但是抱着一颗善心而做恶事的人，是正中带偏；但那些抱着恶心却做了善事的人，是偏中有正。这些道理是不可以不知道的。

【解读】

在古代，无论是天灾还是人祸，受害的最终都会是普通的百姓和穷苦人家，地主、大户、门阀、士族等有钱人家基本上都不会发生任何事情。特别是发生天灾的时候，普通的百姓肯定是吃不饱的，甚至有时候连树皮、草根什么的都会成为百姓的主要食物，还说不定会饿死多少人，可是在这种时候那些有钱的大户人家依然可以大鱼大肉。最重要的是，那些有钱人家里就算粮食等吃的东西再多，就算是吃不了或者是放到腐烂，也是不会分给那些穷人们一丁点的，就像杜甫在《自京赴奉先县咏怀五百字》中所描述的那样："朱门酒肉臭，路有冻死骨。"

了凡先生在这段讲的故事的背景就是一场严重的天灾。天灾之后就是荒年，老百姓又没有粮食吃了，只能饿着。而有钱有粮食的大户人家，就会在这个时候囤积居奇或者是大肆高价地倒卖粮食。从这里就能够看出，那些有钱的大户人家基本上都是很可恶的，一点同情心都没有。他们只是为了自己的利益才做出了那些事情，可见他们做的这种事情本身就是恶事。

荒年来了，粮食的价格又上涨了，所以一个大户人家把自己家多余的粮食拿到街市上高价去贩卖，准备狠狠地赚上一笔。而在这个时候呢，那些普通的百姓已经因为没有粮食吃而挨饿了，为了吃饭，他们就铤而走险抢那个大户在街上贩卖的粮食。

自己家的粮食被抢了，那有钱人肯定不能善罢甘休，他把抢粮食的百姓告到了县衙里。可是县令根本就不管，挨饿的百姓实在是多啊，县令觉得根本就镇压不住。

县令大人不管，导致那些抢粮食的人更加肆无忌惮了，结果那个有钱的大户就更愤怒了，他是绝对不能看着自己的粮食被人白白抢走的，于是他决定自己来解决这个问题。之后他就召集了自己的家丁、护院和自家的佃户等青壮把那些抢粮食的人抓了起来。

从整件事情来看，这个抓人的有钱大户是个彻头彻尾的坏人、恶人，想想啊，自己家明明有多余的粮食，不但不分给那些没有饭吃的百姓，反而借机大发灾难财，这不就是作恶吗？再说了，居然能够把那些手无寸铁又饿得前胸贴后背的普通百姓抓起来又打又骂，这难道还不够坏吗？虽然说从整个事件的过程来看，这件事都是一件坏人以坏心办的坏事，但是事实真的是这样吗？虽然在普通人眼里这件事是坏事，但是要是从事件的结果以及影响上来看，这件事其实算得上一件好事。

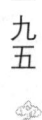

这件事情好就好在这个有钱的大户及时地制止了百姓抢劫粮食的行为。如果当时那些抢粮的百姓的行为不能得到及时制止的话，那么一定会有更多的百姓见抢粮不会受到惩罚而加入抢劫粮食的行列中来，抢劫的人越来越多，他们的胆子也会越来越大，那抢劫的范围自然也就越来越大，况且一旦他们在这样的抢劫中尝到了甜头，那说不定以后就会以抢劫为职业了。当这种抢劫的规模越来越大时，就很可能被有心人利用，或发展成叛乱和起义。所以，从长远的角度来看，这个有钱的大户其实是成功地阻止了一场农民起义或者是暴动的发生。虽然他的行事都是恶性，心也是恶心，但是他就是办了一件善事。这样的人就是以恶意为出发点却做了善事的。

真正的善和恶还是要看一件事情对后面的影响来决定的：如果一件事对后面的事情有一个好的影响，那么即使做这件事情的人抱有一个恶意的心思，也不能因此而否定这件事情；而如果一件事情的结果对后面产生不好的影响的话，那么即使做事情的人是善心，也是不能肯定这件事情是好事。所以说，做事情之前一定要多多地思考，尽量能够在做完事情之后，让事情的结果向好的方面发展。

半善和满善

【原文】

何谓半、满？《易》曰："善不积，不足以成名；恶不积，不足以灭身。"《书》曰："商①罪贯盈②，如贮物于器。"勤而积之，则满；懈而不积，则不满。此一说也。

【注释】

①商：这里指商纣王。
②贯盈：指罪大恶极、恶贯满盈。

【译文】

什么是半善和满善？《易经》上说："没有善行的积累，就不会在世上享有名气；没有恶行的累积，也不会造成杀身之祸。"《尚书》上说："商纣王罪大恶极，他的罪过就像把东西装满了容器。"勤于积累善行，就是满善；因为懈怠而不积累善行，就不是满善。这是半善和满善的一种说法。

【解读】

了凡先生在这里所说的半和满其实就是字面上的意思，满就是说很充足，到了一定的限度；半就是指不完全、不是全部。

其实任何事物都有可能包含着半和满两个方面，而通常这两个方面对事物所造成的影响又是不同的，不说别的，善和恶就是这样的。半善和半恶与满善和满恶所造成的结果就一定是不同的，在这里了凡先生用了《易经》和《尚书》里的语句进行了解释。

《易经》上说："善不积，不足以成名；恶不积，不足以灭身。"这句话的意思是说，如果一个人能把善积累到满善的程度，那么这个人就一定能够名扬天下了；如果一个人作恶做到了满恶的程度，那么这个人就等着灰飞烟灭。其实还有一点隐藏的意思，那就是只有满善和满恶才能得到名扬天下或者是灰飞烟灭的结果，而半善或者是半恶基本上是不会得到这样的结果的。

无论是古代还是现代，行善的人和作恶的人都有很多，但是为什么能被人们铭记的却只有区区的少数人呢？就是因为能被我们记住的人都是真正的大善人、大好人或者是真正的大奸人、大恶人，也就是说他们真正地达到了满善或者是满恶的境界。至于那些善有一点点或者是恶有一点点的人，也就是半善和半恶的人。

为了能够解释得更加清楚一些，了凡先生又用了《尚书》中的一段话："商罪贯盈，如贮物于器。"其实这句话主要是用来评价商纣王的，意思是说商纣王所犯下的罪孽就像在一个容器中装满了东西一样，已经满得不能再装别的了，就是说他犯下的罪过很大。其实就是告诉大家商纣王之所以能够被人铭记，就是因为他已经达到满恶的状态了。如果提起商纣王，大家会想起什么，那肯定是耗费巨资的宫殿、酒池肉林、炮烙之刑、杀人吃心、祸害忠臣、宠爱妖妃，这一桩桩、一件件，哪一个不是罪大恶极的事情？所以他能达到满恶的状态也就是理所当然的了。

那么商纣王是一下子就达到了这种满恶的程度吗？或者说商纣王天生就是一个十恶不赦的人吗？当然不是，"冰冻三尺非一日之寒"，他的罪行都是一点一点地积累起来才达到这种程度的。也就是说，无论是善还是恶，想要能够到达满溢的程度，都要一点一点地积累才行。就连了凡先生也是这样认为的，所以他才说："勤而积之，则满；懈而不积，则不满。"意思就是说无论是善行还是恶行，只要勤劳地一点点积累，总会达到满溢的程度；要是有一丝一毫的懈怠，不懂得去积累，那么就永远不会达到满溢的程度。

三国时期的刘备曾经说过："勿以恶小而为之，勿以善小而不为。"这句话的意思是说不要因为好事很小就不去做，也不能因为恶事小就肆无忌惮地去做，好事要从小事做起，积小成大，也可成大事；坏事也要从小事开始防范，否则积少成多，也会坏了大事。小善积多了就成为有利于家国天下的大善，而小恶积多了则就会像商纣王一样祸害国家了。

中国古代有尧舜禹三位帝王，他们出生的时候也是普通人，并无特别之处。但就是因为他们能不断地修身养性、获取功德、提升自己的道德品质，最后才能君临天下，教化万民，跻身到圣人的行列中去，这都是因为他们不断累积德行才能达到这样的结果。古人说："人人可以为尧舜"，但是最终也就只有这传说中的尧舜，没有其他人能超越他们或者说达到尧舜的程度，这都是因为没有人能像尧舜那样积累那么多的德行。纣王其实并不是天生的大恶人，传说他天资聪颖，闻见甚敏，并且在继位后重视农桑和社会生产力的发展，统一东南，把中原先进的生产技术和文化向东南传播，推动了社会进步和经济发展，促进了民族融合。从这里根本看不出纣王像一个恶人。那为什么他到后来却成为一个亡国之君并且还是历史上最昏庸的帝王之一呢？那是因为纣王在后期做了很多恶行、坏事。据说他在后期居功自傲，耗费巨资建造豪华宫殿园林和酒池肉林，创造炮烙等严酷刑罚，残酷地镇压人民，并且杀戮功臣，残酷剥削人民，最终才失去民心被灭亡的。纣王做的恶事，早就抵消了他的那些功绩，并且使他迅速地积累到了满恶的状态。由于他的这些恶行都是一点一点地做的，慢慢地积累下来的。所以，不管是善事还是恶事，不论大小都不断地去积累，就会满盈。

其实不仅是善恶，积少成多是很普遍的道理。《道德经》中就有这样一句话："合抱之木，生于毫末；九层之台，起于累土；千里之行，始于足下。"当年秦国的丞相李斯也曾经在《谏逐客书》中写道："泰山不让土壤，故能成其大；河海不择细流，故能就其深；王者不却众庶，故能明其德。"荀子《劝学篇》中也曾写道："不积跬步，无以至千里；不积小流，无以成江海。骐骥一跃，不能十步；驽马十驾，功在不舍。锲而舍之，朽木不折；锲而不舍，金石可镂。"在《韩非子·喻老》中也写道："千丈之堤，以蝼蚁之穴溃；百尺之室，以突隙之烟焚。"凡事要想做大的话，都得从小处着手，一点一滴地做起，从眼前最基本的事物做起。

了凡先生在这里是想讲明一个道理，那就是为善的时候要持之以恒，积累多了，才会达到满善；做了恶事，就要赶紧停止，因为一旦开了头，积累下去就会恶贯满盈。平时做事，一定要做到"勿以恶小而为之，勿以善小而不为。"

千金为半，二文为满

【原文】

　　昔有某氏女入寺，欲施而无财，止有钱两文，捐而与之，主席者①亲为忏悔②。及后入宫富贵，携数千金入寺舍之，主僧惟令其徒回向③而已。

　　因问曰："吾前施钱两文，师亲为忏悔；今施数千金，而师不回向，何也？"

　　曰："前者物虽薄，而施心甚真，非老僧亲忏，不足报德；今物虽厚，而施心不若前日之切，令人代忏足矣。"此千金为半，而二文为满也。

【注释】

　　①主席者：指寺庙的住持。
　　②忏悔：这里指佛教中消除罪孽的方法。
　　③回向：佛教的一种修行工夫。指把自己的功德回馈给大众，使功德不缺失，又拓宽自己的心胸。

【译文】

　　以前有一个女人到寺庙里，想要布施却没有钱财，身上只有两文钱，于是就捐给了寺里，寺庙的住持亲自为她忏悔、祈福。后来她进入了皇宫，变得富贵了，带着几千金去寺庙布施，但是寺庙的住持只让自己的徒弟去代为回向。

她问住持说："我以前只布施了两文钱，大师就亲自为我忏悔；现如今我带来几千金来布施，大师却不亲自回向，这是什么原因呢？"

住持说："以前的两文钱虽然少，但那时候你是诚心诚意来布施的，如果不是我亲自来替你忏悔，就不能报答你布施的恩德；而现在虽然有几千金，但是你的心意却不像上次那样真切了，所以让我的徒弟代为忏悔就行了。"这就是几千两金子的布施只是半善，而两文钱的布施却是满善的道理。

【解读】

古时候，有一个贫女，她认为是因为她前世不积功德，所以才有如此贫困之报的，因此她决定要发善心布施。她带着自己仅有的两文钱来到一座佛寺跟前，冒着身亡命殒的危险，将浑身所带的两文钱全部布施给了佛寺。寺院住持听说后，赶快从正房中出来，并对众僧说："此事非小，我必须亲自为贫女回向。"寺院住持回向完毕后，就宣布贫女便是今天的功德主，是大布施，是大功德。几年之后，因为贫女功德十分巨大，所以有机会入宫变得富贵。忽然有一天想起今天的成就都是因为当日在寺庙的布施，于是便带着千两黄金，再次到那个寺庙布施。但这次不同，寺院住持听说后，只是派了一个小沙弥出来，代为回向。

所谓布施，就是以自己所有，普施一切众生。布施分为三种：第一种是法施，即以清净心为人宣说如来正法，令闻者得法乐，资长善根之功。第二种是财施，此中又分两类：一是内财施，即以自己头目脑髓，以至整个色身施于众生，如释迦如来行菩萨道，曾割肉喂鹰、舍身饲虎；二是外财施，即以自己所拥有的衣食财物施予有情，令彼不受饥寒的痛苦。第三种是无畏施，即众生若有种种灾难怖畏之事，能够安慰他们，帮助他们免去内心的怖畏。因此，布施其实就是行善。

回向是一种行为，是佛教众人对布施之人的回报，说白了就是别人对佛教做了善事，佛教的人把自己的功德传授给布施的人，但是在这个过程中又不会损失自己的功德。由于回向是人做出的行为，所以当然是功德越高的人所做的回向的效果就越好了。

在故事里，那个贫女布施了两文钱就使得寺庙的主持亲自回向，最终使贫女富贵。到这里，大部分人可能都会认为如果能布施更多的话，那寺庙住持的回向应该是更隆重的，就连入了宫的贫女也是这么想的。但是事实却让所有人都吃了一惊。这究竟是为什么呢？

她也很不解，但是小沙弥给了她回答："往日两文钱，却是你的身家性命，便是一颗赤诚真心，如今虽是黄金千两，但虔诚之心却比不得往日，所以住持特派我来，为你回向。"所以，布施看的不是金钱的多少，而是心中的诚意。

布施，是人人都可以做的事情，并不是可望而不可即的事情。诚然，一掷千金地为众生宣扬妙法，乃至为众生解除身心恐惧是布施，但是给别人一个微笑、一句爱语或者是一句赞叹，甚至是一分欢喜，又何尝不是布施呢？

布施，有一种崇高的道德意义：布施让人接受和理解慷慨的真正意义。有些人布施是因为宗教的理由或信条，这种不正确的动机，不是真正的布施。

布施是抑制个人物质的贪欲，从而获得心的进长。一个人如果想获得心灵上的进

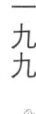

长，就必须无我地布施；如果他有强烈的回报欲望，就无法生起正念，导致他更加地贪婪。一个人应该经常无条件地伸出援手，协助那些需要帮助的人，帮助他们获得利益，让他们得到快乐。

真正的布施是不要求任何回报的。如果企望有所回报，就不是布施而是交易了。一个人布施后，而萌生出控制受施者或受施团体，是一种不正确的行为。布施，不要企望别人的感激，人类是善忘的，但他们也一定会感激你的布施。真正的布施，是不企望任何物质的回报；受施者，同样地不需要为布施而承担任何义务。

做所有的善事都是和布施是一样的，只要是源于一片赤诚真心，没有任何虚妄的杂念存在，那么就都能够得到无边无量的功德。就像是现在的义务捐款一样，有一些身家亿万的富豪有时候为了某些目的一捐就是几十万甚至是上百万，但是那些无家可归的人也能够捐出好不容易获得的几块或几十块钱，这样的情况哪种人更值得人们感动和尊敬？哪种人更应该得到表扬？当然是后面的一种。前一种人捐得多，但是对他们而言也不过是九牛一毛而已，没有人会在乎；而后一种人虽然捐得少，但是里面却包含着他们的心血甚至是身家性命，这样一比，谁善心多，谁功德大自然就看出来了。

所以说，做善事最重要的就是心意，诚心诚意的人，做善事自然能得到功德，经常虔诚地做善事，那自然就能把善积累到满溢的状态；如果不是真心实意的话，即使是做一辈子的善事，那也永远都只能是半善。因此，做善事的时候一定要真心诚意的，绝对不能带有别的杂念，否则很可能会起到相反的效果。

其实做任何事情都是一样的，真心诚意地去做总是会起到事半功倍的效果，心存杂念就会影响做事情的效率。而一个人的成功往往都是靠着做事情一点一滴地积累的，如果心存杂念导致事情做不好的话，那样今天积累的东西少一点，明天积累的东西又少一点，就永远也不可能积累到获得成功的地步。所以，人在做任何事情的时候都要真心诚意、认认真真地去做，抱有一些不可告人的目的的话永远也不可能真正地把事情做好，也一定是不会得到上天的承认的。

很多时候，多并不一定就代表着好，入宫富贵后布施黄金千两却不如身为贫女时布施两文所得的功德大，就是这个道理。就好像说你去帮助别人办几件事情：你每件事都替别人办了，却连一件事情都没有办好，那么别人是不一定会感激你的，甚至还有可能认为你是在添乱，毕竟结果没有得到改变；但是如果你只帮别人办了一件事情，却把事情做得十分完美，那么别人是一定会感激你的，因为你的帮助使他得到了真正的好处。

不要只考虑眼前

【原文】

　　钟离①授丹于吕祖②，点铁成金，可以济世。

　　吕问曰："终变否？"

　　曰："五百年后，当复本质。"

　　吕曰："如此则害五百年后人矣，吾不愿为也。"

　　曰："修仙要积三千功行③，汝此一言，三千功行已满矣。"

　　此又一说也。

【注释】

　　①钟离：指汉钟离。

　　②吕祖：吕洞宾。

　　③功行：传说中修仙达到的程度。

【译文】

　　汉钟离向吕洞宾传授点铁为金的方法，说是可以行善济世救人。

　　吕洞宾问："点铁为金以后还会变成铁吗？"

　　汉钟离说："五百年以后才会再次变成铁。"

　　吕洞宾说："那这样岂不是祸害了五百年以后的人吗？这是我不愿意看到的。"

　　汉钟离说："修炼成仙需要积累三千的功行，你说的这一句话，所需的三千功行就满足了。"

　　这是半善和满善的又一种说法。

【解读】

　　中国有句老话叫"八仙过海，各显神通"，相信这句话一定是人们耳熟能详的。而所谓的八仙，关于他们的故事更是在民间有无数的传说，当然他们也是人们非常熟悉的人物，了凡先生在这个故事里面讲的吕洞宾和汉钟离都是八仙之中的人物。

　　据说在吕洞宾还没有成仙之前，曾经拜汉钟离为师傅学习仙术和炼丹术等其他的一些东西。既然当了人家老师就要教吕洞宾一些东西了，因此汉钟离决定把点铁成金这个仙术教给吕洞宾。神仙都是善人，济世救人是他们的真正目的，而汉钟离教点铁成金术给吕洞宾就是希望他在学成法术之后能够用铁变成的金子去拯救更多穷苦的人，去济世救人。

　　点铁成金原本指的是用手一点就把铁变成金子的法术，但是在这里指的应该是古代的一种炼丹术，就是"黄白术"。古代大多用黄比喻金子，用白比喻银子，而金子和银子的总称就是"黄白"。用药物把铜、铅、锡等贱金属点化，使之变成金黄色或者银白色的金银，这种制取"黄白"的方法这就是"黄白术"，用这种方法得出来的金银叫作"药金"或"药银"。"黄白术"是中国古代炼丹术的重要组成部分。

我国的"黄白术"起源于战国时期燕、齐方士的神仙方技。之后在两汉时期得到了充分的发展。有历史记载，西汉汉文帝时期，制造假冒黄金的人很多。汉武帝时的淮南王刘安撰写《中篇》八卷，书中说了神仙黄白之术二十余万言。同时，东汉皇室及新莽均拥有大量"黄金"，社会上颇多造"药金"致富的故事。清赵翼《廿二史札记》有"汉代多黄金"之说。可知两汉乃黄白术盛行时代，尤以"药金"的制取为其特色。而后到了唐代黄白之术发展到了顶峰，唐朝很多皇室之人都迷恋丹药，并沉迷于黄白之术。相传道士叶法善、刘道古都擅长黄白之术，田佐之等能变瓦砾为黄金。一直到宋代之后黄白之术才逐渐失传。

可是"黄白术"所制造出来的金银之物毕竟都是假的，这是造假，在现代来说是犯罪，在古代统治者们其实也有打击过用"黄白术"造假的例子：西汉汉景帝就曾在公元前151年下诏："定铸钱伪黄金弃市律。"所谓弃市可不是简单的刑罚，而是把人在闹事执行死刑并且曝尸街头。可见当时对于黄白之术造假的反感和打击。

吕洞宾本来就是一个修道之人，对于修道之人来说，济世救人就是他们的梦想。如果真有机会学习这种点铁成金之术，那他们一定会毫不犹豫地去学习的，要知道如果有无数的金银拿去济世救人那能积累多少功德啊，肯定能够加速成仙的进度。但是吕洞宾却没有那样做，而是问了汉钟离一个问题："这用铁变成的金银珠宝还会不会恢复原形？"汉钟离说："五百年之后，就恢复原形了。"吕洞宾说："这就坑害了五百年之后的人了，我不学这个法术。"

人生在世，至多不过是百年的光景，五百年后的事情，又有谁会去管呢？别说是五百年后的事情，就是百年以后的事情，又有谁去真正地关心过？就像三国时期，如果那些人能够关心一下百年以后的事情，他们就不会动不动就混战，动不动就屠城了。但是吕洞宾却连五百年以后的事情都想到了，为了不祸害到五百年以后的人而情愿放弃一个学习法术和获得巨大利益的机会，由此可见他的目光之长远、道德品质之高尚。

其实，现代人也因为目光的短浅而受到了惩罚，就比如以前为了工业的发展而大肆地破坏环境，结果导致现在人类的生存环境越来越差。于是，人们终于意识到把目光放长远的重要性，所以就有了可持续发展的理念，这就是造福子孙后代的行为，功在千秋的大好事。

事物的变化终究只是外表的变化，无论如何，事物的内在本质是不会改变的。害人的东西即使现在已是有利于人、能造福人，但是从长远来看，终究是害人的东西。就像以前为了多种植粮食而大肆地毁林开荒，结果造成了荒漠化的日益严重，导致现在要长久地进行植树造林的计划。所以说，吕洞宾能考虑到那么长远的事情就充分地体现出他的仁义之心，这是他善心的外现。

汉钟离听吕洞宾说完，便告诉吕洞宾说："成仙，要积累三千善行才能达到圆满，你这一句话，就比做三千善行都圆满了。"为什么汉钟离认为吕洞宾只说了一句话，就让自己的善行达到圆满了呢？这是因为吕洞宾的这一举动是十分真诚的，他的这一举动，不知道挽救了多少五百年后可能会被点铁成金之术祸害的人。很简单的一句话就是满善，凡是满善，就能代替无数的善事。比如了凡先生做官之时，曾为百姓减少苛捐杂税，本来立下一万件善事的誓愿很难完成，结果就因为他为百姓减少了苛捐杂税，一万件善事就圆满了，这也是因为减少苛捐杂税是满善，所以才会有如此之大的功德。

心中有善

【原文】

又为善而心不着善，则随所成就，皆得圆满。心着于善，虽终身勤励①，止于半善而已。譬如以财济人，内不见己，外不见人，中不见所施之物，是谓三轮体空，是为一心清净②，则斗粟可以种无涯之福，一文可以消千劫③之罪。倘此心未忘，虽黄金万镒④，福不满也，此又一说也。

【注释】

①勤励：勤奋，激励，努力。
②清净：这里是佛家的说法，指消除烦恼。
③劫：困难。
④镒：古代人用来计算黄金的重量单位。

【译文】

做善事但是心里面却不在意这是行善，那么随便做什么善事，都是满善。心里面很在意是不是在做善事，即使一生都勤奋地做着善事，那终究也只是半善而已。就像是用钱财来救济别人，心里没想着是做善事，外面也不知道救济的人，中间也不在意用什么救济，这就是所谓的"三轮体空"，所谓的"一心清净"。这样即使是很少的米也能种植出无限的福气，一文钱也可以解除千般的罪孽。但是如果不能忘却自己所做的善事，那么哪怕施舍了几万两黄金，福气也不会有多少。这是半善和满善的又一种说法。

【解读】

在这段中，了凡先生主要讲的是行善的时候的心态问题，做事情的时候是否抱着一个正确的心态，决定着所做的善行是不是圆满。

所谓的行善，不是说你在去做一件事情的时候，自己心中想着自己做的是善事，做的就是善事。抱有这种心态去做事情的人，即使你做的确实是一件好事，那也不能算作是满善，因为在种种情况下，你的内心中是时刻考虑着自己的利益的，做的事情也是以自己的利益为目的的。在做事情的时候心无杂念，什么都不去想，只是全心全意地把事情做好，不求回报地付出，如果一个人在做事情的时候能够达到这种境界的话，你做什么事情都可以算作是善事了，而且你所做的善事都会是很圆满的，你本人也能达到满善的程度。因此，做善事的时候一定要保持一个正确的心态。

这就好比说是用钱财去救助别人的时候，心里没想着是做善事，外面也不知道救济的人，中间也不在意用什么救济，这就是所谓的"三轮体空""一心清净"。

"三轮体空"其实是佛家的说法，这是一种智慧，也是一种境界，是佛家修行、布施、供养、回向等一切法门的最高、最圆满的修行境界。三轮体空，又名三轮空寂，以布施来说，就是施空、受空和物空。所谓施空就是指施者忘施，不把自己的行为当作是布施；受空就是受者忘受，不知道受到布施的是什么；而物空就是物者忘物，不记得或者不在意自己布施过什么东西，即布施者、所布施之物、与受物者，谓之三轮，但是这布施之后，这三轮全部都不在心中，这就是"三轮体空"。在佛教中"三轮体空"的准则是"无修""无念""无求""无作义"，就是随喜、随缘、随性、随顺、自自然然。也就是说，不能把禅修、供养、布施、观想、诵经当成是一种工作计划、工作任务或是特别的事情来做。不要把那种严肃或隆重的气氛带进修行、供养、布施等一切佛事里去。而"三轮体空"的结果是能使佛教众人越过生死海，与众生同登涅槃彼岸，也就是说成圣了，被世人所敬仰。

"外不著相，内心无乱，随缘任运，随喜众生，以幻为实，真空妙有，应无所住，成就道业。"其实做善事和佛教的布施是一样的，也适合这个道理。在行善的时候做到内不见自己，外不见自己所帮助的人，中不见自己所做过的事情，那这样就做到"三轮体空"的境界了，达到这种境界后自然就能够"一心清净"了。这里的"清净"也是指的佛教中的含义，在《俱舍论》卷十六中写道："远离一切恶行烦恼垢故，名为清净。"意思是说远离了尘世间的恶行、过失和烦恼，内心纯洁，只有善行。一旦内心能够彻底变得"清净"的时候，那么即使是很少的米也能种植出无限的福气，一文钱也可以解除千般的罪孽；但是如果不能做到这种"一心清净"的程度，那么哪怕施舍了几万两黄金，福气也不会有多少。

当然，做善事光有一个正确的心态是不够的，还有一点就是要竭尽自己的全力。俗话说："舍得，舍得，有舍才有得。"这句话虽然简单，但是却包含着人生的处事智慧与道理。人生中要想得到一些东西的时候，就一定要先付出一些东西，这些东西很有可能会在眼下令一个人一无所有，身败名裂，因此这就让很多人没有胆量真正付出，结果只能是一事无成。如果一个人能够真正舍得一时的金钱、地位等去付出，那么这个人以后一定能够得到很多倍的回报。懂得付出、懂得奉献的人，才会真正地获得幸福。

行善本身就是一种付出、一种奉献，这种付出在很多时候是看不到回报的，因此一些人在面对这种情况的时候就会犹豫起来，害怕失去现在所拥有的东西，导致这样的人即使是行善也不会用尽全力，或许只是做做样子罢了。殊不知，这样的人失去了一次被上天报答的机会。鱼与熊掌，不可兼得，想要得到老天的报答，却舍不得付出自己所有的东西去行善，这只能是出现在个人的想象之中或者是梦境之中，在现实中是不可能得到实现的。如果能够拼尽全力真心行善，不怕失去眼前的一切，这样的人，一定能够得到应有的报答。就像是前面说过的嘉兴的包凭，为了能修缮供奉观音像的房屋，宁可自己没衣服穿而捐出了自己当时所有的财产，结果他的后代子孙官运亨通，富贵兴盛；再比如前面说的贫女，把身上仅有的两文钱都拿去布施，根本没考虑以后的生活，结果后来富贵无比，再也不会为钱财而担忧了。

所以说，不能因为做事情看不到眼前的回报就不尽全力，那样的人一辈子也只能达到半善的程度；只有那些能舍得付出，全力去行善的人，肯定会得到真正的大的回报。付出才有回报，全力付出去行善，就一定能达到满善的程度，之后才能获得很大的回报。

其实说简单一点就是一个人的善行是不是能够达到圆满全在于自己的态度，态度决定一切，所有的事情的最终结果都与做事情的人自身的态度有着紧密的关系。

善的大小

【原文】

何谓大小？昔卫仲达为馆职①，被摄至冥司②，主者命吏呈善恶二录。比至③，则恶录盈庭，其善录一轴，仅如箸④而已。索秤称之，则盈庭者反轻，而如箸者反重。仲达曰："某年未四十，安得过恶如是多乎？"

曰："一念不正即是，不待犯也。"

因问轴中所书何事，曰："朝廷尝兴大工，修三山石桥，君上疏谏⑤之，此疏稿⑥也。"

仲达曰："某虽言，朝廷不从，于事无补，而能有如是之力。"

曰："朝廷虽不从，君之一念，已在万民；向使听从，善力更大矣。"

故志在天下国家，则善虽少而大；苟在一身，虽多亦小。

【注释】

①馆职：明时称翰林院官员为馆职。

②冥司：阴曹地府。

③比至：等到。

④箸（zhù）：筷子。

⑤谏：劝阻，劝谏。

⑥疏稿：上疏的草稿。

【译文】

什么是善的大小？以前有一个叫卫仲达的人在翰林院做官员。有一次他被带到了阴曹地府。阎王爷让鬼吏拿来了他善行和恶行的记录。等到拿来之后，发现恶行的记录能够充满整个院子，但是善行的记录只有一个小卷轴，像筷子一样细。拿秤来称重量，发现像筷子一样的善事记录却比充满院子的恶行记录要重。卫仲达说："我今年才四十，怎么会被记录这么多恶行呢？"

阎王说："一个念头不正那就是恶行，不一定非要等做出来才是。"

卫仲达又问善行的卷轴中记录的是什么事，阎王说："朝廷曾经大兴土木，修建三山石桥，你上疏劝谏皇帝，这是你上疏内容的草稿。"

卫仲达说："我虽然上疏劝阻了，但是皇上并没有听从我的意见，我做的事情没什么用，能有这么大的善行？"

阎王说："朝廷虽然没有听从你的意见，但是你的这个念头是为万千的老百姓所着想的；如果朝廷听从了你的建议，那你的善行就更大了。"

因此只要志向在于为家国天下谋求福利，则善行做得少也是大善；如果只为自己着想，那善行再多也是小善。

【解读】

行善分为大善和小善，了凡先生在这段就是主要用一个故事来说明大善和小善的区别。

以前有一个叫卫仲达的人，是翰林院的官员，有一次，他被带到阴曹地府去审判。关于卫仲达这个人，他的具体情况已经无从查起了，只知道他是宋朝人。

卫仲达被带到阴曹地府是接受审判的，这很可能说明他在阳间犯过很多的错误。阎王爷让鬼吏拿来了记录他在阳间恶行的册子，居然能装满一间院子，而记录他善行的册子却只有像筷子那样细的一个卷轴。

如果只看到这里，那么肯定所有人都会认为卫仲达是个大恶人，要不然怎么会有那么多的恶行记录呢？连卫仲达自己都惊呆了，但是他却觉得自己没做过那么多的恶事，他是被冤枉的。卫仲达说："我今年才四十岁，怎么会被记录这么多恶行呢？你们一定是弄错了，我是冤枉的。"但是审问他的阎王爷却十分肯定他不是被冤枉的，因为"恶行并不是在做出来以后才成为恶行，只要在心里面有一个念头不正那就是恶行，即使这个想法还没有付诸行动"。

在这里面就有一个恶行的评判标准问题。一般人认为，恶行只有真正地做出来，那才应该算作是恶行，毕竟在没做出行动之前没有对任何人造成伤害。但是阎王爷显然不是这样认为的，他认为有作恶的想法就是错的，就是恶行了。这是有一定道理的。会产生作恶的想法的人，那就说明这个人并不是一个道德品质高尚的人，所以很有可能做出恶行。即使只有想法而没有行动，那也只是时间的问题而已，毕竟产生了一次作恶的想法后，就一定会有第二次乃至无数次，最后肯定会积少成多，到时候就会付诸行动并产生恶行了。因此，一个简单的作恶的想法就是恶行积累的开始，所以说有作恶的想法就已经算作是作恶了。儒家思想也反对在心中产生作恶的想法。儒家思想讲究的是"思无邪"和"慎独"。所谓的慎独，就是指人们在独自活动无人监督的情况下，凭着高度自觉，按照一定的道德规范行动，而不做任何有违道德信念、做人原则之事。既然是按照一定的道德规范来行动和思考，当然也不能有那种违背道德规范的作恶的想法了。

既然是犯了错误那肯定是要惩罚的，更何况是这么多的错误。古人有功过相抵的说法，考虑到卫仲达也做过善事，为了能准确地找出惩罚他的标准，于是阎王爷决定把他恶行的记录和善行的记录拿到秤上称，去掉抵消的部分之后再进行惩罚。可是没想到，他那筷子一样细的善行记录重量却是大于恶行记录，这说明卫仲达的善行是高于恶行的，他根本就应该算是一个好人。

一件简单的善事就压过了那么多的恶行，说明这件善事一定十分巨大，但是卫仲达并不记得自己做过什么事情了，于是就要求看一下那个卷轴里面记录的究竟是什么善事。原来是当时朝廷要大兴土木，修建三山石桥，而卫仲达却上奏皇帝，阻止这件事，他认为这种大兴土木的事情完全是劳民伤财的行为，不可取。卷轴里面记录的就是卫仲达当时上奏的奏折。但是卫仲达仍然奇怪，因为他当时的劝谏并没有成功，又怎么可能成为那么大的善行呢？这时候阎王又说话了，他对卫仲达说："朝廷虽然没有听从你的意见，但是你的这个念头是为万千的老百姓所着想的；如果朝廷听从了你的建议，那你的善行就更大了。"

既然卫仲达劝谏皇帝不要大兴土木、劳民伤财并没有成功，即使是善行也应该是小善，又怎么能够使自己的善行大于恶行呢？其实这里面的原因并不复杂，还是从一个人的内心想法出发的。当时卫仲达是为了天下苍生着想，是为天下太平而上疏，他心中装的是天下亿万的百姓，所以功德浩大，这并不是小善能够相比的。如果他当时想的只是升官发财，或者他存在一些其他的什么用心的话，纵使也上奏劝谏，即使能获得成功，那效果也要差很多。

"故志在天下国家，则善虽少而大；苟在一身，虽多亦小。"其实大善和小善的差别就在这里，主要就是看是否发自内心，还有就是为百姓着想还是为自己考虑的：但凡为天下苍生着想，不为自己着想，这个功德就无量无边，就是大善，大善就能得到上天的回报；假如是从自己利益出发，虽然是善事，这个福德也会很有限，也就是小善，小善就不一定会得到上天的回报了。

佛教中有"不为自己求安乐，但愿众生得离苦"这样的句子，这就是为天下苍生所考虑，所以佛教能长久地传扬下来，经久不衰。就像是范仲淹，他为什么能名传千古，为什么能受到历代圣贤的好评，又为什么能让他的家族经久不衰？是因为他曾经当过宰相吗？不是的，是因为他是一个"先天下之忧而忧，后天下之乐而乐"的人。反观现在这个社会呢？能够行善的人是越来越少，能够真心行善的人更是越来越少。即使是行善的人，也有很多是抱有一定目的的。这样做，即使是行善，也不可能称之为大善，也不可能获得多大的功德，更不可能获得上天的报答。

卫仲达的上疏并未劝谏成功，但厥功至伟，获得大善，那是因为他努力过了，甚至是冒着杀头的危险去做的。所以，不用担心事情不成功，尽力去做就是了，凡是做善事，不要因为考虑自己的情况而畏畏缩缩，要竭尽全力去做，即使事情不成功，也终究是一件大善，必然会得到上天的报答。

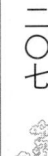

从困难处行善

【原文】

何谓难易？先儒谓克己①须从难克处克将去。夫子论为仁，亦曰先难。必②如江西舒翁，舍二年仅得之束脩③，代偿官银④，而全人夫妇；与邯郸张翁，舍十年所积之钱，代完⑤赎银，而活人妻子，皆所谓难舍处能舍也。如镇江靳翁，虽年老无子，不忍以幼女为妾，而还之邻，此难忍处能忍也。故天降之福亦厚。

【注释】

①克己：约束自己。
②必：一定。
③束脩（xiū）：咸猪肉。这里指学生赠送给老师的谢礼。
④官银：这里指官府的税赋。
⑤完：这里指偿还。

【译文】

什么是善的难易？儒家的圣贤说要想约束自己就一定要从难以约束的地方开始做起。孔子在论述"仁"的思想时，也说过要先从难做的地方做起。一定要像江西的舒老先生一样，用自己教学两年所得的报酬，替别人偿了官府的税赋，从而成全了别人的夫妇。还有河北邯郸的张老先生，用自己十年所积累的钱财，替别人偿还了赎罪的银子，救活了别人的妻子，这些就是将难以割舍的东西施舍给别人。再比如江西的靳老先生，已经很大的年纪，还没有儿子，但是不忍心纳年幼的女子为妾，而是将她送回了家，这就是在难以约束自己的情况下控制住了自己。所以上天降给他们的福泽也一定很深厚。

【解读】

在这段里了凡先生主要讲的是做善事的困难和容易。"先儒谓克己须从难克处克将去。夫子论为仁，亦曰先难。"仁是儒家学说的核心思想，而要想达到仁的境界，就必须先做到克己复礼。从这里可以看出来，其实克己复礼就是要求人们要有一颗仁爱之心。所谓的克己复礼就是指努力约束自己，使自己的行为符合礼的要求。

克己复礼主要在于一个"克"字，无论做什么事情都要约束和克制自己，遵守一定的道德准则或原则，并且控制自己的私欲。古代的圣贤们认为，一个人想要控制自己的私欲，就一定要先从最困难、最难以控制的地方开始控制；孔子在论述仁的时候也说："仁者先难而后获，可谓仁矣。"这是为什么呢？因为只有从难处下手，才能体现出仁者的勇猛之心，所获得的功德也最大。做善事也是一样，只有做那些会让自己纠结、痛苦，让自己感到为难的善事，才能真正积累更大的功德。了凡先生为了说明这个道理，列举了三个例子并作了详细的说明。

第一个讲的是江西的一个舒老先生的故事。江西的舒老先生在外地教书两年后，和跟他一起教书的人乘船返回家乡。在中途休息的时候，舒老先生上岸去散步，听到一个妇女哭得很悲伤。舒老先生是个善良的人，于是就去问那个妇女为什么哭得那么伤心。那个妇人告诉他，自己的丈夫欠了官府十三两银子，如果不能还上的话就要被关进大牢了。可是他们家十分地贫穷，根本就拿不出那些银子，她的丈夫不想被关进大牢，于是就决定把她卖给别人当奴婢，可是这么一来她那年幼的孩子就没有人哺育了，因此她才十分地伤心。

舒老先生很同情她，就决定帮助那个妇女。他想，和他一起乘船的教书先生就有十多个，只要每个人拿出一两银子就足够帮助这个妇女了，于是他就去和与自己同船的同伴说了这件事情。他本以为都是为人师表的人应该会伸出援手的，可是在听到他的提议后，那些人却没有一个人愿意出手相助，并且劝他也不要管这件事情。但是舒老先生不忍心见死不救，于是忍痛拿出了自己教书两年所得的所有报酬给了那个妇人。舒老先生的家也很穷，等到他回家的时候他们家已经没米下锅了，他的妻子埋怨他为什么没有拿钱回来。于是他就把帮助那个妇女的事情告诉了他的妻子。他的妻子觉得他做得对，就不再抱怨了，并且主动去挖了野菜拿来充饥。晚上睡觉时，听到窗外有人喊着说："今晚吃苦菜，明年生状元。"舒老先生和他的妻子听到了赶紧起来，披上衣服向天拜谢。第二年生了一个儿子叫舒芬，长大果然中了状元。

第二个讲的是邯郸的张老先生的故事。张先生没有孩子并且家庭生活困难，但是他却用十年的时间积攒了能够装满一个储蓄罐的铜钱，这是他和他的妻子养老用的。有一次他的一个邻居触犯了刑法，但是却不想坐牢，因此只能向官府缴纳一大笔银子来赎自己的罪过。可是那个犯人家也很穷，为了能够免除牢狱之苦，无奈之下那个犯人就决定把自己的妻子卖掉来筹钱。但是那个犯人家有三个年幼的孩子，张老先生担心他们失去母亲之后不能够活下去，他实在不想看到那样的结果，于是就和自己的妻子商量，决定拿出积攒十年的铜钱去赎回那个犯人邻居。但是他的钱并不够，因此把他的妻子唯一的首饰——一个簪子也给当了，这才凑够了赎金，救出了邻居。就在这一天晚上，张老先生便梦见神仙抱着一个孩子来送给他。当年，张老先生的妻子就生了一个男孩，取名叫张弘轩，其后代显贵无比。

第三个讲的是浙江的一位靳老先生的故事。他和他的妻子结婚很多年，但是一直都没有孩子，直到五十多岁依然膝下无子。他的妻子很过意不去，因此变卖了自己的首饰，想要把一个邻家的相貌端庄、美丽的女子买来给靳老先生做妾并传宗接代。靳老先生的妻子找了个机会把自己的想法对丈夫说了，本以为能成功，却没想到被靳老先生严厉拒绝了。靳老先生说："我知道你是为了我们家能够有人继承香火才打算为我买妾的，我很感激，但这位邻居家的女孩，她小时候我就经常抱着她，希望她能找个好男人，幸福一辈子。我现在老了，身体不好，我不能玷污她，让她得不到幸福。所以，你还是把邻居家的女儿还给人家，我不要小妾。"第二年的时候，靳老先生的妻子怀孕了，生了个孩子。这个孩子十七岁考中解元，十八岁考中进士，一生官场顺利，最后当上了明朝的首辅。

　　做善事也要从困难的地方做起，这样最后才能算是做了一件大的善事，积累大的功德，获得上天的回报，而详细地阅读了上面三个例子之后，就一定能更深切地感受到这个道理。首先是看他们做善事的结果：舒老先生的儿子长大后中了状元；张老先生的后代显贵无比；靳老先生的儿子当上了明朝的内阁首辅。其次再看他们三个人做的事情：舒先生宁可自己忍饥挨饿，受世人嘲讽，吃野菜根，也不忍心看到别人家破人亡，因此舍弃了自己两年的积蓄来成全别人；张老先生为了能够保全邻居家的完整，保住几个小生命，舍弃了自己十年的积蓄和妻子心爱的首饰，使得本来就饥寒交迫的生活更如同雪上加霜一般；靳老先生宁可老来无子，背上不孝的骂名，也不对美貌动心，不忍心去破坏一个年轻女子的幸福。这些做法可都是毫无疑问的大善了，因为从中可以体会到这三个人的境遇，三个人行善的时候究竟有多难，也能够体会到三个人当时受到的痛苦有多大。

　　正是因为他们三个人能下定决心如此作为十分艰难，所以才能看出他们行善的真心，才能证明他们行的是大善，所以才积累了那么大的阴德和功德，所以三位先生的今生以及后代，才能有如此福德，这是他们理所应得的东西。

随缘行善

【原文】

　　凡有财有势者，其立德皆易，易而不为，是为自暴。贫贱作福皆难，难而能为，斯可贵耳。

　　随缘①济众，其类至繁，约言②其纲，大约有十：第一，与人为善；第二，爱敬存心；第三，成人之美；第四，劝人为善；第五，救人危急；第六，兴建大利③；第七，舍财作福；第八，护持正法；第九，敬重尊长；第十，爱惜物命。

【注释】

　　①随缘：顺其自然。
　　②约言：简单地说。
　　③大利：对很多人有利。

【译文】

　　凡是有钱有势的人，他们想要积德行善都很容易，容易却不去做，那就是自暴自弃了。贫穷低贱的人想要修得福气是很艰难的，虽然艰难但是去做了，那么就是十分可贵的了。

　　顺其自然地去救济别人，这种事情可以分为很多种类，简单地来总结一下，一共分为十类：第一种是与人为善；第二种是爱敬存心；第三种是成人之美；第四种是劝人为善；第五种是救人危急；第六种是兴建大利；第七种是舍财作福；第八种是护持正法；第九种是敬重尊长；第十种是爱惜物命。

【解读】

一般的情况下，一个人到底是善人还是恶人，大多是比较出来的。譬如说布施钱财，这个事情是一件大好事。要是一个富翁能够捐献出几千金，那自然是好事。但要是这个富翁有几百万两银子的财产，遇着荒年，眼见灾民满地，拿出一千两来捐赠是非常容易的事情。若是贫人看见别人的苦事，动了不忍之心，虽只施舍几文，但是对他而言却很困难。因为贫人的几文，是比富人的几千或者几万两更为难的。

一个有钱人想要做善事很容易，因为他们有钱有势更有能力，如果不去做，这就是自己放弃自己了。金钱、权力、名声、地位都只是一瞬间的事情而已，这样的富贵荣华过后，往往会凄凉无比，那为什么不趁着自己手上有财有势的时候，多做一些善事，保佑自己和子孙后代的富贵呢？所以说只有多做善事，才能保持住自身的富贵。贫穷的人因为家境困难，所以为善不易，正因为难行而行，才会积攒大福德、大福报，所谓难能可贵，这个道理我们要明白。

所以，行善不需要斤斤计较，不需要去想自己做得多了还是少了，而是要学会随缘。所谓的随缘，是跟随缘分，但不放任，看到了，听到了，就去做，这叫随缘。只有在随缘的情况下，去帮助众生，去做善事，那样才能积累无边的福德。

什么是缘？所谓的缘就是指世间的万事万物都有相遇和相随的可能性：有可能就是有缘，没有可能即无缘。缘是无处不在的，常言说，"有缘千里来相会，无缘对面不相识"。缘也是有聚有散、有始有终的。缘是一种存在，是一个过程。

随缘其实是佛家的说法。"随缘"不是说随便行事、因循守旧，而是顺其自然，不怨恨，不躁进，不过度，不强求，不墨守成规、冥顽不化。就像在世上做人，要通情达理、圆融做事，这样才能够达到事理相融。

"随缘"，常常被一些人理解为不需要有所作为，听天由命，由此也成为逃避困难或者是问题的理由。其实这种想法是十分错误的，随缘不是说让人放弃自己的追求，而是让人以豁达的心态去面对生活；随缘是一种智慧，可以让人在狂热的环境中，依然拥有恬静的心态、冷静的头脑；随缘是一种修养，是饱经人世的沧桑，是阅尽人情的经验，是透支人生的顿悟。随缘不是没有原则、没有立场，更不是随便马虎。"缘"需要很多条件才能成立，若能随顺因缘而不违背真理，这才叫"随缘"。

大千世界芸芸众生，可以说是有事就有缘，如喜缘、福缘、人缘、财缘、机缘、善缘、恶缘等。万事随缘，随顺自然，这应该是所有人都需要的一种精神。

随缘，是一种平和的生存态度，也是一种生存的禅境。"宠辱不惊，闲看庭前花开花落；去留无意，漫随天外云卷云舒。"放得下宠辱，那便是安详自在。吃饭时吃饭，睡觉时睡觉。凡事不妄求于前，不追念于后，从容平淡，自然达观，随心、随情、随理，便识得万事随缘皆有禅味。在这繁忙的名利场中，若能常得片刻清闲，放松身心，静心体悟，日久功深，你便会识得自己放下诸缘后的本来面目：活泼的、清净无染的菩提觉性。人们获得缘不是靠奋斗和创造，而是用本能的智慧去领悟、去判断。

因此，现代人在行善的时候不要过分地考虑太多的因素，不要总是借口自身能力有限而拒绝行善，只有内心清净，一切随心、随缘，才能身心轻松，得到上天的眷顾。

与人为善

【原文】

何谓与人为善？昔舜在雷泽①，见渔者皆取深潭厚泽，而老弱则渔于急流浅滩之中，恻然哀之。往而渔焉，见争者皆匿其过而不谈；见有让者，则揄扬②而取法之。期年，皆以深潭厚泽相让矣。夫以舜之明哲③，岂不能出一言教众人哉？乃不以言教而以身转之，此良工苦心④也。

【注释】

①雷泽：地名。在今山东菏泽东北。

②揄扬：赞扬。

③明哲：聪明，有智慧。

④良工苦心：良苦用心。指用心去研究某些事情。

【译文】

什么是与人为善？以前舜在雷泽看见打鱼的人都选择潭水深并且鱼多的地方，但是年老体弱的人只能在急流浅滩中打鱼，舜觉得他们很可怜。于是他自己也去打鱼。看见有人争抢他就当作没看见一样不做任何评论，看见有互相谦让的人，他就大加赞扬他们的做法。第二年，潭深鱼多的地方被大家互相礼让。当时舜是一个聪明有智慧的人，难道他不能说几句话来教导大家吗？这是因为他不用嘴说而是用以身作则的方法来转变人们的思想，真是良苦用心啊。

【解读】

这段主要是用舜的例子来说明什么是与人为善。

与人为善出自《孟子·公孙丑上》："取诸人以为善，是与人为善者也。故君子莫大乎与人为善。"意思就是说看到别人有一点善心就去帮助他，使那个人的善心得到增长；当别人做善事因为力量不够而导致不能成功时，也要去帮助他，使那个人能把善事做成功。帮助别人行善之后，那别人的善事就也算是自己的善事，就能积累无数的功德。

舜是上古先王，受后人敬仰，古代圣贤们对他十分地推崇。在舜生活的时代，人们的生活主要是依靠渔猎，因此，打鱼是人们日常生活中的主要活动之一，所以经常可以看到人们聚集在河里或者是湖里打鱼。所谓有人的地方就有江湖，有利益的地方就有纷争，而打鱼恰好关系到当时人们的生活，是人们的主要利益所在，因此就出现了舜去雷泽打鱼时看到的情况：身强力壮的年轻人霸占着湖中心鱼虾多的地方打鱼，这明显就是出于自己的利益考虑；而老年人和孩童们由于争斗不过年轻人，所以只能在急流险滩的地方打鱼，地点不好，鱼也少，这样就会导致生活的艰辛。舜身为一个部落氏族的首领，希望见到的是一个团结友爱、互敬互助的集体，而绝对不是他眼前所看到的这种情况，同时，他又富有同情心，不希望看到老人和孩子受到这样的欺负，于是他决定想个办法解决这样的问题。

舜没有急躁地去开口教育那些霸占着水深鱼多的地方的年轻人应该互敬互爱什么的，也没有说出什么让年轻人把地方让出来给老人和孩子打鱼的话，他跑到了急流浅滩的地方去打鱼。当看到别人把好的打鱼的地方互相谦让的时候，他就会把事情到处宣传，大加赞扬这种做法，要让所有人都知道他提倡这种做法。久而久之，舜的这种行为被人们深深地记在了心里面，渐渐地，年轻的人们也都慢慢学会了谦让，他们在打鱼的时候经常会把水深鱼多的地方让给老人和孩子，而自己到急流浅滩中去打鱼。这种行为其实说白了就叫作尊老爱幼，当然这也是一种善行。而那些年轻人能做出这种善行来，全是靠着舜的聪明和智慧，舜这样也算是帮助他们行善。舜的这种做法就叫作与人为善。

或许有人会奇怪，舜身为一个部落氏族的首领和一个受人尊重的人，他要是想把一件事情做成，好像并不一定要亲自动手。就像劝人打鱼这件事，他完全可以直接用言语去教育或者命令那些年轻人按照他的想法去做，相信那些年轻人一定不敢反对他的话，这样岂不是更简单轻松并且节省时间吗？其实这种想法是不正确的，年轻人都是有脾气并且有一种叛逆心理的，就像是孩子都不喜欢家长的唠叨一样，要是舜不厌其烦地说教的话，很可能会导致那些年轻人开始厌烦他，并且他越是不让人做的事情那些年轻人就会做得越开心。

言传不如身教，舜自己做了，那些年轻人自然会受到影响。舜这样道德品质高尚的人，是非常地受其他人的尊敬和喜爱的，因此他的一些行为或者是做事的方法很容易就会成为别人模仿的对象，所以这样的人的一举一动很容易就成为其他人做同类事情的标杆，这就是身教。这种潜移默化的影响显然比苦口婆心的言传有用得多，舜作为一个聪明并且有智慧的人，显然是明白这个道理的。

《庄子·天道》有这样一句话："语之所贵者意也，意有所随。意之所随者，不可以言传也。"意思就是说用自己的语言教育人，用自己的行动带动人，用自己的做法感动人，这就是言传身教的由来。言传身教并不是一种行为，而是可以理解为两种行为，那就是言传和身教。这两种方法虽然都是以教化别人为目的，但是这两种方法的效果却是不同的，并且很明显是身教所得到的结果要好于言传所带来的结果，就连古代的圣贤孔子也是这样认为的。《论语·子路》中，孔子说："其身正，不令而行；其身不正，虽令不从。"这句话的意思是说，当一个管理者对自身要求严格，并且什么事情都能亲自做出表率身先士卒的时候，就算他不去下命令，被管理的人也都会跟着他一起行动起来；相反地，如果管理者对于自身不去严格地要求，却对被管理者要求十分严格，那么即使他再三令五申或者是苦口婆心地劝告，也不能得到任何效果，被管理的人是不会服从的。从这里就能够看出来，身为儒家圣贤的孔子都认为身教的作用强于言传，可见身教的作用确实是远远大于言传的。

现实中也有很多例子，说明言传不如身教。就像家长教育孩子，许多家长一边给孩子讲"粒粒皆辛苦"，一边却随手扔掉不合口味的食品；一边给孩子讲"孔融让梨"

的故事,另一边却争先恐后地挤车抢座;一边教训孩子要尊敬父母,一边自己却不尽赡养父母的责任和义务;一边给孩子讲"好好学习、天天向上"的大道理,一边自己却一年到头也不摸书,甚至沉溺于扑克、麻将桌上;一边嘴上要求孩子"自己的事情自己做",一边却又帮孩子打扫教室卫生,恨不能连劳动课都要替孩子上;一边告诫孩子要好好听老师的话,一边却又在背后对老师品头论足,甚至破口谩骂。这样做的结果必然是孩子把父母那些坏的习惯都学到了,就像是一个人如果经常在孩子面前喝酒的话,那么他的孩子也一定很能喝酒;一个人如果经常在孩子面前赌博的话,那么他的孩子也一定会对这方面很有兴趣。这种情况下不是说父母教育孩子什么事情不能干孩子就不会去干的,当孩子对一件事情感兴趣并且看见父母做这种事情的方法的时候,孩子是一定会去模仿的,这就是因为身教的影响十分的重大。

舜很明白这个道理,所以他并不劝告那些年轻人,而是身体力行,用心去做,去经营,去与人为善,因此才成就了大舜的不世之功。作为我们现代人也是一样,不要期待着可以用言语去改变一个人,无论何时都去认认真真地做事情,到最后自然会感染身边的人,也自然能够得到更多的人的认可。

生存的方法

【原文】

吾辈身处末世①,勿以己之长而盖②人,勿以己之善而形③人,勿以己之多能而困④人。收敛才智,若无若虚,见人过失,且涵容而掩覆之。一则令其可改,一则令其有所顾忌而不敢纵。见人有微长可取,小善可录,翻然舍己而从之,且为艳称而广述之。凡日用间,发一言,行一事,全不为自己起念,全是为物立则,此大人⑤天下为公之度也。

【注释】

①末世:这里指现世。
②盖:掩盖。
③形:比较。
④困:难为。
⑤大人:品德高尚的人。

【译文】

我们身处现在这个社会,不要用自己的长处去掩盖别人的长处,不要用自己的善行去和别人比较,不要因为自己的知识多就去为难别人。收敛自己的才智,不要锋芒毕露,看见别人的过错,也要包容并且帮其掩盖。一方面可以让其自己去改正,另一方面也可以让他记住教训,再也不敢犯这样的错误。看见别人有一点的长处都要去学习,有一点的善行都要记住,一定要舍弃自己的短处去学习并改正,并且帮助他们传扬出去。凡是在日常生活中，说一句话，做一件事，都不要为自己的利益考虑，而是要为社会树立榜样。这就是品德高尚的人"天下为公"的气度。

【解读】

在这段中，了凡先生主要讲述的是一个人在这个社会中生存下去的一些方法。

第一，不要用自己的长处去掩盖别人的长处，不要用自己的善行去和别人比较，不要因为自己的知识多就去为难别人。现实生活中有很多人，他们自身的大部分才能都比不过别人，但是也许会在某一方面表现出了特别优秀的才能。这些人平时也许会十分地谦虚和低调，可是一旦遇到他擅长的领域的时候，他们就会显得特别兴奋，然后就是炫耀自己在这方面的才华，意图通过在这个别人不擅长的方面来打击或者是压制别人，使自己得到重视和认可。

既然人的一生需要许许多多的人的帮助才能过得顺利和精彩，那就不应该随便去得罪一个人或是把别人惹得不高兴，因为搞不好这些人中就有你生命中的贵人。然而，用自己的长处去掩盖别人的长处、用自己的善行去和别人比较、因为自己的知识多就去为难别人等这些行为却恰好是最得罪人的行为。如果一个人非要拿自己擅长的领域去和一个不擅长该领域的人比较，并且因为胜利而大肆地嘲笑对方，这样会使人自尊丧失，颜面全无，会让人理解成为是一种炫耀，这样就会招来别人的反感，会和别人结下怨恨。所以，在社会生活中，不要用自己的长处去掩盖别人的长处，不要用自己的善行去和别人比较，不要因为自己的知识多就去为难别人。

第二，就是要收敛自己的才智，不能锋芒毕露。其实这点和第一点是差不太多的，总的来说其实就是一句话，那就是做人要低调。有道是财不外露，不光钱是如此，有时候人自身的才华也要适可而止地发挥。人外有人，天外有天，谁也不能保证自己所处的位置就是这个世界的最高点。所谓高处不胜寒，一味地把自己打造成一个鹤立鸡群的人，那肯定会遭到别人的羡慕、嫉妒或者是排挤，没有人会真正为一个站到顶点的人鼓掌助威。上位者注定是孤独的，就像是古代的皇帝一样，虽然地位高高在上，但是每天经历的就只有钩心斗角，他们没有朋友，也没有几个能够真心信任的人。所以，人活在这个世界上要学会低调，学会收敛，只有这样才能有更多的朋友，有更多志同道合的人产生共鸣，最终才能使人生走得更加顺利。

第三，就是看见别人的过错，也要包容并且帮其改正。一方面可以让其自己去改正，另一方面也可以让他记住教训，再也不敢犯这样的错误。每个人都有自己长处的同时，每个人又都拥有自己的短处。《弟子规》里面说："人有短，切莫揭；人有私，切莫说。"这句话其实是很有道理的。一方面如果去揭发别人的短处会让人感觉到很没有面子，要知道中国人是最重视面子问题的，这样就很有可能招来别人的怨恨，有时候根本就是得不偿失；另一方面轻易得到的东西是没有人会去珍惜的，别人指出来的错误或者是短处，对于一个人来说是很容易得到的，因此很有可能不受到重视，或许根本就不能记住，没有深刻的印象自然也就没办法改正，所以说这样一点帮助都没有，甚至就是害人，因此一定不能随便地去揭露别人的短处。另外，你不去揭短，难道有过失的人就不知道自己的过失吗？他一定知道！我们不去揭发他，是为了给他改过的

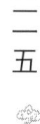

机会，给他反思的机会，让他有所顾忌，有所收敛。

第四，看见别人有一点的长处都要去学习，有一点的善行都要记住，一定要舍弃自己的短处去学习并改正，并且帮助他们传扬出去。我们一直强调每个人都有自己的长处，而有些人的长处正是很多人都应该去学习的。在《论语·里仁》里有这样一句话，子曰："见贤思齐焉，见不贤而内自省也。"这句话的意思就是说看到贤德的人就应该向他学习，努力使自己达到那样的程度。看到不贤的人也要在内心中仔细反省自己有没有跟他相似的毛病。这句话正好映衬了了凡先生的观点。如果一个人能因为别人的善行而感动，并且能够到处去帮助宣传别人做的善事，进而受到影响自己也去做善事，那么就说明这个人一定是有一颗善心。所以说，如果一个人能做到见贤思齐，那么就说明这个人的品质是好的，心地也是善良的，最后也一定能够得到福报。

第五，就是在日常生活中，说一句话，做一件事，都不要为自己的利益考虑，而是要为社会树立榜样。这就是所谓的天下为公的思想。所谓的天下为公就是指以天下为己任，做事情不以自己的利益为出发点。能做到这样的人那肯定就是圣人了，而这种思想又恰好附和儒家学说中的"内圣外王"思想。所谓的内圣外王，就是指内部包含有圣人的道德，视死如归，与天地并存，顺其自然不能强求，同时对外又以王者的名义，施王道之政。这是儒家的圣贤们所遵守的准则，而儒家的圣贤都是人们所敬佩和学习的榜样，因此，人们无论在什么时候都应该做到说一句话，做一件事，都不要为自己的利益考虑。如果一个人能达到"天下为公"的气度，也一定会得到老天的眷顾。

爱敬存心

【原文】

何谓爱敬存心①？君子与小人，就形迹②观，常以相混，惟一点存心处，则善恶悬绝③，判然如黑白之相反。故曰：君子所以异于人者，以其存心也。君子所存之心，只是爱人敬人之心。盖人有亲疏贵贱，有智愚贤不肖④；万品不齐，皆吾同胞，皆吾一体，孰非当敬爱者？爱敬众人，即是爱敬圣贤；能通众人之志，即是通圣贤之志。何者？圣贤之志，本欲斯世斯人，各得其所。吾合爱合敬，而安一世之人，即是为圣贤而安之也。

【注释】

①存心：心中存在的某种心思。这里指人的先天道德本性。
②形迹：表面情况。
③悬绝：悬殊，差别大。
④不肖：无德，不贤。

【译文】

什么是爱敬存心？君子和小人，单看表面的情况，经常是混为一体，分不开的。

唯一的区别就在于心中存在的先天的道德本性，善行和恶行之间相差非常大，就像黑色和白色是截然相反的那样。因此，君子之所以和一般人不同，就是因为心中的道德本性不同。君子的心中，都是对别人的尊敬和友爱。人有亲疏贵贱之分，也有愚蠢与智慧之分，贤与不贤之分。所有人都不一样，但都是我们的同胞，难道有谁不值得我们敬爱吗？爱敬所有人，就是爱敬圣贤之人，能明白普通人的志向，也就能明白圣贤的心意。为什么呢？圣贤的心意，本来就是希望这个世界上的人，都能够开开心心地生活。我们爱敬众人，就可以使众人安泰，这也是代替圣贤使他们安泰。

【解读】

　　这段主要讲述的是什么是爱敬存心。这里的存心是指把什么东西存在心里或者是心里面有什么样的东西，而爱敬存心就是说要心存仁爱、慈悲、恭敬和礼节。

　　那么为什么要在心里面存有这些东西呢？因为存心是决定一个人是君子还是小人的重要标准。所谓的君子就是指拥有一种比较普遍的、比较易知的、比较完美的人格的人。同时，君子十分受儒家思想特别是孔子的推崇，因此一个君子在中国古代的地位通常都是十分高的。说白了，君子其实就是孔子的理想化的人格。而儒家思想的核心是仁，所以君子的首要条件就是心存仁爱和仁义。而君子的反面，那就是小人。小人专指那些喜欢搬弄是非、挑拨离间、隔岸观火、落井下石之类的人。

　　在儒家的典籍《论语》中，就有很多关于君子和小人的论述。比如说"君子坦荡荡，小人常戚戚""君子泰而不骄，小人骄而不泰""君子周而不比，小人比而不周""君子和而不同，小人同而不和""君子怀德，小人怀土；君子怀刑，小人怀惠""君子上达，小人下达""君子不可小知而可大受也，小人不可大受而可小知也"，这些明确的对照，完全彰显出了君子的道德品质。虽然说在君子和小人的区别上面孔子论述了很多的东西，但是归根结底还是要看一个人的存心。从上面的几点就可以看出来，君子就是心里面存着温良恭俭让、仁义礼智信的人，而不存在这些东西的，那就是小人。

　　或许有人会不理解，认为一个人是君子还是小人应该是很好判断的，但是仔细想想的话，就会发现这种想法是错误的。人是一种善于伪装的动物，从外表或者是很多事情上来看，根本就看不出一个人到底是君子还是小人，除非是性格特色特别鲜明的人。就像君子要是做事情的话，自然不需要伪装，因为他们的内心是坦荡的，不需要掩饰。小人就不同了，毕竟没有人喜欢小人，人们对于小人都很唾弃，因此小人做事情的时候一定会伪装成君子的样子，所以从外表上根本就不可能分辨出来一个人到底是君子还是小人。只有了解了一个人的内心，才能真正地判断出这个人到底是善还是恶，到底是君子还是小人。

　　王安石在主持变法的时候，有一个最得力的帮手，那就是他的好朋友吕惠卿。王安石非常赞赏吕惠卿的才能，他曾一再向神宗皇帝推荐吕惠卿，并最终打动了皇帝。遇到有关变法的事宜，王安石都会拿来与吕惠卿商议，听了他的意见之后才进行实施。所有变法的具体内容，都是王安石说，吕惠卿代笔，然后王安石修改完毕，呈递给皇上，皇上审阅之后颁发推行。

　　当时，变法遇到了前所未有的困难，尽管有皇上的支持，但依然有很多老臣反对。

在孤立无援情况下，王安石更加倚重吕惠卿，把他当成了自己至信的朋友。

然而，吕惠卿表面上看也是尽心尽力帮助王安石，实际上他却有自己的邪恶计划。吕惠卿跟王安石走得近说到底就是想趁机上位。吕惠卿的狼子野心，当时朝堂上的一些明眼人早就看出了端倪。司马光曾当面对宋神宗说："吕惠卿并不是什么有德之人，现在支持王安石的是他，将来跳出来反对王安石的人，一定也是他！"

王安石作为一代贤相，看人识人却很不准，竟然相信吕惠卿。司马光一连数次给王安石写信说："吕惠卿这样的小人，现在依附于你是想借变法为名往上爬，在你辉煌的时候，他自然会对你好。一旦你失势，第一个上来践踏你的就是他。"

可是，王安石根本就听不进去，在他眼里，只有吕惠卿是值得交往的朋友，司马光什么的都是自己的政敌。

后来事实证明了司马光的话，王安石失了势之后，吕惠卿马上露出狰狞的面目，不仅立刻背叛了王安石，而且通过检举王安石上位做了宰相。他担心王安石还会重新还朝执政，处处打击陷害王安石，先是对王安石的家人下手，把他们都贬到偏远山区，然后开始攻击王安石。

吕惠卿看上去尽心尽力帮助王安石，但绝不是好人，这就是"存心"不善。一个人是不是君子，需要看他的内心，而不是一时作为。那么，君子应该存什么样的心理呢？当然肯定是和普通人或者小人有很大的不同的，君子之心应该是仁爱、慈悲、恭敬和有礼节的，同时，君子的存心也必须是对任何一个人都是一样的，不能因人而异。

相比于圣贤的作为，他们的用心更值得人们去学习。在君子的心里面这个世界上人人都是平等的，那当然圣贤也是这样认为的，并且圣贤也不会认为自己是高人一等的。既然是人人平等，那么在圣贤眼里这个世界上所有的人都和他是一样的，那岂不就是人人都是圣贤了？如果是这样的话，那么当然是爱敬众人就是爱敬圣贤了。圣贤的心中是爱敬众人的，那么我们要向圣贤学习的话，也要在心中爱敬众人，而众人和圣贤又是一样的，所以爱敬众人就是爱敬圣贤了，因为这也是圣贤们的做法。

圣贤们在这个社会中提倡人人平等，提倡爱敬众人，无非就是为了让人们能在这个世界上活得更加地安稳自在，人人都能快乐幸福地生活，不再有那些无所谓的争斗。只要能够爱敬众人，那么圣贤能办到的事情，普通人也就都能办到了，到时候这个社会就不再依靠个别人的改变了，而是真正地和谐发展了。

成人之美

【原文】

何谓成人之美？玉之在石，抵掷①则瓦砾，追琢②则圭璋③。故凡见人行一善事，或其人志可取而资可进，皆须诱掖④而成就之。或为之奖借⑤，或为之维持，或为白其诬而分其谤，务使成立而后已。

【注释】

①抵掷：丢弃。
②追琢：雕琢。
③圭璋：这里指美玉。
④诱掖：引导扶植。
⑤奖借：奖励。

【译文】

什么是成人之美？玉隐藏在石头中，丢弃它，那它就是瓦砾，雕琢之后则变成了圭璋一样的美玉。因此如果见到有人在做善事，或者有一个人的志向有可取的地方，都应该鼓励扶植他们获得成就。或者是称赞奖励，或者是帮助扶植，或者是帮助他们辩白污蔑，为他们分担别人的毁谤，总之一定要帮助到他们有所成就。

【解读】

这段主要讲的是何为成人之美。那么究竟什么才是成人之美呢？了凡先生在这段中给出了明确的答案，那就是如果见到有人在做善事，或者有一个人的志向有可取的地方，都应该鼓励扶植他们获得成就。或者是称赞奖励，或者是帮助扶植，或者是帮助他们辩白污蔑，总之一定要帮助到他们有所成就。说白了其实就是在别人遇到困难的时候帮助别人。

在这里了凡先生举了一个玉石的例子。我们所认为的价值连城的玉，为什么要叫玉石呢？简单点地说，其实玉就是一块石头，所以才叫玉石。石头大家都知道，那种东西遍地都是，随手就能捡起一块来，根本就不是什么值钱的东西，也没有人会去在意一块石头，或是花大价钱买一块普通的石头。

那为什么同样是石头，玉石就价值连城呢？为什么玉石就有人愿花费大价钱去收藏呢？因为玉石并不是那些普通的石头能相媲美的。首先，玉石是非常美的。《说文解字》中就曾经写道过："石之美者，玉也。"《辞海》中则将玉的定义简化为"温润而有光泽的石头"。从中我们就可以看出玉石是非常美的。对于美丽的石头，人们总是非常喜爱的，即使是特别普通的石头，只要它在外表上有一定的特色，总会让人花费心思去得到并且收藏，更不要说石头中最美丽的玉石了。

当然，如果有人觉得玉石之所以比普通的石头受欢迎只是因为它们天生就长得比较美好，那就错了。虽然玉石天然形成的时候的确要比普通的石头美上一些，但是也不至于那样受到人们的追捧。那些美丽的玉石之所以受人欢迎，是因为它们经历过一个人为的雕琢的过程，去其糟粕，取其精华，最终才形成了我们所追求的那些美好的玉石。真正的玉石其实是远古人们在选择石料制造工具的长达数万年的过程中，经筛选确认的具有社会性及珍宝性的一种特殊矿石。玉隐藏在石头中，丢弃它，那它就是瓦砾，雕琢之后则变成了圭璋一样的美玉。玉石从普通的石头变成美玉，其实就是一个雕琢的过程。其中古人对于玉的功用看得更加重要，因为古代迷信认为，玉在经过雕琢之后能产生防妖辟邪的作用。

普通的玉石经过精心的雕琢就变成了美玉,由此可以看出雕琢的重要性。其实,不光是玉石可以雕琢,这个世界上的所有东西在经过雕琢之后都会变得更加地美好,就像经过雕琢的菜品会让人更加有食欲,经过雕琢的建筑也能让人感觉到更多的美感。其实人也是一样的,人也需要不停地雕琢,不停地去掉糟粕,留下精华,这样,一个人才能越来越成功。其实对于人来说,这个雕琢的过程就是一个成人之美的过程。

《论语·颜渊》中有这样一句话:"子曰:君子成人之美,不成人之恶。小人反是。"可见,作为一个君子,是一定要学会成人之美的。其实成人之美和雕琢一样,都是需要有一定的基础的。想要雕琢出一块美玉,那首先必须保证你要雕琢的是一块玉石,否则又怎么能雕琢出一块美玉呢?其次就是一定要尽心尽力,否则又怎么能保证你是在往好的方向雕琢呢?成人之美也是一样的,想要成人之美,一定要保证在人的身上有一定的还没有完全开发出来的优点,就是要有"美",如果一个人身上连"美"都没有,那么其他人又怎么能谈得上对他做成人之美的事情呢?

就拿行善这件事情来说,一个人在内心里十分地想去做善事,并且也想付诸行动,可是由于自身实力或者是能力上的不足,导致他不足以去做某件善事,在这种情况下,有其他的人帮助他完成了这件善事,使他获得了无数的功德,这种行为就叫作成人之美。

在这个世界上每个人都有各自的想法,并且很多人内心的想法都是以自身的利益为核心和出发点的,因此大部分人对于成人之美这种事情都是不积极的,因为在他们的心中,成人之美这种事情完全是在帮助别人铺路搭桥,对自身没有任何的好处。其实这样的理解是十分错误的。成人之美本身就属于做善事的一种。要知道,成人之美其实就是帮助别人,这本身就已经是做善事了;另外,前面说过,帮助别人做善事,那别人做的善事也就成了你自己做的善事了,是要积累功德的。所以说,成人之美其实是一件好事,既能让自己和他人感到开心和快乐,又能够积累到一定的功德,这样的话何乐而不为呢?

环境改变人生

【原文】

大抵人各恶其非类,乡人之善者少,不善者多,善人在俗,亦难自立。且豪杰铮铮,不甚修形迹,多易指摘。故善事常易败,而善人常得谤。惟仁人长者,匡直①而辅翼②之,其功德最宏。

【注释】

①匡直:纠正。
②辅翼:辅佐。

【译文】

　　大致上来说一般人都讨厌和自己不一样的人，同乡的善人少而不善的人多。善良的人在世俗的环境里很难获得成就。而且英雄豪杰多刚正不阿，不修边幅，很容易就会遭到批评、指责，所以做善事经常容易失败。只有仁人长者多多地帮助和辅佐，这样才能取得最大的功德。

【解读】

　　由于个人的主观能动性不一样，每个人所接触的外部环境等客观存在又不尽相同，所以造就了不同的人有不同的性格和喜好。当一个特别出众或者是特别引人注意的人出现之后，很有可能会造成他周围的人结成联盟共同来排挤这个人。就像了凡先生所说的那样，如果一个乡里面不善的人多的话，那么善良的人就一定会受到不善的人的排挤，甚至有可能被赶出这个乡里，因为那些不善的人是见不得善良的人去行善的，甚至看不惯他们的思想，容不下他们的想法和行为。

　　当一个人在意气风发的时候遇到这种被排挤的情况时，可能会产生两种心理。第一种就是那种意志十分坚定的人，他们坚持自己的理想，留在这个地方继续抗争，甚至在心里希望能够感染到其他人。第二种也就是大部分人都会选择的一种方法，那就是被排挤时从自身找原因，然后想办法融入排挤自己的那群人中去，甚至有时候会为了这种事情放弃自己的理想。这种做法不能说是错误的，但是放弃了自己一直所坚持的东西毕竟不是什么好事情，有时候甚至对整个社会都会产生一定的影响。就像是一个善良的人如果被一群不善的人同化了的话，那么对这个社会的影响还是很大的，毕竟善良的人本身就是很少的。说白了，这其实就是外部环境对一个人的影响，外部环境改变了一个人。

　　无论是对个人还是对集体，外部环境的影响都无法避开。举个例子来说，孟子大家都知道，儒家的圣贤人物，孔子之后儒家的第二位大圣人，十分受人尊敬和爱戴。那么孟子生来就是天赋异禀、非常热爱学习知识、注定能成为一代圣人的吗？当然不是的。在孟子的成长过程中，外部环境的影响对他的人生起到了十分重要的作用。

　　孟子在很小的时候就失去了父亲，全靠他的母亲织布卖钱一手把他养大。孟子的母亲是一个很有见识的女人，她希望孟子能够读书上进，学习知识，将来做一个有用的人。

　　孟子在小的时候十分淘气，他经常和周围邻居的孩子打架，后来被孟母知道了。孟母觉得这样经常打架是因为自己家周围的环境不好所造成的，她认为这样会影响孟子以后的发展，所以便决定搬家。

　　他们搬到了一个铁匠铺的附近。有一次，孟母看到他们的邻居家支起了一个大大的炉子，几个铁匠正汗流浃背地在铁毡上打凿着什么东西，而孟子呢，居然用砖块作铁毡，木棒作锤子，在模仿着那些铁匠师傅的动作。看到这里，孟母的心里面又开始不放心了。她认为如果一直这样下去的话那孟子以后就会成为一个铁匠了，根本不是她希望孟子发展的方向，于是孟母决定再次搬家。

为了尽量能让外部环境对孟子的影响减少一些，这次孟母把家搬到了野外。但是野外也并没有让孟母感到安心，因为有一天，孟子看到一个送葬的队伍，哭哭啼啼地抬着棺材来到坟地，并且把棺材埋进了几个精壮小伙子事先挖好的坑中。他觉得挺好玩，就模仿着他们的动作，也用树枝挖开地面，认认真真地把一根小树枝当作死人埋了下去。直到孟母找来，才把他拉回了家。这让孟母更加地不安，长久这样下去那还不如去当个铁匠呢。于是她决定第三次搬家。

　　孟母想到前几次都是因为外部环境对孟子的影响很大自己才带着孟子搬家的，既然自己想让孟子读书，孟子又很容易受到外部环境的影响，那干脆就搬到学堂附近去住好了。于是，他们这次搬到了一个学堂的附近。孟母的苦心终于得到了回报。孟子每天看着学堂里面的花白胡子先生带着学生们摇头晃脑地读书，觉得像唱歌一样，很有趣，于是就也学着他们的样子念起书来，孟母看到这种情况感到十分欣慰，于是就把孟子送进学堂里面去读书了。

　　后来，孟子经过认真的学习和自身的努力，终于成为一代大圣人和儒家思想的代表人物。孟子的经历，就是外部环境对个人的影响的典型例子。如果孟子的母亲没有经常搬家找合适的环境的话，说不定长大后的孟子就是一个小混混或者铁匠。

　　当然，外部环境对群体也是有影响的，这个就更多了，比如说历史上的各个农民起义。历史上的哪一次农民起义，不是因为农民们无法生活下去了？那农民为什么生存不下去呢？这就是外部环境的影响所造成的。统治阶级的压迫、天灾人祸不停地发生，大多数都是导致农民起义发生的主要原因，而这两种原因，都是十分典型的外部环境。所以说，外部环境对群体的影响也是非常大的。

　　既然外部环境对人的影响这么大，甚至有时候会把人朝着坏的方向指引，这种情况是十分不利的。那有没有什么办法能够改变这种情况呢？目前来说并没有一个能够一劳永逸彻底解决的办法。现在能做的只是尽量避免事情往坏的方向发展。

　　有很多的人，他们也是心地善良的人，每当他们想要做好事的时候，就一定会有亲戚朋友跳出来阻止他们，并拿出一些好人没好报的例子来劝说，就是不让人去做善事。其实做善事容易失败就有很多这方面的原因。

　　魏晋南北朝时期的李康曾经作过《运命论》一书，他在书中强调："木秀于林，风必摧之；堆出于岸，流必湍之；行高于人，众必非之。"这句话的意思是说一个特立独行或者是与众不同的人，一定会被别人另眼相看，一定会遭受到群起而攻之。"风流灵巧招人怨，寿夭多因毁谤生，多情公子空牵念"，虽然说不招人妒是庸才，但要是被群起而攻之那就不是一个好结果了。社会中的善良的人其实就相当于秀于林的那种少数，会遭人嫉妒，会被人当成异类，甚至会遭受到别人的非议或者是攻击。

　　那么对整个社会来说，有什么办法来改变这样的事情吗？了凡先生认为，只有靠仁人长者们去宣传和端正那些不善良的人的行为，同时辅佐善良的人去做善事，自己也大力去宣传做善事，匡扶正义，虽然不能彻底地改变这样的情况，但是起码会使情况慢慢发生转变，最终总会使情况发生彻底的改变。同时，仁人长者们做这些事情并不是白做，他们自身也能够获得很宏大的功德，这就是两全其美的办法了。

劝人为善

【原文】

何谓劝人为善？生为人类，孰无良心①？世路役役②，最易没溺③。凡与人相处，当方便提撕④，开其迷惑。譬犹长夜大梦，而令之一觉；譬犹久陷烦恼，而拔之清凉，为惠最溥⑤。

【注释】

①良心：善良的心。
②役役：庸碌无为。
③没溺：沉默，堕落。
④提撕：提醒对方。
⑤溥：广大。

【译文】

什么是劝人为善？身为人类一员，谁都是有良心的。在世上庸碌无为地活着，最容易沉默、堕落。只要是和别人相处，就应该在方便的时候提醒对方，解开他的迷惑。就像在长夜的大梦中令他苏醒过来，也像把他从烦恼中解救出来，使他心无烦恼，这是最广大的恩惠。

【解读】

在这段中，了凡先生主要讲述的什么是劝人为善。劝人为善就是在和别人相处的时候，见别人碰到问题就应该在方便的时候提醒对方，解开他的迷惑。就像在长夜的大梦中令他苏醒过来，也像把他从烦恼中解救出来，使他心无烦恼。

孟子曾经提出过一种性善论的思想，他认为这个世界上的每个人都是善良的，善心、良知是每个人都拥有的本性，因此这个世界上的每个人都是好人。《三字经》中的第一句就这样写道："人之初，性本善；性相近，习相远"，也是说善心、善行、良知是人们天生就拥有的。

既然善心和良知都是人的本性和天性，那为什么又有那么多人去为非作歹、作恶多端呢？为什么坏事总是禁止不了、坏人总是除之不尽呢？《三字经》中说："性相近，习相远。"这里这个"性"指的依然是人出生所带的天性或者是本性，但是差就差在这个"习"字上面。这个"习"指的是人们在后天所经历过一些事情之后所产生的习性，这种东西世界上任何的一个人都是不同的，这就是差别，因此就产生了人与人性格之间的区别。举个例子来说明一下，就像是刚出生的婴儿，他们的本性都是一样的，都是善良的，因为他们还没有对这个社会的种种东西有一丝一毫的印象。婴儿没有坏人，他们都是善良的，都是向善的。但是随着时间的推移，婴儿慢慢长大，由于生活环境的改变，婴儿自身的习性也开始发生变化，有的人保持住了天性，那他们就是人们眼中的善人；有的人完全丧失掉了善良的本性，那他们就是人们所说的恶人。

其实，这个世界上之所以在人的本性都是善良的情况下还是出现了那么多的坏人和恶人，不外乎两种原因：第一就是内心的改变。这里主要说的是心里面的想法的改变，一个人从小到大、生老病死这完整的一生，是要经历很多的事情的。人的一生是不可能一帆风顺地按照自己的想法来进行的，坎坷、磨难会时不时地光临一次。在这种情况下，如果一个人的内心不能顺利地排解这些忧愁，那就可能产生这些忧愁的积压，最后造成忧愁无处释放，由于量变带来了质变的结果，发泄忧愁的心理最终会变成报复社会的心理，最终就彻底地丢掉了人天生所带来的本性，演变成为人们口中所说的坏人。

第二就是外部环境的影响。什么是外部环境？外部环境说白了就是一个人生活的社会环境，包括政治、经济、文化甚至是人与人之间的关系等等。一个人生活在这个社会当中，是不可能把自己封闭的，既然要参与到这个社会生活中来，就要做好受到这个社会影响的准备。当然这个社会对人的影响是有好也有坏的。当一个人长期接触的是一些社会的黑暗面，那么受此影响很可能会造成这个人的心理阴暗，产生对这个社会的不信任，最终很可能使人产生不健康的心理，当这种情况发生的时候，那么这个人就变成了一个恶人了。

凡是人，都具有赤子之心，而所谓的赤子之心其实就是善心。但人在世俗中，时间久了，这个赤子之心就会被淹没，会受到某些东西的阻碍。就比如说人人都知道做善事是好事，但是有时候为了利益或者是自身的功名利禄，很容易就会把赤子之心给忘记了，使赤子之心被掩盖了起来。这时候的人，就是人们所说的坏人了。但是这时候，人的赤子之心或者说是善良的本性并没有丢掉，只是一时受到了蒙蔽而已，所以这种情况下的坏人还是有可能重新变成好人的，这样就需要用到他人的帮助。

在这种情况下，人们要做的事情就是劝人为善了。我们在待人接物或者是处理事情的时候，碰到有人做错事的时候，不妨就给他们做一个提醒，让他们不要迷失在社会的不良旋涡当中，帮助别人找回那些曾经的本性和赤子之心。因为赤子之心就是善心，所以劝说和帮助别人找回赤子之心，就是劝人为善，功德很大。只要人们愿意帮助赤子之心受到蒙蔽的人清除掉那些蒙蔽心灵的东西或者说是障碍物，努力地进行劝人为善的工作，就能够让那些人赤子之心重新焕发生机。

了凡先生把劝人为善的好处用比喻讲述了出来："譬犹长夜大梦，而令之一觉；譬犹久陷烦恼，而拔之清凉。"

劝人为善要注重方法

【原文】

韩愈云："一时劝人以口，百世劝人以书。"较之与人为善，虽有形迹，然对症发药，时有奇效，不可废也。失言失人①，当反吾智。

【注释】

①失言失人：不该对某人说却说了，就是失言；该对某人说却没说，这就是失人。

【译文】

韩愈说："只是一时劝人就用嘴说，要是百世劝人的话就要著书立说。"劝人为善和与人为善相比较，虽然显得有些露痕迹，但是对症下药经常会有神奇的效果，因此不可以废除。如果产生了失言失人的问题，那就要反思自己的智慧了。

【解读】

劝人为善可以说是一件大善事、大功德，因此人们不应该只是在心血来潮的时候或者是因为失去本性的人是自己亲近的人的时候才做劝人为善的事情，而是应该把劝人为善作为一项事业长期地坚持做下去，不论面对的是什么样的群体，不论认识或者是不认识，只要有人被环境蒙蔽了赤子之心，人们就应该去劝他为善。

当然，要是把劝人为善当作事业来做的话，就不能都靠自己一个人一个人地去苦口婆心地劝说了，而是要想一些别的办法了，就比如说著书立说。

唐朝时期的大文学家、唐宋八大家之一的韩愈就曾经说过："一时劝人以口，百世劝人以书。"口就是用嘴说，书就是把自己想说的写在书上。其实这句话很简单，只是偶尔劝人为善的话那就用嘴去劝说就可以了，但是要想长期地劝人为善的话，那就要靠著书立说来发表自己的想法，这种办法是最好的。

这句话理解起来也是很容易的，就比如说《论语》大家都知道，是孔子的言论。如果没有把孔子说过的话记录下来的话，谁知道孔子曾经说过什么。再比如说学生们上课为什么要有书，既然有老师的讲解那学生记住不就完事了，要书干什么，还不是因为老师用嘴说出来的东西学生们不能全部记住，或者说是不能长久地记忆，因此才需要用书来强化学生的记忆。再比如说，有几个人能记住自己小时候说过什么干过什么，但是如果当时用日记记录下来的话，那长大后再重新翻阅一下就肯定能够想起来。总之，用嘴说出来的东西很难让人记住或者说只能记住一时，而用书记录下来的东西却能流传千古，让人铭记。劝人为善就是这样，如果一个人想连自己后世的人都一起劝说的话，那就一定是要著书立说的。

就像了凡先生所作的《了凡四训》一样，他的本意可能就是给他的儿子一个做人和处事的准则而已。只是这样的话，那么了凡先生完全可以直接把自己想说的告诉自己的儿子就完事了，为什么要写这样一本书出来呢？因为这样不仅可以使得他的儿子能对他所说的话有更深刻的理解，同时还能让他一辈子所总结出来的为人处事的思想长久地流传下去，能够帮助一代又一代人。他的目的达到了，后世很多人把他这本《了凡四训》当作是做人和处事的准则。

或许有人正在经历思想的变迁，正在由善良向邪恶的道路上行进，可是当他读过这本《了凡四训》之后，一定会因为其中的"积善之家，必有余庆"的道理而重新回到之前的善良的路途中来的。

当然了，劝人为善也不是说只要是别人犯了错误就可以去劝的，一定要注意方法。就好比你去劝说一个人要学好，在某些场合劝说能使你事半功倍，甚至是起到意想不到的效果；但是在某些场合却可能引起别人深深的反感和讨厌，甚至是起到相反的效果，特别是有些人，你越不让他做的事情他就非得去做。所以要想劝人为善，一定要先了解自己所在的场合适不适合进行这样的事情。譬如说你想劝说一个爱赌博的人不要再赌博了，如果在他赌得正兴起的时候你去劝说，是不能得到任何效果的，甚至有可能遭受到人身攻击；如果当他没在赌博并且和喜欢的人在一起的时候你去劝说，那么他一定会虚心接受的，甚至有可能直接就改掉这个坏毛病。

救人危急

【原文】

何谓救人危急？患难颠沛[1]，人所时有。偶一遇之，当如痌瘝[2]在身，速为解救。或以一言伸其屈抑[3]，或以多方济其颠连[4]。崔子曰："惠不在大，赴人之急可也。"盖仁人之言哉！

【注释】

①颠沛：艰难的处境。

②痌（tōng）瘝（guān）：疾病。

③屈抑：委屈、压抑。

④颠连：穷困。

【译文】

什么是救人危急？艰难困苦的处境，每个人都会遇到。如果偶尔遇到了艰难困苦的人，就应该像疾病生在自己身上一样，快速去解救。或者说一句话为他辩解委屈压抑，或者想尽办法帮他度过穷困的生活。崔子说："恩惠不一定要大，只要在别人处在危难的时候伸出援助之手就可以了。"这真是仁德的人才能说出来的话啊。

【解读】

这段主要讲述的是什么是救人危急。救人危急就是当一个人如果偶尔遇到了艰难

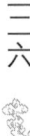

困苦的人，就应该像疾病生在自己身上一样，快速去解救。或者说一句话为他辩解委屈压抑，或者想尽办法帮他度过穷困的生活。

　　元代杂剧《合同文字》的第四折中有这样一句话："天有不测风云，人有旦夕祸福。"这句话的意思是很简单的，就是说天空中的风云变幻是无法预测的，人们的福祸也可能在朝夕之间就发生甚至是改变，简单点说就是世事难料，人的各种灾祸更加难以预料。

　　人生活在这个世界上，时间虽然不长但是也有几十年。一个人在几十年的生命中，肯定是要接触社会的，既然接触社会就一定会经历很多的事情。事情都是有好有坏的，人们的经历也是一样的。有些事情会让人感到高兴，比如说久旱逢甘雨、他乡遇故知、洞房花烛夜、金榜题名时，在这些时候，人们都是非常高兴的。但是，有些经历也会让人感到悲伤，比如说天灾人祸的降临、独在异乡的孤独、妻离子散的下场、科举落榜的无奈和悲哀，在这种时候，人们的忧伤明显是大于欢笑的。

　　人的一生之中也会经历很多的顺境或者是逆境。当一个人人生旅途顺利的时候，那么他做什么事情都会一帆风顺，在这种情况下，这个人一定会十分高兴，另外周围也一定会有锦上添花的人来捧场，这就是人生一帆风顺的好处；可是当一个人处于逆境时，生活可就不美好了，这种时候这个人做什么事情都会遇到挫折，什么都不顺利，而且周围遍布落井下石的人，雪中送炭的人很少。

　　而了凡先生在这里所讲述的救人危急的道理，其实说白了就是当一个人在处于人生最低谷或者是处于严重的逆境中的时候，有人给他了巨大的帮助，就像雪中送炭一样，这就是救人危急。

　　但凡是生活在这个世上的人，就没有能够总是一帆风顺地生活的。人在生活中总会遇到坎坷，总会遇到不如意的事情，正如了凡先生在这里所说的"患难颠沛，人所时有"。不论什么人，总要遭遇一些坎坷的事情，特别是在天灾人祸降临的时候，有几个人能逃脱掉那种颠沛流离的痛苦？天灾的时候要逃荒，战乱的时候要逃难，过的都是朝不保夕的生活。在这种时候，如果能够有人给上一碗稀饭，哪怕只有一口，也一定会被人感激不尽的，这就是救人危急。

　　一个人春风得意的时候，你去帮他做什么事情就没有太大的意义。因为他自己就可以解决，或是说即便不能解决也没什么影响。而当他陷入了困窘，这才是你伸出援手的时候。锦上添花的事谁都会做，但这不是真正的济人，雪中送炭，才是急人之所急，才是真心实意地帮助别人，才能得到涌泉一般的回报。

　　三国名将周瑜曾在军阀袁术部下做一个小县的县令。有一年，在他的领地范围内发生了饥荒，加上兵乱期间又损失不少，粮食短缺成了非常严峻的问题。树皮、草根都被饥饿的人们挖出来充饥，很多老百姓都活活地饿死了，军队也饿得失去了战斗力。周瑜作为父母官，看到这悲惨情形急得束手无策，不知如何是好。

　　有个部下献计说附近有个乐善好施的大财主鲁肃，他家素来富裕，想必囤积了不少粮食，不如去问他借。周瑜立刻带上人马登门拜访鲁肃，刚刚寒暄完，周瑜就开门见山地说："不瞒老兄，小弟此次造访，是想借点粮食。"

　　鲁肃并没有因为周瑜是个小小的县令而拒绝，而是爽快地大笑说："此乃区区小事，我答应就是。"他亲自带周瑜去查看粮仓，这时鲁家存有两仓粮食，各三千石，鲁肃豪爽地把其中一仓送给了周瑜。

周瑜及其手下看见鲁肃如此深明大义，不禁非常佩服，要知道，在饥荒之年，粮食就是生命啊！周瑜被鲁肃的言行深深感动了，俩人当下就交上了朋友。后来周瑜在东吴当上了将军，他始终记得鲁肃的明理大义，并把他推荐给孙权。鲁肃从此有了施展才华的机会，后来成为东吴不可缺少的栋梁。

周瑜做了都督之后，巴结他的人肯定多得是，但是，无论别人给他多少金银珠宝，也比不上鲁肃当年在他危难之时借给他的那些粮食。因此，鲁肃成了周瑜最敬重的人之一。

以真心帮助别人，济人于危难之时，这才是有大智慧的人的处事之道。看看有哪些人需要你的帮助，然后主动出击。别人欠了你的人情，一旦你需要帮助的时候，别人就会主动来帮助你。

有很多人不看重救人危急这种事情，因为他们觉得做这样的事情，自己会付出很多，毕竟一个人都危难了，可见遇到的坎坷和磨难之大。其实并不是这样的。有时候只要是有一份心意在里面，哪怕是真心地帮助了别人却没得到好的结果，也并不是什么大问题，只要尽力了就好。

明代还初道人洪应明的《菜根谭》中说："遇人痴迷处，出一言提醒之；遇人急难处，出一言解救之，亦是无量功德。"救人危急其实是在做大善事，是能得到无数的功德的。就比如说有人觉得活着没意思，生活没有乐趣了，想要轻生，想要自杀，这个时候你通过和他沟通，成功地让他放弃轻生之念，那么你就挽救了一条性命，甚至有可能是挽救了一个家庭，这个功德有多大，恐怕是无法计算的。毕竟救人一命胜造七级浮屠，要是救了一个家庭还真不好计算。再比如，有人生了很严重的疾病，但是却因为钱财不充裕而无法得到有效的救治，这个时候你借钱给他，解救他燃眉之急，这也是积攒大功德的事情。

所以，由此看来，救人危急主要看中的是这个"急"字，雪中送炭解决别人的燃眉之急，这才是真真正正的救人危急。正如崔子所说的："惠不在大，赴人之急可也。"对别人的恩惠和帮助不一定要做很大的事情，只要解决了人家的燃眉之急，就是对别人最大的帮助和恩惠了。不要以为救人危急是一件多难的事情，或许别人的危急就是你举手之劳一下就能解决，就能获得无数的功德了。

兴建大利

【原文】

何谓兴建大利？小而一乡之内，大而一邑之中，凡有利益，最宜兴建。或开渠导①水，或筑堤防患；或修桥梁，以便行旅；或施茶饭，以济饥渴；随缘劝导，协力兴修，勿避嫌疑，勿辞劳怨。

【注释】

①导：疏导，疏通。

【译文】

什么是兴建大利？小如在一个乡之内，大如一个县之内，只要是对人们有利益的工程，都应该兴建。比如疏通水渠，修筑堤坝防范洪水；或者修建桥梁，方便行人出行；或者施舍茶饭，救助那些饥饿的人；顺其自然地劝导，同心协力地兴修工程，不要为了避免被人怀疑就不干，也不要因为辛苦艰难而抱怨。

【解读】

行善是不分大小的，在前面也说过，行善最主要的是看心里面的想法，只要是真心行善，无论是大善还是小善，都能得到不错的回报；但如果是以一种自私的目的来行善，就不一定能得到好的福报了。再有一种情况就是要看行善的人自身实力的大小。在一些人眼里的大工程，或许对另一些人来说就是九牛一毛、不值得一提的，这就要看一个人行善时的真心了，只要是真心地付出了努力去行善，那么无论兴建的是大工程或者是小工程，只要有利于人民，只要能真正地帮助到一些人，那么这就是真正的行善。

无论是古代还是现代，都有很多人参与到兴建大利这样的行为当中去。兴建大利，最受益的就是普通的百姓，所以说，兴建大利就是心怀天下的表现。能够兴建大利的人，必然都是心怀天下、忧国忧民的人，这样的人不图虚名，也不图名利，只是从真心出发，为百姓谋福利，这样的人是注定能够获得巨大的阴德的。人们就应该多多地向这样的人去学习，一定要多做善事。

当然，能够兴建大利，为百姓谋福利的人是不会被人们忘记的，这也许就是这种人自身福报中的一项。就比如说了凡先生自己，他当官的时候曾经无数次兴修水利，并且都是为了百姓的利益，付出了巨大心血。像他这样内心装着百姓、装着国家的人，百姓不会忘记，国家也不会忘记，上苍是更加不会忘记的。就好像说古代各个朝代的开国帝王为什么能当上皇帝呢？因为他们都是靠着为人民谋福利的宣传从而得到人民的支持，最终才能推翻前朝自己当上开国皇帝。所以说，无论怎么样，对于那些有利于普通百姓的事情都要认真、努力地去做，这样最后肯定能得到好的福报。

什么叫大利？心若大，便是大；心若小，便是小。所以说，只心态平和，只要是有利于人民的事情就去做，那你所做的其实都是大善。当然，能够兴建大利、为百姓谋福利的人有时候也有一点点坏处，那就是容易受到别人的嫉妒或者是亲戚朋友的阻挠。

第一，兴建大利确实是有利于百姓，也确实是要付出很多东西的，在表面上也确实是看不到什么实际的回报，所以对于一些把自身利益看得很重要的人、特别是目光短浅的人是很重要的，所以这样的人是很可能去阻挠自己的亲人或者是朋友去做兴建大利的事情。

第二，兴建大利的人会受到人们的赞扬，这样就会导致一些人心里产生莫名其妙的嫉妒和不平衡。从古至今，有一些人就是看不得别人好，所以只要是有人在人们心

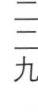

里有特别好的反响的话，这样的人就会去想方设法地抹黑别人。特别是这种能够兴建大利的人，本来他们自身就很有实力，这就够遭人嫉妒的了，又取得了好名声，就更让人心理不平衡了，所以肯定要遭到人们的非议。在这种时候，一定要坚持下去，不能退缩，不能因为一点挫折就选择放弃。

做什么事情都要有一个端正的态度，就拿兴建大利来说，就应该不辞辛劳，任劳任怨，虽殒身而不顾。

舍财作福

【原文】

何谓舍财作福？释门万行①，以布施为先。所谓布施者，只是舍之一字耳。达者内舍六根②，外舍六尘③，一切所有，无不舍者。苟非能然，先从财上布施。世人以衣食为命，故财为最重。吾从而舍之，内以破吾之悭④，外以济人之急。始而勉强，终则泰然，最可以荡涤私情⑤，袪除执吝。

【注释】

①行：指善行。

②六根：佛门词语。指眼、耳、鼻、舌、身、意。

③六尘：佛门词语。是指六根之外的东西。尘指污秽。

④悭（qiān）：吝啬。

⑤私情：私心。

【译文】

什么是舍财作福？佛门有很多种善行，其中以布施最为重要。所谓的布施，不过就是一个舍字而已。心境通达的人不仅舍掉了六根，还舍掉了六尘，一切所有的东西，没有不能舍弃的。如果不能做到这一点，那就先从财物上布施。一般人都把衣食当作身家性命，所以对钱财看得非常重要。我却将钱财放弃掉了，这样不仅解决了我吝啬的问题，也可以在危急的时候救人一命。开始的时候可能会有些勉强，时间长了就不觉得有什么了。这样最终就可以洗净私心，袪除吝啬了。

【解读】

了凡先生在这段中主要讲述的行善方法是舍财作福，就是指放弃自己的钱财来修得福分。了凡先生在开头举了一个佛门的例子。

佛教的善良主要表现在用一颗包容的心来行善，正所谓"放下屠刀，立地成佛"，即使是大奸大恶的人想要改邪归正或者说是重新向善，都可以来皈依佛门，由此可见佛门的行善之深。在佛教中，忍辱、禅定、持戒等都可以算作是行善的范畴。佛教的善行主要是体现在佛法上，有道是佛法无边，由此可见佛教的善行也是有很多的。而佛教中最重要的一点善行那就应该算是布施了。之所以说布施是佛教中最重要的善行，是因为布施分为财布施、法布施和无畏布施，而佛教中所有的善行，基本上都无法逃离布施这个范畴，因为所谓的佛法基本上也就是这三种布施了。

所谓的布施，说白了就是把自己的东西分给别人，其实就是舍弃自己的东西。布施是一种无上的功德。佛教中人已经是看破红尘了，对于尘世间一切的东西都舍弃了，没有什么留恋的，所以他们是可以做到无所顾忌地布施，哪怕是为了布施、为了行善失去了很多东西，即使是生命，他们也完全不在乎，比如说佛祖舍身饲虎的故事。

传说释迦牟尼也就是佛祖在还没有成佛的时候，有一天他出门时看到一只老虎饿得已经站不起来了，于是就生出了怜悯之心，用自己的身体来喂养这只老虎，这就是他对那头老虎的布施。舍身饲虎，可见佛祖的境界之高，也可以看出布施是一定要付出一些东西的。

那么文中的"内舍六根，外舍六尘"是什么意思呢？所谓的六根是指自身的眼睛、耳朵、鼻子、舌头、身体和意识；而六尘是指外界的色、声、香、味、触、法。从这里面包含的内容我们就可以看出来，无论是六根还是六尘，都是一个人本身活在这个世界上最重要的东西，佛教认为，只有真正能够舍弃这些东西才能做到真心布施，才能最终成佛。当然能做到这些的毕竟只是少数人，也就是了凡先生所说的"达者"，这样的人基本上都可以成佛了。

或许有人会问了，了凡先生在这段中讲的是舍财作福，但是却用佛教的布施来说事，那是不是就是说人们想要舍财作福的话就必须"内舍六根，外舍六尘"或者是像佛祖一样以身饲虎呢？当然不是，不说普通人到底能不能做得到，就说普通人和达者就是无法比的，两者之间的差距是非常大的。了凡先生之所以在这里用佛教的布施来说事，主要就是想说舍财作福和布施是一样的，都必须要懂得"舍"的精神。

佛教认为，舍就是得，得就是舍，如同色即是空、空即是色一样。有得必有失，当人想得到一些东西的时候，必然就会失去另外的一些东西。就好比说古代的皇帝，他们得到了做皇帝的权力，就必须要舍去只有普通人才可以拥有的自由自在和无忧无虑。所以说，舍和得其实是一种因果的关系。舍得的道理其实是很简单的，或许很多人都知道并很理解，但是真正能做到"舍"的人却是屈指可数的。人是一种自私的动物，最见不得的就是自己的东西或者是利益受到损失。

但是，不懂得舍弃终究是不可能得到自己想要的，所以才让人们向佛教学习，学习布施，学习舍弃。当然，这并不是说要求普通人像达者那样内和外全部都舍弃，而是要一点一点地循序渐进。对于普通人来说，第一步就是对于身外之物的舍弃，而身外之物中最重要的便是钱财，这才是舍财作福的真正含义。只有懂得舍弃自己的钱财，才能真正地得到福报。这和佛教中的财布施是一样的道理。

当然，舍弃钱财说起来简单，真正做起来是相当难的。毫不夸张地说，钱财是人活在这个世界上最看重的东西之一，前几年赵本山和小沈阳的小品《不差钱》中就有这样一句台词："人生最最痛苦的事情就是人活着，钱没了。"由此可以看出钱对于人的重要性。俗话说："人为财死，鸟为食亡。"很多人之所以在不停奋斗着，其实本质上就是为了钱，有钱就能让自己和家人过上更好的生活，有钱也可以让自己的下一代有一个更高的起点。也正是因为这样，才能体现出懂得舍弃钱财的福气，才能体现出财布施得到的好处。一个人如果懂得了舍弃钱财去布施和做好事的话，那么这个人应该能够获得两大好处。

第一点就是能够让人破除掉吝啬和对钱财的执着，能让人自身的境界提升一个或几个档次，当然也能够使一个人的智慧得到提升。当一个人能够懂得舍弃钱财的时候，那么就说明他看透了钱财的本质，钱财是身外之物，是用来提升人的生活水平和人生境界的，是上辈子行善积德所获得的回报。因此，一个能够舍弃钱财的人，那一定是一个有智慧的人；一个人懂得舍弃自身的钱财去帮助别人了，那么就说明他懂得了"独乐乐不如众乐乐"的道理，一个人懂得的道理越来越多，那么他的境界自然也就相应地越来越高，而在这个世界上，境界高的人自然会受到别人的尊敬，这也是相当于对人的一种回报了。

第二，一个人能够舍弃钱财去布施和做好事，起码说明了这个人是在帮助别人，也许就是在救人危急，那这可就是大大的好事了。不光如此，做好事还是能够得到福报的，因此这种时候也能得到一定的福报。还是那句话，积善之家必有余庆，既然舍弃了钱财用来做好事，那必然是能够得到福报的。佛教认为，财布施，得财富，因此，凡是能够舍弃钱财去帮助别人或者救人危急的人，一定会越来越富有，而不会因为舍弃了钱财就会变得越来越贫穷。

所以说，无论是为了自己或者自己的后代将来能得到上天的福报，还是说为了能够让自己的钱变得越来越多，人们都应该学会"舍财"。当然，舍财作福的前提必须是心甘情愿的，如果是有些不可告人的目的的话，就算是舍掉了钱财，也不一定能够得到回报。

之前说过，普通人并不能和达者相比，而是要循序渐进，只要最终真正把舍财作福当作一项事业来做就可以了，一点一点从小到大，从易到难。

或许在最开始需要舍财的时候，一般人都会有所勉强，并不是甘心情愿去做，可能是舍弃钱财不久之后就又后悔了，也可能是布施的时候思前想后，害怕因为失去钱财而导致一些坏的事情发生。但是只要坚持舍财作福，时间长了，就会渐入佳境，最终也会觉得这种事情是顺理成章的。一辈子坚持去做，坚持舍财作福，自私自利之心就能彻底洗涤干净，就能破掉执着和吝啬，渐渐进入到圣贤的境界。

护持正法

【原文】

何谓护持正法①？法者，万世生灵之眼目也。不有正法，何以参赞②天地？何以裁成③万物？何以脱尘离缚？何以经世出世④？故凡见圣贤庙貌，经书典籍，皆当敬重而修饬之。至于举扬正法，上报佛恩，尤当勉励。

【注释】

①正法：古代先贤经过长时间的实践和积累总结出来的规律和道理。
②参赞：参与协助。
③裁成：指形状有序。
④出世：超脱世间的束缚。

【译文】

什么是护持正法？法，是世间万物生灵的眼睛。没有正法，怎么能参与协助天地的变化呢？怎么能使万物生长变得更有规律呢？怎么能脱离尘世的束缚呢？怎么能超脱世间的束缚呢？所以只要见到先辈圣贤的庙宇和经书典籍，都应该敬重并维护整理。至于弘扬正法，报答佛祖的恩德，这种事情应该鼓励。

【解读】

护持正法就是指要保护好佛法或者是古代圣人们总结出来的知识和道理。所谓的正法在这里指的是古代先贤经过长时间的实践和积累总结出来的规律和道理，包括儒家学说和佛法等。正法是真正帮助人们进步的东西。正如了凡先生所说的：正法是万物生灵的眼睛；有了正法，人们就能够懂得并参与协助天地的变化；有了正法，人们就能够明白万物生长的规律；有了正法，人们就能够脱离尘世的束缚，也能够超脱时间的束缚。所以说正法是相当重要的，护持正法也就是十分重要的了。

那么如果没有正法会产生什么样子的后果呢？

第一，如果没有了正法，没有了那些古代圣人和先贤给人们留下的书籍和知识，人们就不可能领悟到天地生养万物的功德。世间的任何事物，包括人，都是天生之、地养之，天和地共同培育了万物，它们是有养育万物的恩情的。人们懂得了这个道理，所以才会尊重天地，尊重自然，不会随便地去破坏生态的平衡与和谐，最终为可持续的发展做出贡献。但是如果没有正法的话，人们或许就会肆无忌惮地去破坏大自然和天地生养的万物，破坏天地赋予人们的东西，或许整个地球也早就不存在了。

第二，没有正法人们就不会懂得万物生长的规律。人们要是不懂得万物生长的规律，到时候可能就会发生随意破坏万物生长规律的事情，就好比说是拔苗助长，不但要损失自己的利益，最终同样也可能导致这个世界的最终的崩溃。

第三，正法有教导人们的作用。如果没有正法，那么人们就有可能都是没人教育的人。人没有了智慧，就无法促进这个世界的发展，也无法看破这个世界的本质，当然没办法脱离尘世和世俗的干扰。

正是由于没有正法会造成严重的后果，人们才应该果断地加入护持正法的行列中去。那么究竟应该怎么样去护持正法呢？了凡先生认为，只要人们看到了圣贤的寺庙、经典著作和遗训等东西，一定要非常地敬重，如果碰上有被破坏或者是不完整的，就要想办法修复或整理成完整的。

由于圣人对于中国社会和人民思想的发展起到了十分重要的作用，因此对于古代的圣贤，现代人也是要保持一定的尊重，甚至是必须保持敬重和敬畏的。对于圣贤的

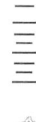

庙或者是像，要保持尊敬，如果破坏了要想办法修补，这样好让后人能够继续瞻仰到古代的圣人。另外对于圣人们所总结出来的知识和写出来的书籍更要很好地保护，因为这些书籍帮助了一代又一代的人认清了这个世界，要完好地保存下去，让这些东西能够继续帮助以后的人也来认清这个世界。

对于那些正法，人们所要做的不应该仅仅是去保护，更应该去大力地宣扬。宣扬正法，能够让更多的人充满智慧。对于正法的大力宣扬，最终获利的是人类本身，因此宣扬和保护正法更是人类必须要做的事情了。

那么护持正法又怎么能算作是善行呢？第一，护持正法最终是为了保护这个社会能够正常地发展，保护人类能够正常地发展，这是有利于所有人民的，所以说护持正法是行善，是做善事；第二，修缮庙宇、修补经书或古代先贤的书籍，不让知识失传，这本身就是一件善事，本身就是有利于人民的事，有无上的功德，从这也可以看出护持正法是行善。

北宋大儒张载曾经说过这样一句话："为往圣继绝学，为万世开太平。"其实这句话就是对护持正法的最好的诠释。古代人都能够有这样的认识，作为几千年以后的现代人更不应该落后，一定要把护持正法当作人的责任和使命来完成，只有这样，这个社会才会发展得越来越好。

敬重尊长

【原文】

何谓敬重尊长？家之父兄，国之君长，与凡年高、德高、位高、识高者，皆当加意奉事。在家而侍奉父母，使深爱婉容①，柔声下气，习以成性②，便是和气格天③之本。出而事君，行一事，毋谓君不知而自恣④也。刑一人，毋谓君不知而作威也。事君如天，古人格论⑤，此等处最关阴德。试看忠孝之家，子孙未有不绵远而昌盛者，切须慎之。

【注释】

①婉容：温婉的容貌。
②习以成性：习惯成自然。
③格天：感动通天。
④自恣：放荡自己。
⑤格论：精辟的言论。

【译文】

什么是敬重尊长？家里的父母兄弟，国家的君主长官，和凡是年龄大、德行高、职位地位高的人，都应该注意侍奉。在家里就要侍奉父母，要有深爱父母的心和温婉的容貌，说话要温柔，要心平气和，这样才能逐渐养成习惯，这就是和气感动通天的办法。在朝堂中侍奉君主，做任何事都不要因为君主不知道就放纵自己。刑讯任何人都不要因为君主不知道就作威作福。侍奉君主，就像侍奉上天一样，圣贤的言论很正确，这与阴德的关联十分密切。看看那些忠孝的家庭，子孙后代就没有不兴旺发达的。所以，一定要格外谨慎小心。

【解读】

这段主要讲述的是什么是敬重尊长以及为什么要敬重尊长。尊长包含着几个方面：第一就是自己家中的父母和兄姐；第二就是一个国家的君主以及各种官员和领导；第三就是那些比自己年龄大、德行高、职位地位高的人，这其中包括古代的圣贤之人、学校的老师等等。那么为什么要敬重尊长呢？尊长其实就是长辈，敬重尊长其实就是说要敬重长辈。

第一，狭义上的长辈其实指的就是自己的父母。这些人对自己有养育之恩，是在这个世界上真正对自己帮助最大的人，是必须尊敬的人，不需要任何的理由。不尊敬长辈就是不孝。

第二，长辈通常是指年龄大的人，一般而言，这种人都有着丰富的社会经历和人生阅历。在现实生活中，很多人可能都听长辈们这样说过："我吃的盐比你吃的米还多""我走过的桥比你们走过的路还长"，这其实就是长辈们为了说明自己见多识广和人生经验丰富。尊重长辈，就很可能得到长辈们在人生各个方面的指点，有时候就可以使自己的人生中少走一些弯路。人们常说"听君一席话，胜读十年书"，长辈们在人生阅历上的指导又何尝不是如此呢？

中国有一句老话叫作"不听老人言，吃亏在眼前"，其实说的主要就是要听长辈的话。众所周知，长辈们经历的事情多，社会经验和人生阅历丰富，这种东西不是天生就有的，也不可能是那些还处在象牙塔中的晚辈所能拥有的，所以这些东西都是知识，需要去学习。如果长辈们能把他们一辈子总结出来的人生经验传授给晚辈，那可是比什么灵丹妙药都管用，对晚辈的帮助是无法想象的。

第三，长辈也指那些不一定与自己有直接的关系，但是却德高望重的人，就比如说像孔子和孟子这样的古代大圣贤人。这种人通常都是受世人所尊敬的，因为他们的思想影响了一代人甚至是几代人，可以说他们对这个社会的发展起到了十分重要的作用，因此这样的人必须受到尊重。

中国古代民间祭祀的对象主要就是天、地、君、亲、师，其实这里面也是包含着一种敬重尊长的思想的。天和地就不用说了，那是人们敬畏的存在。对于天和地，人们不应该只是尊敬，还应该是敬畏。而后面的君、亲、师就是对人们有恩的存在了，有养育之恩、教导之恩、活命之恩等等，这本身就是值得尊敬的长辈了，况且祭祀本身就是因为敬重和尊敬才做出的事情。

中国古代的教育十分重视伦理教育，强调长幼有序。作为几千年封建王朝统治思想的儒家思想非常强调"忠"和"孝"。比如舜就是一个十分孝顺的人，无论父亲和继母怎么样欺负和迫害他，他都依然对父亲和继母十分尊敬和孝顺，最后他的孝行感动了天，成为中国传说中的五帝之一。这就是敬重尊长所带来的好结果。

那么究竟应该怎么样敬重尊长呢？在这里，了凡先生用尊敬父母和君主为例子来说明："在家而侍奉父母，使深爱婉容，柔声下气，习以成性，便是和气格天之本。出而事君，行一事，毋谓君不知而自恣也。刑一人，毋谓君不知而作威也。事君如天。"

父母含辛茹苦地把子女抚养长大，这本身就是一种非常大的功德，子女们想要报答是很难的，毫不夸张地说，父母对子女的养育之恩，身为子女是一辈子也报答不完的。举个例子，比如说父母给孩子做了二十年的饭，那么反过来孩子再给父母做二十年的饭就是报答父母的恩情了吗？不是的。父母给孩子做的饭里面饱含着无穷无尽的爱，而儿女为父母做饭或许只是为了尽自己的义务，所以说，父母之恩，无以为报。所以，子女想要报答父母就要从小事做起，应该尊敬父母，多听父母的话，不要嫌弃父母，无论何时在父母面前都要柔声细语，不要对父母吼叫，要像敬重神明一样敬重父母。正如《弟子规》中所说的那样："怡吾色，柔吾声。"

古人说："大孝曰忠。"对于那些知道尊敬和孝顺父母的人，必然是懂得尊敬君主的。《论语》中也说："其为人也孝悌而好犯上者，鲜矣。不好犯上而好作乱者，未之有也。"其实，尊重君主最重要的表现就是忠诚。对于君主，人们做任何事都不要因为君主不知道就放纵自己；刑讯任何人都不要因为君主不知道就作威作福；侍奉君主，就像侍奉上天一样，这就是对君主的忠诚和尊敬了。

敬重尊长，是一个人重要的思想品质，每个人都必须拥有。但是敬重尊长并不是说想什么时候敬重就什么时候敬重都可以，最重要的一点是要保持一颗懂得敬重尊长的心。大家都知道，事物都是有表象和本质的，表象是无法代替本质的。就像玉石一样，表面上看或许它就是一块石头，但是经过打磨、露出本质之后却能价值千金，这才是本质，人不能被事物的表象所迷惑。而对于敬重尊长来说，只有在内心中保持着一颗敬重尊长的心，这才是一个人的本质，才是最重要的。

敬重尊长是一个人行善立世的根本，也就是说敬重尊长其实是最基本的行善。要知道，行善其实就是帮助别人，有时候是得不到回报的，这就需要人有一种付出的心理。长辈可以说是一个人最亲近的人，如果一个人连长辈都不知道尊敬和孝顺，又怎么可能会对其他陌生人去行善呢。只有做到了最基本的敬重尊长这一点，才能去谈论对别人行善。

另外，孝顺父母本身就是一种义务，连义务都做不到的人，是不可能去做其他多余的事情的，因此也是不可能有功德的。一个人没有功德，是不可能谈得上获得荣华富贵和高官厚禄的。因此，想要荣华富贵、高官厚禄、出人头地就必须有功德，想要有功德就必须行善，但是只有孝顺父母、尊敬长辈的人才会真正懂得行善，敬重尊长是一个人行善立世的根本。

恻隐之心

【原文】

何谓爱惜物命？凡人之所以为人者，惟此恻隐①之心而已；求仁者求此，积德者积此。《周礼》："孟春②之月，牺牲无用牝③。"孟子谓君子远庖厨，所以全吾恻隐之心也。故前辈有四不食之戒，谓闻杀不食，见杀不食，自养者不食，专为我杀者不食。学者未能断④肉，且当从此戒之。

【注释】

①恻隐：同情。
②孟春：早春。
③牝（pìn）：指母牲口。
④断：断绝。

【译文】

什么是爱惜物命？人之所以是人，就是因为人有同情心而已；追求仁慈的人追求这些，积德行善的人在累积这些。《周礼》说："早春的时候，祭祀用的牲口也不能用母的。"孟子说君子要远离厨房，就是为了保留同情心。所以先贤就有四条不能吃的规矩，是听见宰杀的声音不吃，看到宰杀的场面不吃，自己喂养的不吃，专门为我宰杀的不吃。人们不能断绝吃肉，至少应该以这四不食为戒。

【解读】

在这段中，了凡先生多次地提到了一个词，那就是恻隐之心。那么究竟什么是恻隐之心呢？恻隐之心，说白了其实就是同情心，是仁者的爱物之心。

恻隐之心最早是由中国儒家圣人之一的孟子提出来的，《孟子·告子上》："恻隐之心，人皆有之；羞恶之心，人皆有之；恭敬之心，人皆有之；是非之心，人皆有之。恻隐之心，仁也；羞恶之心，义也；恭敬之心，礼也；是非之心，智也。"恻隐之心就是同情心，应该是每个人都有的，没有恻隐之心的人是不能够称之为人的。孟子认为，恻隐之心其实就是儒家学说中的核心思想，就是那个"仁"字。

古往今来，由于儒家思想对中国古代的统治以及对中国人民的影响，无数的圣贤之人穷极一生都在努力地追求一个"仁"字，为此，无数的古代圣贤们都十分努力地去行善积德，希望可以早日求仁得仁。孟子认为，所谓的仁，其实就是指的恻隐之心。那既然恻隐之心已经人人都具有，为什么仁者还要去求仁，去求恻隐之心呢？为什么行善积德的人还要去累积恻隐之心呢？因为他们求的不单单是恻隐之心，而是要把恻隐之心发扬光大。

恻隐之心是人的本性，每个人都有，只是有很多人都没有发现而已，但是很多时候人都会有不自觉地产生恻隐之心的真情流露。就像是一些人看到一些悲情的电视剧或者是电影的时候，会不自觉地为其中受到伤害的人而感到伤心，甚至是留下泪水，这就是恻隐之心的表现。明明所有人都知道电视剧或者电影中演的东西是假的，但是在恻隐之心的支配下，就是无法抑制自己的悲伤。

人们行善和一个国家的统治者实行仁政都是恻隐之心的表现。但是，大部分的时候，恻隐之心都是隐藏在人们的内心深处的，都是没有表现在人的表面的行为上的，因此人们才会觉得行善的人很少，实行仁政的统治者也远远少于实行暴政的统治者。因此，古代的圣贤们才提出了"仁"的观点，他们追求仁，就是希望世界上的每个人都能把内心深处的恻隐之心发扬光大，所以后人们在整理古代典籍的时候就会发现，很多古代圣贤人的思想、语录或者是书籍都有讲述同情心、讲述慈悲之心和讲述恻隐之心的。

《周礼》："孟春之月，牺牲无用牝。"孟春其实就是早春。早春的时候，祭祀用的牲口不能用母的。其实这就是恻隐之心的表现。大家都知道，在古代的时候，人们在做很多事情之前都是要举行盛大的祭祀活动的，比如说军队出征、求雨、祈福、祭祖甚至就连几个人义结金兰也要杀牲口祭拜圣人，而各种祭祀活动最不能少的就是祭品。自古代，祭品主要就是猪、牛、羊等动物，并且必须是死的，这就涉及一个杀生的问题。早春时节，正是大多数母的动物受孕的时节，因此即使有祭祀需要祭品，人们出于对动物的保护，也不会去杀母的动物。这就是因为受到了恻隐之心的影响，这就是仁慈的表现。

"孟子谓君子远庖厨，所以全吾恻隐之心也。"孟子曾经说过："君子远庖厨。"意思就是说君子应该远离厨房，这其实也是一种恻隐之心的表现。因为厨房多杀戮，而真正有恻隐之心的君子是见不得杀戮的，所以说君子要远离厨房。另外一点就是当君子在厨房见识到过多的杀戮之后，很可能会使君子的内心迷失，失去恻隐之心和慈悲之念，这是君子所不能容忍的，因此君子必须远离厨房。只有远离了厨房，君子才能保持住那颗恻隐之心。

另外，先贤们还有四不食的规定，这其实还是恻隐之心的表现。四不食即是闻杀不食，见杀不食，自养者不食，专为我杀者不食。听见宰杀的声音不吃，看到宰杀的场面不吃，自己喂养的不吃，专门为我宰杀的不吃，只有同时满足了这四种情况之后的肉，才是圣贤们可以接受的。这四不食充分说明了圣贤们为了追求"仁"而付出的努力。

当然了，后人想要向圣贤们学习的话，就一定也要做到这一点。但是最重要的一点就是，不能丢掉自己的恻隐之心。保持一颗恻隐之心，对一个人的成长是有很大的帮助的：有了恻隐之心，才会懂得行善，才会去行善积德，才能得到上天赐予的福报；有了恻隐之心，才能真正地向先贤看齐，才能真正地学到先贤们思想的精髓。

爱惜物命

【原文】

渐渐增进，慈心愈长。不特杀生当戒，蠢动含灵①，皆为物命。求丝煮茧，锄地杀虫，念衣食之由来，皆杀彼以自活。故暴殄②之孽，当与杀生等。至于手所误伤，足所误践者，不知其几，皆当委曲防之。古诗云："爱鼠常留饭，怜蛾不点灯。"何其仁也。

【注释】

①蠢动含灵：指万物众生。
②暴殄：破坏、糟蹋。

【译文】

循序渐进地进行，慈悲的心也渐渐增长了。不应该只是禁止杀生，万物众生都应该被爱护。抽取蚕丝的时候需要煮茧，锄地的时候杀掉地里的虫子，考虑下衣服和食物的由来，都是杀死别的生命来使自己存活。所以糟蹋毁坏粮食的罪孽，应该和杀万物众生是相等的。至于失手误伤的和失足踩伤的，更是数不胜数，都应该想方设法地防备。有古诗说："爱怜老鼠就常常留下一些剩饭，可怜飞蛾就在晚上少点灯。"这是多么的仁慈啊。

【解读】

这段是承接上面的一段来讲述的，主要讲述的是爱惜物命。只有恻隐之心达到了一定的程度才能真正地理解爱惜物命的含义。

恻隐之心的增长其实是很简单的，那就是必须要在心中坚定恻隐之心、慈悲之心的信念，只有信念坚定，意志坚定，那么恻隐之心就不会丢失，也不会受到外界各种因素的影响。并且随着时间的推移，信念就会越来越坚定，恻隐之心的想法也就会越来越多，最终就会明白什么是爱惜物命了。

所谓物命，指的是大千世界中所有的生命，包括动态的和静态的，包括人和各种动物、植物，或者可以说是这个世界上的一切生物。大千世界，一切生物，不管是大型动物比如大象等，还是小型的昆虫像飞蛾等，当然还有各种植物如花草树木等，都是和人一样，是有生命的，因此都不应该受到迫害。

一个人的恻隐之心相对薄弱的时候，如果在街上看到一条受伤的流浪动物，那么他可能会觉得很可怜，可能也会很伤心，但是也就只是觉得可怜和伤心了，不会有别的举动。但是如果经过长时间的沉淀，他的恻隐之心加重的时候，再面对这种情况的时候，他不仅会觉得可怜和伤心，还会用自己的力量去拯救这个动物，去帮助这个受伤的动物。这就是在时间积累下，恻隐之心加重带来的变化。

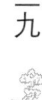

人们以为吃饭的时候不吃肉、只吃素食了，就是行善了，就是把恻隐之心发扬光大了，这是不正确的，或者说是远远不够的。其实仔细地去想一想就会发现，人们穿的丝绸材料的衣服是怎么来的，还不是无数的蚕耗尽生命去吐丝才得来的，难道这不是残害生命吗？人们穿的那些皮革类的东西，如皮衣、皮鞋、皮带等又是怎么来的，难道不是人们在把动物杀害之后剥掉它们的毛皮所制造成的吗？这又怎么能不算杀生呢？或许有人会说自己种的粮食就不是靠杀生得来的，应该没有问题。这怎么可能？难道人们在除草的时候除去的那些草类就不是生命吗？人们在耕地的时候杀死的那些地里面的虫子难道就不是生命吗？或者说人们在向地里喷洒农药的时候杀害的难道就不是生命吗？人们为了自己的衣食住行残杀了这么多的有生命的东西，这可都是罪过啊。更何况就是这样靠着杀生所得到的食物，还有那么多人不知道去珍惜，还有那么多人每天都浪费和糟蹋粮食。如果把人们残杀的那些生命说得高尚一点，它们是牺牲了自己来成全人们的生活和发展的，但是浪费粮食的人让那些生命的牺牲变得毫无意义，这是比杀生更残忍的事情。

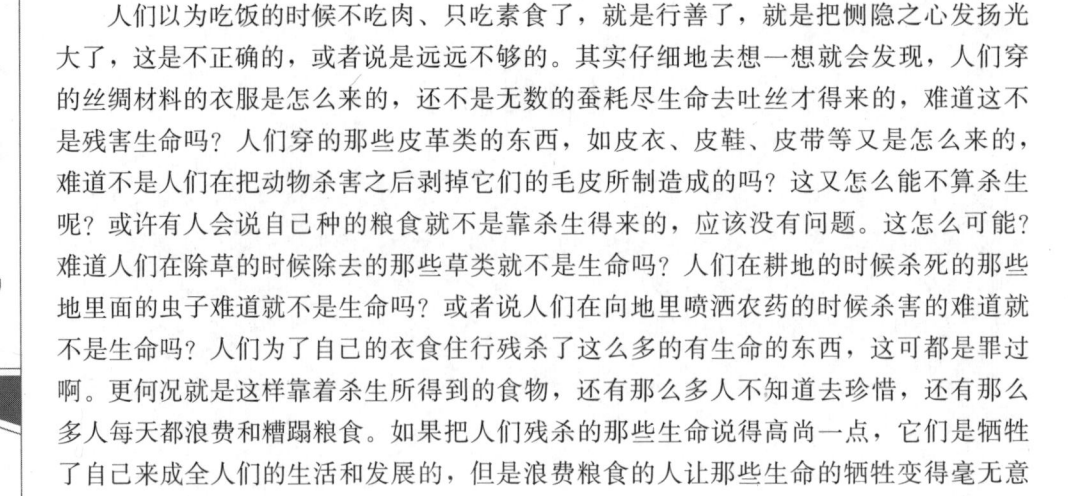

因此，想要把恻隐之心发扬光大，单单只是不杀生是不够的，同时要爱护各种各样的生命，尽量不要去伤害那些生命。同时，最重要的一点是要节约，在衣食住行等各个方面都不能铺张浪费，只有这样才能慢慢地把恻隐之心积累起来，并且逐渐积累到一定程度，发生质的变化。

当然，有些时候有些事情或者说是有些错误不是注意一下就能改正、就不会再犯的，有很多事情都会受到意外因素的影响。就比如说杀生这件事，很多时候人在不经意之间就有可能干出杀生的事情，比如说手不小心拍死的，脚不小心踩死的，这种情况都是很有可能发生的。这种事情是不可避免的，毕竟人活在这个世界上一辈子不可能静止在一个地方不动，只要动就有可能破坏到别的生命。那怎么办呢？彻底的解决办法估计没有，那也只能是更加谨慎，尽量做到不去伤害别的生命。

总体来说，想要真正地做到爱惜物命就是要靠一点一滴的积累才可以：第一当然要戒杀生；第二就要注意周围，不能在无意之中去迫害别的生命；第三就是不能铺张浪费，不能浪费粮食；第四就是要多向古代圣贤们学习。只有这样，才能使恻隐之心慢慢地积累下去，最终才能真正地懂得爱惜物命的含义。

古代有一首诗是这样写的："爱鼠常留饭，怜蛾不点灯。"可以想象一下，能做到这样的人，那得是多么仁慈的一个人啊！单单是在爱惜物命这方面，可以作为普通人的典范了。这种人一定是恻隐之心积累到了一定程度的人，是一个真正把恻隐之心发扬光大的仁者。

上天有好生之德，人们应该把恻隐之心发扬光大，在不用牺牲其他生命来满足人类欲望的同时，能够帮助其他的生命的生存，做到这种程度，那一个人就是真正地拥有恻隐之心了。

总结

【原文】

善行无穷，不能殚①述。由此十事而推广之，则万德可备矣。

【注释】

①殚（dān）：详细，竭尽。

【译文】

善行是无穷无尽的，不能详细地描述了。由上面总结的十个方面例子来推演开去，那么所有的功德全部都能实现了。

【解读】

这段主要是对前面的随缘行善的十种方法的一个简单的总结。十种做善事的方法了凡先生在文中都已经详细地叙述过了，人们在社会生活中，就应该坚持按照上面的那些方法去做。只要这个社会上的人都按照上面所说的那些方法去行善，人们的功德就会积累得越来越多，这个社会也会慢慢发展得越来越好。

或许有人会问，自己也是很想行善的，但是一时还是做不到了凡先生所说的那十种方法，那应该怎么办呢？其实这不是什么大问题，或者可以说这样的人是值得鼓励和肯定的，因为他们有一颗行善的心。要知道，无论做什么样的善事，都必须要有一颗善心作为基础。善心一点一滴地积累起来，到最后发生质的变化，那么随缘行善的十种方法就自然而然地能够做到了，其实根本就不用刻意地去那样做。拥有一颗善心才是最重要的，只要拥有一颗善心，慈悲之心，那么无论怎样做，哪怕不是按照了凡先生的十种方法去做，那也是行善，也是能够获得无上的功德的。

人的善心和善行是无穷无尽的，并不是说用一篇文章或者是几篇文章就能够全部描述出来的。了凡先生在这篇文章中所写到的行善的方法虽然是很全面了，但是毕竟不可能是全部的方法。这个世界上的事物都是处于运动之中的，也就是说事物都是处在发展变化之中的，行善的方法也是一样，也是处于不停地发展变化之中的，所以说，人们要坚持按照了凡先生所说的十种方法去行善，但也不能死板地去全部照做，或许可以根据实际情况进行适当变通，或许也可以另辟蹊径去创造其他的各种方法。只要是一心向善，那就不要拘泥于教条主义的限制，要大胆地去做。

按照自己的想法、根据实际情况去行善，并不是说随便怎么行善都可以，这其中是有一条原则是必须坚持的，那就是随缘行善。也就是说，人们所想到的方法不能是为了达到某些不可告人的目的才去做的，必须只是简单的、单一的行善才行。或者说，人们想到的方法应该只是为了行善，也就是为了随缘行善才想到的方法，那样的才属于是好的方法，才能最终被人们所接受并且承认。

行善的另一个重要原则就是坚持。行善积德是一个长期的过程，并不是说一些人心血来潮做一件善事就能获得大的功德。很多人都有过一个行善的梦想，每个人都曾经想过做大善人，但是由于种种原因，可能是由于付出却没有及时得到回报，也可能是由于现实生活所给人带来的压力，使得人们不能在行善这条路上走得很远，半途而废是经常发生的事情。殊不知，就在那些人放弃了行善这条路的那一刻，上天所赐给的福报也开始与他们渐行渐远了。

宋代陈元靓在《事林广记》中曾经写道："世上无难事，人心自不坚。"行善就是这样，当一个人认为行善是一件很难的事情并且打算放弃的时候，就说明这个人的内心已经动摇了，已经坚持不下去了，这是人的问题，不是行善这件事情本身的问题。所以，只要内心坚定、懂得坚持，行善积德根本就不是什么难事。《水调歌头·重上井冈山》词中也有"世上无难事，只要肯登攀"这样的豪迈语句，因此，只要能够坚持下去，行善不是什么难事，积累功德也是很简单的，得到福报就更是水到渠成的事情。

这个世界上每个人都想得到上天的眷顾，但是能得到的人却很少，这是为什么呢？就是因为很多人都不明白行善积德这个道理。其实这就是一个简单的因果关系，世界上所有的事情都是一样，有因才有果，行善也是如此。所谓行善积德，就是因为行善了，所以才能积德。所以，如果想要得到上天的眷顾，那么就努力地去做善事。对于心中有善并且长期行善的人，上天是不会吝惜赐予福报的。

漫漫人生路，有些人也许会因为做了一辈子的坏事而受到了严重的惩罚，祸及子孙；而有些人因为做了一辈子好事，得到了丰厚的回报，福泽后代。既然同样都是一辈子的人生，那么为什么不去做一辈子的好事呢？即使不是为了自己，起码也为子孙后代留下一条后路和一份宝贵的精神财富。

第四篇 谦德之效

满招损，谦受益

【原文】

《易》曰："天道亏盈而益谦，地道变盈而流①谦，鬼神害盈而福谦，人道恶盈而好谦。"是故谦之一卦，六爻②皆吉。《书》曰："满招损，谦受益。"予屡同诸公应试，每见寒士③将达，必有一段谦光可掬。

【注释】

①流：充满。
②爻（yáo）：《易经》之中卦的基本符号。有交错和交易的意义。
③寒士：寒门士子。

【译文】

《易经》上说："天的道理是骄傲就会亏损而谦虚就会获益，地的道理是骄傲就要改变而谦虚就要更加地充满，鬼神的道理是骄傲就要受害而谦虚就能得到福泽，人则是厌恶骄傲自满的人，喜欢谦虚的人。"因此，在谦这一卦中，六爻都是吉利的。《尚书》中说："骄傲自满就会受到损害，谦虚谨慎就会获得益处。"我多次和同乡一起考试，每次看到那些将要发达的寒门士子，都是一脸谦和的光彩，仿佛可以用手捧起来。

【解读】

所谓的谦德之效就是指一个人在日常生活中长期保持美好的思想、品德、德行所带来的好处。其实在道理上来说和行善积德是一样的，只是做法不同、侧重点不同而已，但是最后都会获得很大的好处。

谦虚本来就应该算是一个美好的善行，完全可以划入行善的行为之中去。但是，谦虚这个品德对一个人来说实在是太重要了，必须单独拿出来才能体现出它的重要性和说服力，笼统地把谦虚放到行善之中去理解根本不可能得到什么好的效果，因此了凡先生才单独作了一训来写谦德之效。在这段中，了凡先生主要是引用了古代经典书籍中的语句来说明谦虚品德的重要性。

先来看第一句引自《易经》中的语句。《易》曰："天道亏盈而益谦，地道变盈而流谦，鬼神害盈而福谦，人道恶盈而好谦。"这句话是从天道、地道、鬼神道和人道四个方面分别说明谦虚这一品德的重要性。

首先来看天道。所谓的天道就是指天的运动和变化规律，也就是天的规则。由于在古人眼里，天是主宰着这个世界上的所有事物的，那么天的规则也就是整个自然界和万物的规则。天道是非常玄妙的，一般人根本不可能猜测出什么。人们可以不知道天道的规则，但是一定要遵守天道的规则。天道的规则中有一条就是"亏盈益谦"。意思就是说，如果一个人自满了，那么老天就不会再给这个人任何的帮助和好处了；但是如果谦虚一些，就还会得到老天的祝福和帮助，对一个人是有非常大的益处的。所以说，要遵守天道的规则，因骄傲自满而违背规则会受到上天的惩罚。

其次再看地道。所谓的地道当然就是大地之上所有的一些规律。就比如说，当大地上某处地方的水积满之后，就会从它的周围溢出去，当发生洪水时，一旦洪水的水位高于拦河大坝的水位，就会从大坝上面冲过去，大坝也就没用了，这就是变盈而流谦的规律和道理。这种规律也是说明不能自满，自满就会骄傲，既然强调不要自满那当然就是说做人要谦虚了。总的来说，地道的规律就是即使你自满，也要让你变得谦虚，由此可以看出地道对于谦虚的推崇。

无论是天道还是地道，都是笼统地从整个自然界来说明谦虚的重要性的。所谓"物极必反""盛极必衰""月满必亏"说的都是同样的道理。无论是个人、家庭还是国家，在繁华过后必然会走向低谷，必然会走向衰败，这点是无论多牛气的人都不可能改变的。长盛不衰或许真的只是一个神话。就像月亮每次在满月之后都会渐渐消去，再比如古时候唐朝在开元盛世之后不久就发生安史之乱，使得大唐由强盛走向衰落。上天和大地都是在削弱骄傲的去满足谦虚的。这就相当于做人，当一个人骄傲自满的时候，必然会不把任何人都放在眼里，那时候也必然会受到别人的排挤和打压，而谦虚的人必然会受到人们的喜欢，这就是削弱骄傲自满的，满足谦虚低调的。

再来看看鬼神之道是怎么说的。鬼神道也就是鬼神的规则，鬼神道和天道地道的道理是一样的："鬼神害盈而福谦。"人们都知道，在神话传说中，鬼神是有改变人的命运的能力的，而这里就是说鬼神会去祸害那些骄傲自满的人，同时会给那些谦虚的人降下福气。

最后再说人道。人道也就是人所需要遵守的规则。其实这没有什么好说的，简单点说，人只是整个自然界之中一种普通的生物，而相对于人来说天地鬼神则是创造这个自然界的主宰者，因此人要遵守的规则其实就是天地鬼神的规则。"人道恶盈而好谦"就是这个道理，世人都厌恶那些骄傲自满的人而喜欢谦虚的人。因为骄傲自满的人看不起人，而谦虚的人有时候会让其他的人感到高兴，并且有一种成就感。这个世界上的生活无非就是人与人之间的生活，想要一个好的生活环境，就不能让别人讨厌你和孤立你。

既然天地鬼神和人都是喜欢谦虚的而不喜欢骄傲自满的，那么一个人要是再不谦虚一点的话，还怎么在这个世界上生存呢？

古人迷信最重要的表现方式就是占卜、算命，特别是一些大事情将要发生的时候，古人总是会去占卜一下吉凶，并且会根据占卜的结果来作出重要的决定。而《易经》中的六十四卦就是古人占卜的重要依据。六十四卦中，有六十三卦中都是分别包含着吉和凶的，但是只有谦卦例外，谦卦中只有吉相而没有凶兆。而谦卦其实就是代表谦虚的品德，也就是说，只要是谦虚就是对的。由此可以看出一个人能拥有谦虚的品德是多么的重要。

在《尚书》中的完整表述是这样的："满招损，谦受益，实乃天道。"意思就是说：骄傲自满就会受到损害，谦虚谨慎就会获得益处，这是上天所规定的。既然是上天所规定的，那当然是正确的。

现在的人从小学一直念到大学肯定听说过这样一句话："虚心使人进步，骄傲使人落后。"这句话虽然说是劝说人们要好好学习，但是也说明了谦虚的重要性。一个人如果骄傲了，对于自己所学的知识感觉足够了，那么这个人很可能就会失去前进的动力，就会落后，就会变得越来越无知。要知道世界是在不断变化和发展的，人们当然也要根据世界的变化和发展来改变自己，多学习知识文化来充实自己，使自己能够跟得上社会变化的脚步。这就要求人们必须保持谦虚，不能因为学到了一点点的东西就自我感觉良好甚至是感到满足，否则的话，就等着被社会淘汰。

当然，谦虚还有一点好处就是招人喜欢。因为谦虚的人不会给人一种盛气凌人的感觉。骄傲的人就不同了，他们总是自我感觉良好，看不惯别人出风头，有时为了显示自己而去拆别人的台，这样的人是很难让人喜欢的。

当然，光讲述一些道理是不能够让人信服的，了凡先生还举出了几个他自己所见所闻的例子来说明谦虚能给人带来很多想不到的好处。这些例子都能说明"满招损，谦受益"这个道理。

丁宾谦逊得高中

【原文】

辛未计偕①，我嘉善同袍②凡十人，为丁敬宇宾，年最少，极其谦虚。

予告费锦坡曰："此兄今年必第。"费曰："何以见之？"予曰："惟谦受福。兄看十人中，有恂恂③款款④，不敢先人⑤，如敬宇者乎？有恭敬顺承⑥，小心谦畏，如敬宇者乎？有受侮不答，闻谤不辩，如敬宇者乎？人能如此，即天地鬼神，犹将佑之，岂有不发者？"

及开榜，丁果中式⑦。

【注释】

①计偕：举人们进京赶考。
②同袍：同乡，朋友。
③恂恂：谦恭谨慎的样子。
④款款：诚恳忠实的样子。
⑤先人：先于别人行动。
⑥顺承：顺从，承受。
⑦中式：即科举考试被录取。

【译文】

辛未年进京赶考，嘉善有我和同乡朋友一共十个人。有一个人叫丁宾，字敬宇，他的年龄最小，但是却非常地谦虚。

我对同行的费锦坡说:"这个兄弟今年一定能够考上。"费锦坡说:"你是怎么看出来的?"我说:"只有谦虚的人才能获得福报。你看这十个人当中,哪个人像丁宾一样谦恭谨慎、诚恳忠实,又不先于别人行动?又有哪个人像丁宾一样顺从、承受、谦虚、小心、谨慎?有像丁宾一样受到侮辱不在意,受到诽谤也不辩解的吗?一个人能做到这样,天地鬼神都会保佑他的,怎么能不发达?"

等到发榜,丁宾果然高中。

【解读】

所谓的"计偕"就是各地的举人们进京考试,这段就是说了凡先生和他的几个同乡一同进京参加考试。和了凡先生一起进京参加会试的人一共有十个人,其中有一个人叫丁宾,字敬宇,他的年龄是最小的。

了凡先生发现了十个人中年龄最小的丁宾十分地谦虚和诚实厚道,所以他就认定丁宾一定会前途无量。因此他对十个人中的另外一个名叫费锦坡的人说出了他的想法,他认为这次去会试丁宾一定会录取。

了凡先生断定丁宾一定能够考中,这好像就有点武断。费锦坡询问了凡先生有这样判断的原因。了凡先生的答案是丁宾是他们这十个人里面最谦虚的一个人。了凡先生说丁宾能够考中是根据天地鬼神等各种道的规律判断出来的。

之前说过:"天道亏盈而益谦,地道变盈而流谦,鬼神害盈而福谦,人道恶盈而好谦。"无论是天地鬼神哪种道的规则和规律,谦虚的总是会得到好处的,总是能够得到上天的报答。经过了凡先生长时间的观察,他发现丁宾就是那个最谦虚的人,因此他才做出这样的判断。对于他们这些进京参加会试的人来说,最好的福报就是能够在会试考试中考中,有机会去参加殿试。那么了凡先生到底发现了丁宾哪些谦虚和谦逊的行为才促使他做出这样的判断的呢?

第一是"恂恂款款,不敢先人",意思就是说丁宾诚实厚道,做事情从来都不抢在别人的前面。诚实厚道倒是没什么好说的,这是做人应该有的基本品质。但是做什么事情都不抢在别人的前面,这就很说明问题了。要知道有时候人就是一种自私的动物,每个人都有虚荣心,每个人在心里面都希望自己能够成为万众瞩目的焦点,因此一般很多人竞争什么事情的时候,人们都会有一个积极、奋勇争先的意识,期待着自己能够打败别人从而出风头。特别是涉及一些关乎个人利益的事情的时候,抢在别人的前面那才是最好的选择。另外,骄傲自大的人在做事情的时候更加地喜欢出风头,更加在意自己是否能够处在前面。但是看看丁宾的行为,什么都不和别人争也不和别人抢,由此就可以看出他是多么地谦虚低调啊。

第二是"恭敬顺承,小心谦畏",意思就是说丁宾对人恭恭敬敬,一切都肯顺受并且做人小心谦逊。骄傲自满的人一般都会有莫名其妙的、十分强大的自信心,同时还非常看不起别人;当然这样的人在待人接物的时候就会产生一种莫名其妙的优越感,看不起别人,对人指手画脚、说三道四。但是看看丁宾,对人是恭恭敬敬的,绝对不可能是一个骄傲自满的人,这就说明他是一个谦虚的人。另外,骄傲自大的人不会听从别人的指挥,更不会轻易赞同别人的意见,同时更受不了别人对自己的打击。但是丁宾就不是这样，他对人恭敬，且小心谦逊，一看就知道是一个十分谦虚的人。

第三就是"有受侮不答，闻谤不辩"，意思就是说当别人侮辱丁宾的时候，他一点都不愤怒；而当有人诽谤他的时候，他也从来都不去辩解，很是沉默。这一点是最能够说明问题的了。无论是古代还是现代，人们都十分在意自己的脸面，最不能接受别人的侮辱和诽谤。但是看看丁宾的做法呢，不辩解也不反驳，这就是因为他的性格十分谦虚，不屑于与那些侮辱和诽谤他的人、为了那些无中生有的事情争吵。他并不傻，身为读书人也不可能是一个笨嘴拙舌不会狡辩的人，他就是一个谦虚的人，一个品德高尚的人，一个非常有涵养的人。或许谦虚的他只是把那些诽谤和侮辱当成了对自己品格的磨炼和人生的历练，只是他培养自己谦逊的品格的磨刀石而已。

那么结果是怎么样的呢？丁宾获得了什么样的好处呢？当会试结果公布的时候人们就都知道了，丁宾一鸣惊人，在会试中考中了，将有机会参加殿试，并有机会成为天子门生了。丁宾能够高中，完全就是因为他的谦虚和谦逊的品格得到了天地鬼神的敬重和赞扬。

其实现实生活中也是如此，很多人都觉得自己无论是能力、才学都比别人强上许多，但是总感觉怀才不遇，得不到别人的重视；反而是那些能力和才学都不如自己或者是自己经常鄙视、看不起甚至是自己经常欺负的那些人却能够爬到自己的上面。很多人经常抱怨上天的不公和自己的怀才不遇，既然有这样的时间那为什么不去挖掘深层次的原因呢？当你感觉自己各方面都出色、产生骄傲自满的情绪的时候，却不知人家正在十分谦虚地继续努力地充实自己，这就是最主要的原因。因此，做人一定要谦虚一些，什么时候能够改掉骄傲自满的坏毛病，也就距离成功不远了。

冯开之自谦得福报

【原文】

丁丑在京，与冯开之同处①，见其虚己敛容②，大变其幼年之习。李霁岩直谅③益友，时而攻其非④，但见其平怀顺受，未尝有一言相报。予告之曰："福有福始，祸有祸先。此心果谦，天必相之。兄今年决第矣。"已而果然。

【注释】

①同处：住在一起。
②敛容：严肃的样子。
③直谅：正直诚信。
④非：过失，错误。

【译文】

丁丑年在京城，和冯开之先生住在一起，只见他谦虚谨慎并且一副很严肃的样子，大大改变了童年时的习惯。他的好友李霁岩正直诚信，经常指出他的过失和错误，但是他都是平心静气地接受，没有反驳一句。我对他说："福气有福气的根源，灾祸有灾祸的前兆。你这么谦虚，老天一定会帮助你的。你今年一定会在科举中高中的。"后来冯开之果然高中了。

【解读】

这段还是了凡先生为了说明谦虚的品德能够带来福报所举出的例子。冯开之，本名叫冯梦祯，生于明世宗嘉靖二十七年即 1548 年，死于明神宗万历三十三年也就是 1605 年，死的时候年仅 58 岁。开之是他的字，他的号是具区，又号真实居士，明代著名诗人。他是明神宗万历五年即公元 1577 年进士，做官做到翰林院编修。后来因为得罪了明神宗时候的内阁首辅张居正而被贬官，后来遭到弹劾导致被罢官，此后再也没有进入官场。

冯梦祯这个人性格爽朗，为人十分爽快，同时他非常喜欢读书，并经常提携后辈。从文中我们能知道这个事情是发生在冯开之中进士那一年，了凡先生是因为和他住在一起一段时间才判断出他能考中的，那么了凡先生做出这样判断的原因是什么呢？文中说："见其虚己敛容，大变其幼年之习"，意思是说冯开之现在总是一副面容和顺的样子，十分地谦虚，从没有见过他有一点点的骄傲，和他小时候的习惯大大地不一样。

从中我们可以看出两点有用的东西：第一就是冯开之现在是一个十分谦虚的人；第二个就是冯开之小的时候不是这个样子的。文中先说冯开之现在十分谦虚，又说他小时候和现在一点也不一样。冯开之小的时候想必一定是年轻气盛、狂傲不羁、锋芒毕露，这种性格说好听一点是极度自信，说不好听就是骄傲自大、看不起人。如果他还是这样一个人的话，相信了凡先生是无论如何也不会断定他能考中的，而了凡先生偏偏就下了他能考中的结论，那就是因为随着时间的推移，冯开之的性格和小时候有了很大的不同，他变得谦虚、谨慎了，懂得收敛自身的锋芒了，也正是因为这样使得他符合了天道，修得了自身的德行，使得老天会赐给他福报，因此才让了凡先生作出了他一定能够考中的结论。

要知道一个人给另一个人的第一印象是很重要的，很多人都是根据第一印象来判断一个人。那么了凡先生究竟是观察到了什么样的事情才让他改变了对冯开之骄傲自大的印象，认为他现在是一个谦虚和气的人呢？在这里了凡先生也是举了一个例子来说明的。"李霁岩直谅益友，时而攻其非，但见其平怀顺受，未尝有一言相报。"这句话的意思是说他的好友李霁岩正直诚信，经常指出他的过失和错误，但是他都是平心静气地接受，没有反驳一句。

李霁岩这个人究竟是谁我们不得而知，但是我们能够从文中知道这个人应该是冯开之的好朋友，并且能知道这是一个正直、诚信、豁达的人。

"直谅"就是正直诚信的意思，这个词语可以算作是儒家的第一大圣人孔子最先提出来的，在《论语•季氏》中有这样一段话："益者三友，损者三友。友直，友谅，友多闻，益矣。友便辟，友善柔，友便佞，损矣。"孔子认为正直、诚实和见多识广的人才是好的朋友，才是益友；而谄媚、只懂迎合、花言巧语和当面奉承背后诽谤的人根本就不能当作好朋友，这样的人只能是损友，或者说根本就不能和这样的人交朋友。

之后，这个词语就被当作是孔子对良友、益友的定义而被广泛应用。宋代著名政治家和文学家苏轼在《议富弼配享状》曾这样写道："秉心直谅，操术闳远。"著名文学家王安石在《怀张唐公》这首诗中也写过"直谅多为世所排，有怀长向我前开"这样的语句。明代人方孝孺在《答陈元采》中写道："窃自悲叹，安得直谅之士以振吾过哉？"清代文学家蒲松龄在他的作品《聊斋志异》中也有"莱芜秀才李中之，性直谅不阿"这样语句。从中我们就可以看出"直谅"这个词语所代表的含义，这样的人才是真正的朋友。而李霁岩恰恰就是冯开之的"直谅益友"。

当然，什么事情都是有两个方面的，有好处自然就有坏处，"直谅"这样的人虽然可以作为很好的朋友，可以相互学习和促进自己的进步，但是有时候也确实让人感觉到很是无奈。这样的人是不能容忍自己的朋友犯任何一点错误或者说是不能容忍自己的朋友做出任何一种自己看不惯的事情和违背道义的事情的。一旦有这样子的事情发生，那么这样的人的朋友就会受到无情的指责和批评，并且有时候会在大庭广众之下不留一点的情面。而冯开之和这位李霁岩就是这样的情况。

李霁岩就经常不顾忌冯开之的颜面和感受，因为一点小的事情就对他进行当面的指责，甚至是无情揭露他的过失和错误。或许有人会认为，这是出于一个朋友的善意提醒，不算什么事情，但是这关系到一个人的脸面问题啊，有几个人能够真正放得下？就好比说你刚刚办了一件自己感觉十分满意的事情，但是你有一个朋友马上就跳了出来，并且当着很多人的面大肆批评你的不是，说你这件事情做得不对，这种情况谁会真正地不在乎呢？提醒自己的朋友不要做错事情这是很正常的事情，但就算是出于好心也可以在私下里相处的时候去说啊，为什么非得要在大庭广众之下让人难堪呢？人都是有脾气的，这种情况很多人都是容忍不了的，所以这种情况大部分的时候都会让人在心里面产生怨气。

冯开之在小的时候是一个非常骄傲的人，估计最不能容忍的就是别人的批评和指责。所以，当李霁岩当面指责冯开之的时候了凡先生认为一定是要出事情的，但是他惊讶地发现，他现在认识的冯开之居然和小时候那个冯开之变得一点都不一样了，面对李霁岩的批评和指责，居然一点也没有不耐烦，而是全都十分虚心地接受了。冯开之自始至终恭恭敬敬，不狡辩也不争吵，并且全部的表现都是真心实意的，没有一点的虚情假意。要知道，如果是一个不谦虚或者是一个没有涵养的人是无法做到的。直到这个时候，了凡先生才发现，冯开之不知道从什么时候开始已经变得谦虚了。

这种情况下，了凡先生顺理成章地就判定冯开之能够高中。了凡先生根据冯开之谦虚就说他肯定能够高中，这不是随便说的，而是根据天道规律来说的。所有的福德祸患都是有原因的：一个人有福气，那必定有福气的根源；一个人有祸患，那肯定会有祸患的先兆。只要是内心中足够地谦虚，那么这个人自然能够得到上天的庇护。冯开之有来自上天的帮助，那自然是能够考中的。最后的结果也验证了了凡先生的预言，冯开之在当年的会试中果然考中了。

赵裕峰改过后及第

【原文】

赵裕峰光远，山东冠县人，童年①举②于乡，久不第。其父为嘉善三尹③，随之任。慕④钱明吾，而执文见之。明吾悉抹其文，赵不惟不怒，且心服而速改焉。明年，遂登第。

【注释】

①童年：不满二十岁。
②举：举人。
③三尹：官名。各级主官属下掌管文书的官员。
④慕：仰慕。

【译文】

赵裕峰，名光远，是山东冠县人，不满二十岁就成为了乡里的举人，但是多次赶考都没中进士。他的父亲调任嘉善的三尹，他也和他父亲一起赴任了。他很仰慕钱明吾这个人，于是就带着自己的文章去拜见。钱明吾把他的文章全部否定，赵裕峰不但不生气，而且还心服口服地迅速改正。第二年，他就考中了进士。

【解读】

这段还是了凡先生为了说明谦虚能够得到福报而举出的例子。这是一个叫赵光远的人的故事。故事虽然不是很长，但是其中所包含的道理却颇深。

赵裕峰，本名叫赵光远，裕峰是他的字，他是山东冠县人。通过了凡先生的介绍，我们能够发现，这个人很不简单，他在不满二十岁的时候就在乡试中取得了好成绩，考中了举人。能够通过科举考试的第一阶段乡试、考中举人是十分不容易的，要不然古代怎么有那么多人考了一辈子科举都没有成为举人，像范进考中举人之后就发疯了，当时想要通过乡试成为举人是一件十分困难的事情。因此，赵光远以不满二十岁的年纪，就杀出重围，考中举人，非常值得人敬佩。

但是一个人的一生从来都不可能是一帆风顺的，坎坷挫折会伴随着人的一辈子。就像孟子所说过的一样："天将降大任于斯人也，必先苦其心志，劳其筋骨，饿其体肤，空乏其身，行拂乱其所为，所以动心忍性，增益其所不能。"不到二十岁就考中了举人，使得赵光远变得踌躇满志、信心满满，对接下来的会试和殿试充满了信心。但是，无情的命运却给了他当头一棒，正当他幻想着自己可以顺利地走进官场的时候，却在接下来的考试中遭到了沉重的打击。当他考中举人之后打算继续向下一个目标前进的时候，他考试失败了，并且不是一次，而是多次考试都没有考中。这样沉重的打击一下子让他那满满的信心全都泄气了，心情开始变得十分低落。

当一个人心情低落处于人生的最低谷的时候，最关心这个人的无疑是这个人的家人，毕竟骨肉亲情是这个世界上最亲的关系。赵光远屡次考不中，导致心情低落，他的家人当然是非常担心。就在这个时候，他的父亲职位调动，被朝廷派到浙江嘉善去当三尹。于是，在他的父亲去嘉善上任的时候，赵光远也跟着他去了嘉善，顺便改变一下周围的生活环境，散散心，或许能够使心情变好起来。

　　所谓的三尹就是一个县的管理机构里面排名第三的位置，也就是俗话说的三把手，是一个比较重要的官职。

　　当然，因为屡次都不能在科举考试中考中而导致心情低落，并不是说赵光远就对科举考试失去了信心，只是一时难以接受而已，对于知识的学习他还是没有放弃的。在赵光远跟随父亲去上任的嘉善县，有一个文章写得非常好的学者，名字叫作钱明吾。这里所说的钱明吾应该指的是了凡先生的亲戚钱吾德。钱吾德，字湛如，他和了凡先生以及前面提到过的冯梦祯，合称为万历初嘉兴府三大名家。隆庆四年（1570年），他和了凡先生同年考中举人，开始时担任河北迁安县令，后改任福建泰宁县令和江西宁州县令。他为官清廉，政多惠民，是嘉兴县德高望重的人士。

　　古代的文人对于钱吾德这样德高望重的人士是十分尊敬和敬佩的。因此，赵裕峰跟随他的父亲来到嘉善后，第一件事情就是拿着自己的文章向钱吾德请教。或许，他去的时候是信心满满的，以为自己的文章一定能够得到钱明吾这样德高望重的人的表扬和赞赏，却没想到钱明吾"悉抹其文"。钱明吾非但没有表扬他的文章写得好，还大肆批评他的文章很不好，并且把他的文章大量地涂抹和修改，十分严肃地指出他的错误。钱明吾是一个正直的人，他没有给赵光远留一点点的面子，把他批评得体无完肤。这要是换作一般人的话，估计早就不干了，大发雷霆之怒是免不了的，自己辛辛苦苦耗费那么多心思写出来的文章，凭什么就被批评得体无完肤，凭什么要被改得面目全非，就算是文坛泰斗也要懂得尊重人的道理。

　　但是出人意料的是，赵光远的态度和一般人意料之中的情况大相径庭，他非但没有生气，反而是对钱明吾的所有批评和修改全部都虚心地接受了，越是受到批评，他越是谦虚有加，越是心悦诚服，同时也根据钱明吾的意见迅速地修改自己的文章去了。这恰恰说明了赵光远性格中的谦逊，能够谦虚到像他这种程度，实在是难能可贵了，有了这样的一种态度，他后来能取得成功也就很好理解了。

　　就在赵光远见过钱明吾之后的第二年，他就中了进士。或许有人会认为他中进士是因为他多年努力学习的结果，这点不可否认，但是这绝对离不开他谦虚的性格。因为如果他不谦虚，那么在多次都考不中进士的情况下他只会产生怨恨，是绝对不会静下心来去继续努力学习的。因此，谦虚的品格才是他最终能考中进士的法宝。

　　其实中国古代有很多的名人都是十分谦虚的，都是能听进去别人所说的话的，也都敢于直接面对自己的错误。就比如说唐太宗李世民，他就说过这样的话："以铜为镜，可以正衣冠；以古为镜，可以知兴替；以人为镜，可以明得失。"再有就像唐代著名大诗人白居易每次在作了一首新诗之后，都会先念给那些年长的老妇人听，然后认真地听取她们的意见并修改直到她们能够听懂为止。所以说，作为一个人，无论什么时候都不能把谦虚的品格丢掉，否则很难有一个成功的人生。

谦虚沉稳能发达

【原文】

　　壬辰岁，予入觐①，晤②夏建所，见其人气虚意下，谦光逼人，归而告友人曰："凡天将发斯人也，先发③其慧。此慧一发，则浮者自实，肆者自敛。建所温良④若此，天启之矣。"及开榜，果中式。

【注释】

①入觐（jìn）：指地方官员进京觐见皇帝。
②晤：遇到。
③发：启发。
④温良：温和善良。

【译文】

　　壬辰年，我到京城去觐见皇帝，遇到了夏建所。只见他神情谦虚谨慎，一点也不盛气凌人。回家后告诉朋友说："如果上天要让一个人发达，那么一定会先启发他的智慧。智慧一旦启发，那么浮躁的人就会沉淀下来，放肆的人也知道谦虚和收敛了。夏建所现在这个温和善良和谦虚的样子，就是上天开启了他的智慧啊。"等到考试结束后，夏建所果然高中。

【解读】

　　了凡先生的观点总结起来就是四个字，那就是"唯谦受福"，只有谦虚的人才能得到福报。可能有人会说，前面不是才说过只有善良的人才能得到福报吗？这里怎么又说只有谦虚的人才能得到福报呢？其实这两个方面是相互统一的。一方面，面对别人的时候，表现得谦虚一点，这本身就是一种行善。另一方面，也只有谦虚的人才会多多行善。那些骄傲自满的人，会认为一个人的所有经历都是自己应该得到的，所以对于那些遭到不幸或者是需要帮助的人他们会认为是罪有应得，所以他们是不会去行善、不会去帮助那些人的，只有谦虚的人才会生出同情心。所以说谦虚和行善是一样的道理。

　　为了突出唯谦受福这个道理，了凡先生又讲述了自己的一段经历。

　　事情发生在壬辰年，这个时候了凡先生已经考中了进士并且已经被授予了官职。他进京去觐见皇帝的时候，遇见了一个朋友，就是夏建所。从整段文章里其实能够看出，了凡先生在京城遇见夏建所的时候，夏建所还没有考中进士。事情是发生在壬辰年，前面我们就介绍过，丑、辰、未、戌这四个年份是朝廷举办会试的年份，由此可见夏建所当时是去参加科举考试中的会试。

夏建所究竟是谁？在这里了凡先生并没有说明，但是在《嘉善县志》却有明确的记载。夏建所即夏九鼎，字台卿，万历壬辰年间进士。他是东林党领袖顾宪成的学生，官至安福令，做官时爱民如子，十分清廉，最后去世的时候连下葬的钱都没有。

了凡先生在见到夏建所之后，发现夏建所神情谦虚谨慎，一点也不盛气凌人，并且对待别人总是恭敬有礼。了凡先生说："凡天将发斯人也，先发其慧。此慧一发，则浮者自实，肆者自敛。建所温良若此，天启之矣。"意思就是说如果上天要让一个人发达，那么一定会先启发他的智慧。智慧一旦启发，那么浮躁的人就会沉淀下来，放肆的人也知道收敛了。夏建所现在这个温和善良和谦虚的样子，就是上天开启了他的智慧啊。

这里面包含着一个很重要的词语，那就是智慧。每个人都有自己的智慧，这一点是肯定的，甚至连各种动物也有自己的智慧。就比如说每个人根据自己的情况选择适合自己的生存方式，这就是智慧。智慧和聪明、狡诈等是不一样的，无论聪明还是狡诈，或者是一些其他的东西，都只是一个人在有了辨别是非的能力之后才能产生的，或者可以说聪明和狡诈之流只能用来制造问题，或者是解决表面上的问题，却不能真正地解决问题。但是智慧不同，智慧是一个人天生就拥有的能力，是真正用来解决问题的。

每个人刚出生的时候智慧都是一样的，就好比是一块璞玉一样。人们都知道，璞玉只有经过打磨、雕琢才能真正地焕发出光彩照人的一面，这就好比说是佛教所说的开光，只有开光后的东西才能给人带来好处。智慧也是一样，只有随着时间的推移，人的社会阅历的增长，或者说是由于一些奇遇事情的发生，使智慧得到"开光"，这时候智慧才能真正地在人生中起到无可取代的作用。人生下来的时候智慧是关闭着的，而想要用到它的话就只能开启它。

当然，开启智慧需要一个漫长的过程，不过也许有一种简便的方法，那就是得到上天的帮助。上天能够开启一个人的智慧，这本身就是这个人的福气，因为只有真正有智慧的人才能得到并保护好他自己的福气。当一个人的智慧被开启之后，这个人就会懂得很多的东西，比如说做人要谦虚、低调，做人要行善要积德等。当一个人真正地开启了智慧之后，那么浮躁的人就会沉淀下来，放肆的人也知道谦虚和收敛了。有道是"智慧一开，福德自来"，这句话还是很有道理的。

那些恃才傲物、骄傲自满、锋芒毕露的人其实是最没有智慧的一群人，即使他们那样的人再怎么聪明也是一样的，因为他们那样的人很可能连自己的生命都保护不了。一个连自己的生命都不知道怎么样保护的人，怎么能说是一个有智慧的人呢？就好比说是三国时期的名人杨修，虽然他很聪明，但同时他也可以称作是没有智慧的代表。

杨修很聪明，同时也很善于揣度老大曹操的心思，这一点不可否认。有一次，曹操对于新修的门不满意，于是便在门上面写了一个"活"字，别人都不明白，但是杨修却一下子就猜测出来了，曹操是认为这个门太大了，因为门里面加个"活"字正好是个"阔"字，于是就让人把门改小。然而杨修是一个没有智慧的人，不知道什么时候该说什么话，否则又怎么会因为一个简简单单的鸡肋就被曹操砍掉了头颅呢？本来

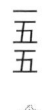

杨修很容易就能逃避被杀的命运的,只要管住自己的嘴就可以了。但正是因为他没有智慧,导致祸从口出,才最终为自己带来了杀身之祸。

所以,当了凡先生发现夏建所"谦光逼人"的时候,就可以断定夏建所当年必定能考中进士。这就是因为了凡先生发现夏建所已经被上天开启了智慧,而"谦光逼人"就是他的大智慧被开启的直接表现。结果事实再一次证明了了凡先生是正确的,因为当年发榜的时候,夏建所果然考中了。

张畏岩乡试不中致发怒

【原文】

江阴张畏岩,积学工文,有声①艺林②。甲午,南京乡试,寓一寺中,揭晓无名,大骂试官,以为眯目③。

时有一道者,在傍微笑,张遽④移怒道者。道者曰:"相公文必不佳。"张益怒曰:"汝不见我文,乌知不佳?"道者曰:"闻作文,贵心平气和,今听公骂詈,不平甚矣,文安得工?"

【注释】

①声:这里指名声。

②艺林:读书人中间。

③眯目:指有眼无珠。

④遽(jù):立刻。

【译文】

江苏江阴人张畏岩,做学问很下功夫,在读书人中间名声很大。甲午年参加南京的乡试时,他借住在一个寺庙里。但是榜单揭晓的时候却没有他的名字,因此他大骂考官有眼无珠。

这时候一个道人在旁边嘲笑他,他立刻怒视那个道人。道人说:"你的文章一定写得不好。"张畏岩更加生气了,说:"你又没看过我的文章,怎么会知道我写得不好?"道人说:"我听说写文章,最重要的是心平气和,现在听见你在这里骂人,心中愤愤不平,文章怎么可能写好?"

【解读】

了凡先生继续用事实来说明他那个只有谦虚的人才能得到福报的观点。这段中列举的是江苏江阴人张畏岩的例子。张畏岩的学问很深,文章写得很好,因此在读书人的圈子里还是很有名气的。这样的情况所造成的结果就是张畏岩也认为自己的文章写得很好,如果去参加乡试的话一定是十拿九稳的或者说应该是很轻松就能考中一个举人的。这里面就传递出来了两个信息,第一就是张畏岩是一个对自己很有信心的人,很自信；第二就是这份自信心好像有点过头了。

有自信心其实是一件好事，毕竟自信心很重要，应该能够称得上是帮助一个人走向成功的重要砝码。一个不自信的人，终究是没有办法在这个社会取得成功的。就像是朱元璋，他要是对自己没信心的话，又怎么可能在推翻元朝的战争中取得最后的胜利？其实，在这个世界上，有很多人都明白自信心的重要性。比如美国思想家爱默生曾经说过："自信是成功的第一秘诀。"再比如英国文学家培尔辛曾经说过："除了人格以外，人生最大的损失，莫过于失掉信心了。"由此可以看出自信对一个人的重要性。

当然，有自信心的前提是要认清自己所处的真实情况和处境，而非不知天高地厚地盲目自信。盲目的自信或者是过度的自信那就应该是骄傲了。一个骄傲的人，既认不清自己，也看不起别人，骄傲会让人满足现状，失去继续学习和前进下去的动力，这样的人是最容易受到打击的。

张畏岩就是一个骄傲的人，他不知道自己的学问究竟是怎么样的一个程度，他只是知道因为自己文章写得好而在读书人中间有一些名声。因此，他就认为他的学问很好，科举考试根本就难不住他。于是，在甲午年的时候，他踌躇满志、信心满满地去参加了乡试。从参加考试到放榜之前这一段日子中，他一直借住在一个寺庙里面。正当他幻想着自己可以乡试、会试甚至是殿试全都能顺利考中的时候，乡试的结果出来了。但是，这次考试的结果让他感到很意外，甚至有一种五雷轰顶的感觉，因为他这么有名气的人居然连乡试都没有通过。

张畏岩无法理解现实和内心想法的差距，也就是说不甘心接受失败。同时，由于对自己过度地自信，会导致这样的人把自身失败的原因全部归结于外部因素，认为自己的失败是别人因为嫉妒自己有意造成的。所以，他只能选择骂人，他把所有的怨气都发泄在了这次乡试的考官身上。当然，这也只是在背后骂，考官毕竟也都是朝廷的官员，他也没有当面去骂人家的勇气。张畏岩对考官破口大骂，认为他们看走了眼，认为他们有眼不识金镶玉，认为他们埋没了他这个人才。

其实这样的人在现实生活中是有很多的，他们觉得自己的东西才是最好的，因此一旦被别人否定就会十分愤怒。愤怒的结果就是让人失去理智，有些人会把否定他的人记在心里，然后找机会再去报复；有些人则会在各种公开的场合直接批评那些指责和否定他的人，总之就是对别人批评否定自己十分不满。这种情况下，最直接的后果就是一个人失去了平常心。

就在张畏岩还在因为生气破口大骂考官的时候，他旁边的一个老道人却笑了。此时的张畏岩正是内心最烦躁的时候，正愁无处发泄，却有人撞到枪口上，因此把自己的一腔怒火都发泄到了老道身上。老道是修道之人，心灵纯净，对于张畏岩的怒气毫不在意，只是说："你的文章一定写得不好。"张畏岩本来就因为文章的事情而烦躁，现在老道居然又拿自己的文章说事，于是更加愤怒，便反问道："你又没看过我的文章，怎么会知道我写得不好？"老道士说："我听说写文章，最重要的是心平气和，现在听见你在这里骂人，心中愤愤不平的，文章怎么可能写好？"

所谓文如其人，一个人是什么样的性格就很可能导致他的文章是什么样的风格。

张畏岩性格如此地暴躁，让人无法接受，想必写文章也是一样让人难以接受。同时，老道士认为写文章最重要的就是一颗平常心，而看张畏岩的样子最缺的就是平常心了。

做学问写文章，贵在心平气和，只要心中一团和气，那么下笔自然就会如有神助。就比如说中国古代的文学，很多东西往往是出现得越早，就越是让后人追捧，越容易成为经典。为什么？就是因为一旦某种类型的文章出现了，那么就会成为后辈的标杆，后来者想要攀比、想方设法地超越，但是此时由于失去了平常心，写作出来的东西反而不如先出现的东西那样经典，那样让人难以忘怀。比如《诗经》。《诗经》是我国古代劳动人民智慧的结晶，很多都是在劳动的过程中创造出来的。创作这些东西的人可能不是文人，也可能是根本就没有文化的人，但是《诗经》为什么能够成为经典呢？就是因为创作《诗经》的古代的劳动人民拥有一颗平常心而已。

当然，需要平常心的不光是写文章，人无论做什么事情都要有一颗平常心。就比如说高考，一个背负着沉重压力的考生考砸的可能性是很大的，但是一颗有平常心的考生却很有可能超常发挥。和行善的道理是一样的，做什么事情都不要刻意地去追求某种特定的结果，只有这种情况下才能有一个最美好的结果。

谦虚行善皆由心

【原文】

张不觉屈服，因就而请教焉。

道者曰："中全要命；命不该中，文虽工，无益也。须自己做个转变。"张曰："既是命，如何转变？"道者曰："造命者天，立命①者我。例行善事，广积阴德，何福不可求哉？"张曰："我贫士，何能为？"道者曰："善事阴功，皆由心造②。长存此心，功德无量。且如谦虚一节，并不费钱，你如何不自反而骂试官乎？"

【注释】

①立命：修身养性以奉天命。

②心造：佛教用语。心里所想的东西。

【译文】

张畏岩觉得道人说得有道理，慢慢服气了，便向道人请教。

道人说："考试中与不中是命中注定的。命中不该中，文章再好也没有多大帮助。因此要在自身做转变。"张畏岩说："既然是命中注定的，怎么能改变呢？"道人说："创造生命在于天，但是改变命运却在于自己。只要大力做善事，多积累阴德，什么福气不能得到呢？"张畏岩说："我是一个穷人，能做些什么呢？"道人说："做善事积阴德，都是出于内心的想法。只要心里常常抱着这样的想法，那就是功德无量的。况且只要谦虚谨慎，并不需要花钱，你怎么不反省自己却去骂考官呢？"

【解读】

张畏岩听了老道士的一席话之后，突然安静了下来，因为他发现老道士的话说得很有道理。或许张畏岩是一个骄傲、自负和自大的人，但是他并不笨，他的骄傲自大只不过是因为年少出名让他找不到方向而已。张畏岩明白确实自己的行为过于偏激了，因此彻底地对老道士产生了敬意，于是就继续向他请教。

老道士对他说："中全要命；命不该中，文虽工，无益也。"意思就是说科举考试中与不中都是命中注定的。命中不该中，文章再好也没有多大帮助。其实这里面包含的主要意思就是"人的命，天注定"，人命中的一切都是上天安排好的，这就叫作命运。写出的文章能不能帮人考中举人是注定的，功名富贵也是注定的。

人这一生，一切的功名富贵，哪一个不是命中注定？多少才子俊杰，文章之美胜过李杜，超越司马，但考不中进士的人实在太多了。就比如说清代著名的文学家、《聊斋志异》的作者蒲松龄，他那优秀的文采甚至是超越了当时那个时代，更何况他对知识的研究十分刻苦、努力，他的座右铭就是"有志者，事竟成，破釜沉舟，百二秦关终属楚；苦心人，天不负，卧薪尝胆，三千越甲可吞吴"。但是这又能怎么样呢？他依然还是个书生，依然每次科举都考不中，这就是命。命中没有的东西，再怎么样也是强求不来的。

古往今来很多人都是满腹才华，但也全都是因为命中注定才没有仕途得意，想来张畏岩这样文章写得好的人也没中举，估计也是因为命中注定。既然是命中注定没有的东西，即便是文章写得再怎么华美，也终究是得不到不该得到的东西。但是老道士也没有把话说死，他认为只要能够做出一些改变，还是能够得到自己想得到的东西的。

听到这里张畏岩就感觉奇怪了，既然都是命中注定的，那怎么能够改变呢？老道士又说："造命者天，立命者我。例行善事，广积阴德，何福不可求哉？"意思就是说创造生命在于天，但是改变命运却在于自己。只要大力做善事，多积累阴德，什么福气不能得到呢？

一般人都认为："命里有时终须有，命里无时莫强求。"但是道教却有另外的一种观点。道教认为"我命由我不由天"，一个人是可以通过自己的努力和修行，达到扭转乾坤、改变命运的目的的。一个人的命运中既然有定数，那么就一定会有变数，而这个变数，通常就是由人在后天的修行和努力中所做到的。

所谓的"造命者天"，并不是说人的命运是上天在一个人出生的时候强加上去的，上天还没有这个能力。这句话正确的理解应该是一个人的命运是由这个人上辈子的因果善缘或者是恶行所决定的。这样就可以说通了，既然命运说到底还是人自己所造成的，那么当然可以被人做的另外的一些事情所改变，这就是"立命者我"。虽然先天是注定了的，但是后天却在不停地发生着变化，因此可以通过一些办法改变后天的命运。

像张畏岩这样明明文章写得很好却与科举考试无缘，这样的命运才需要在后天进行改变。当然，这里所说的改变也不是随随便便做一些事情就能改变的，想要真正地改变命运并没有一个固定的标准，但是却有一条准则，那就是必须积累功德。详细点说就是不能做任何的恶事，也不能够有一点一滴的恶行，同时还必须要大力地行善，多做好事，这样就能多积累功德，拥有了足够的功德，命运自然就改变了。命中没有的东西，自己怎么做才能得到，怎么做才能改变命运，这其实就是《了凡四训》所讲述的主题。老道士对张畏岩所说的这一番话与云谷禅师当初对了凡先生所说的那一席话，本质上的意思其实都是一样的，都是为了阐发"广积阴德，命自我立"的道理。

张畏岩认真地想了老道士的话，觉得他说得很好，很有道理。但是在把问题重新拿回到自己身上之后，却又觉得改变命运很难，因为他觉得自己是一个穷人，没有办法去多多行善，多多地去积累功德。但是老道士却不这样认为，老道士觉得"善事阴功，皆由心造。长存此心，功德无量"，并且举出了谦虚的例子，"且如谦虚一节，并不费钱"。老道士于觉得"善事功德唯心所造"，有没有钱并不是最重要的。一个人只要是心善，那么他就是一个善人。只要总是长存着一点儿善心，便是无量功德，根本不需要花费巨额的金钱去行善。当然了，也有很多人是花巨额的金钱去行善的。但是如果心中没有一点一滴的善意，就算是花再多的金钱，做的也根本不可能是善事，而是恶事。有很多的善事都是不需要任何的金钱花费就能做到，就比如说最简单的谦虚。

老道士认为，谦虚很简单，比如恭敬他人，心态谦卑，心态平和地去面对别人，像这样根本就不需要花钱。再比如帮助老人，照顾病人，这也是不需要花钱的，但这确实是不折不扣的行善。因此，每个人行善都有不同的办法，穷人有穷人的办法，富人有富人的办法，有人花钱，有人以身作则，不花一分钱，但是，这些都是行善，都是能够积攒大福德的事情。所以说，不要觉得行善是一件很难办的事情，只要有一颗善心，即便是穷人，即便是一分钱都没有，那也是能做很多善事，积累很多功德的。改变命运最终看的是功德的大小，不是金钱花费的多少。总而言之，行善最重要的是有一颗善心。

突然间找到了问题的主要原因，那么张畏岩再去骂那些考官已经没有任何的意义了。如果他真的还想要考中科举，那么他现在应该去做的就是行善积德改变命运了。

努力改变得回报

【原文】

张由此折节①自持②，善日加修，德日加厚。丁酉，梦至一高房，得试录一册，中多缺行。问旁人，曰："此今科试录。"问："何多缺名？"曰："科举阴间三年一考较，须积德无咎者，方有名。如前所缺，皆系旧该中式，因新有薄行③而去之者也。"后指一行云："汝三年来，持身颇慎，或当补此，幸自爱。"是科举中第一百五名。

【注释】

①折节：改变从前的行为。
②自持：克制自己。

③薄行：品行不好。

【译文】

张畏岩从此改变了往日的作风，很克制自己，善事越做越多，阴德也越来越多。丁酉年，他梦见自己在一所高大的房子里得到了一份科举考试的录取名册，其中有很多行是空缺的。于是他就问旁边的人。旁边的人说："这是今年科举的录取名册。"张畏岩问："为什么缺这么多名字呢？"那人回答道："对于那些参加科举考试的人，阴间每三年会考察一次，必须是行善积德并没有过错者，才能在上面留下名字。就像前面缺少的，都是原本应该考中的，但是因为最近的品行不好所以除去了名字。"又指着后面一行说："你这三年来谦虚谨慎，克制自己，应该能够补充到这里，希望你继续保持。"这一次他果然考中了第一百零五名举人。

【解读】

那个老道士的一番话发人深省。经过了老道士的指点，张畏岩终于知道了要怎么样去追寻自己的理想了，终于知道了怎么样改变命运了，他的人生有了一个明确的前进方向。

张畏岩在领悟了老道士的话之后，就开始有所行动了。他一改往日狂妄不羁、骄傲自负的态度，变得彬彬有礼，十分谦逊，十分注意把持自己的态度和行为。同时，他还在做善事方面下了很大的功夫，花去了很大的精力，甚至可以说平时每天都要去做善事。在张畏岩这样尽心尽力行善的情况下，他的善心、善行越来越多，所积累的功德当然也就越来越多。

既然功德都已经积累了那么多了，那么下一步应该就是得到上天的福报了，或者说这么多的功德应该已经足够改变他的命运了。这种事情谁都说不准，这是上天的安排。在这个时候，张畏岩做了一个奇怪的梦。他梦见自己在一所高大的房子里得到了一份科举考试的录取名册，其中有很多行是空缺的。于是他就问旁边的人。旁边的人说："这是今年科举的录取名册。"张畏岩问："为什么缺这么多名字呢？"那人回答道："对于那些参加科举考试的人，阴间每三年会考察一次，必须是行善积德并没有过错者，才能在上面留下名字。就像前面缺少的，都是原本应该考中的，但是因为最近的品行不好所以除去了名字。"又指着后面一行说："你这三年来谦虚谨慎，克制自己，应该能够补充到这里，希望你继续保持。"

佛教认为，在这个世界上除了人间之外，还存在鬼神境界。天地鬼神对人世间的一举一动、一言一行都有着密切的观察，或者说鬼神和人们在人间的各种行为都存在着某种联系。有道是"天地在上，鬼神难欺"，其实说的就是这个道理。人们在这个世间上的一言一行、一举一动其实都是在接受着鬼神的监督的，当然并不是没有任何意义的监督，鬼神会根据人们的表现或者说是功德、恶行，并根据天道的规则来安排人们的福祸报应。或许可以说鬼神其实就是天道的"代言人"。就拿张畏岩来说，本来按照他天生的命运来看，他是一辈子都不可能考得上举人的，但是他缺少的也只是一些善的修行和功德而已，看他的学问文章已经是足够了。所以，只要张畏岩能够把他缺少的那些善行、功德全部补足,那么他就能改变命运,最终实现自己的梦想,考中举人。

张畏岩三年的认真改过,积德行善,谦虚和善,最终成功地改变他的命运。当他再一次参加科举考试的时候,他终于以第一百零五名的成绩考中了举人。

或许每个人在鬼神手中都有一个档案,或者说是一个记录本,那里面可能记载着一个人所有的善行和恶行,或许还有只是在人们心中计划的却没有来得及实施的善行和恶行,这个就会成为鬼神判断一个人究竟是善人还是恶人的依据。鬼神会依照天道的规则,根据每个人记录中的善或者是恶,核算出一个人的功德或者说是恶行,从而对一个人实施奖励或者是惩罚,也就是说会根据实际情况对一个人降下灾祸或者是福报。

所以,每个人都要注意,行善的人还要继续坚持,不要因为一时没有得到任何的回报就产生放弃的念头,或许可能是你的功德还没有达到改变命运的程度,要是放弃,那么之前所做的一切就都成为无用功了;那些想要作恶、正在作恶和已经作恶的人更要注意,无论是刚刚产生的恶意想法还是已经开始的恶行,全部都放弃,不要总是以为自己很隐蔽,要时刻记住,或许这个世界上的某处正有一双无形的眼睛在盯着你,等你作恶作到无可救药的时候,灾难就会降临。好人终究会得到好报,恶人也必定会得到惩罚,行善积德,永远都是最正确的事情。

举头三尺有神明

【原文】

　　由此观之,举头三尺,决有神明;趋吉避凶,断然由我。须使我存心制①行,毫不得罪于天地鬼神,而虚心屈己,使天地鬼神,时时怜我,方有受福之基。彼气盈者,必非远器②,纵发亦无受用③。稍有识见之士,必不忍自狭其量,而自拒其福也。况谦则受教有地,而取善无穷,尤修业者④所必不可少者也。

【注释】

　　①制:限制。
　　②远器:远见。
　　③受用:享受。
　　④修业者:读书人。

【译文】

　　由此可以看出,举头三尺有神明;趋向吉利躲避凶祸,是由我们自己决定的。一定要在我们的内心中限制我们的行为,一点也不能得罪天地鬼神,而且要谦虚谨慎,使得天地鬼神都觉得我们受了委屈而可怜我们,这样才有获得福气的基础。那些盛气凌人的人,一定没有远见,即使发达了也没有福气享受。稍微有点见识的人,一定都不会让自己因为心胸狭窄而拒绝得到福泽。况且谦虚的人有受到教育的机会，这样能得到无数的好处，尤其是读书人不能缺少的。

【解读】

　　净空法师《地藏经讲义》中有一句话，那就是举头三尺有神明，也就是说神每时每刻都在人的头顶关注着人，俗话说的"人在做，天在看"其实和这个道理是一样的。就像在前面讲述的张畏岩那个例子一样，张畏岩只不过是埋头做了几年的善事，他并没有对任何人说，也没有到处去宣传，但还是被鬼神所知道了，这就是因为"举头三尺有神明"的缘故。

　　其实，在这个世界上，有很多人都认为鬼神什么的都是一种迷信的说法，是这个世界上根本就不存在的。比如说，有好多人在做了什么秘密的事情之后，都会神神秘秘地对自己的同伴说"天知地知，你知我知"，意思就是说某件事情只有他们两个人知道，根本就是没有把鬼神放在眼里，或者说就根本不认为这个世界上有鬼神。

　　佛教的经典著作《华严经》中曾经说过："人从出生的时候开始，两边的肩膀上就各自站着一个神明，一男一女，其中站在左边肩膀上面的是男人，专门负责记录一个人的善事；而右边的肩膀上则是站着女人，专门是负责记录一个人的恶行。"那么他们记录这些东西干什么呢？就是为了让上天对人们降下福报或者是祸患的时候有一个依据。所以说，佛教认为鬼神是存在于这个世界上的。

　　鬼神的记录决定着人这一辈子到底是吉还是凶，人在鬼神面前是卑微和渺小的存在，人不能命令鬼神改变他们的记录，要是想最后得到福报，想富贵一生的话，那就只能依靠自己的努力使得鬼神所做的记录中全部都是好事和善事。因此，做人一定要在自己的内心中限制自己的行为，一点也不能得罪天地鬼神，而且要谦虚谨慎，使得天地鬼神都觉得我们受了委屈而可怜我们，这样才有获得福气的基础。那些盛气凌人的人，一定没有远见，即使发达了也没有福气享受。

　　在古代，人们对鬼神是非常尊敬的，有很多人经常会到神灵的庙里去烧香或者奉上一些贡品，这其实就是一种谦逊。但是在鬼神的眼里看来，这种行为会让鬼神产生怜悯，因此如果有机会的话自然会降下福报。那么怎么样才算是得罪了鬼神们呢？其实对鬼神们的不尊重就是得罪鬼神，而得罪鬼神的一种决定性的行为就是作恶。整个世界都是上天所创造的，而鬼神又是上天所选定的"代言人"，一个人作恶说白了就是在破坏这个世界，破坏世界就是破坏上天的成果，破坏上天的成果自然就是得罪上天了，也自然就属于得罪鬼神了。

　　明白了这个道理，行善还是作恶，那就要看人们的选择了。但是如果真正相信的话，估计就没人敢再去作恶了。一旦作恶，上天所降下的祸患和报应接踵而至，那么活在这个世界上还有什么意思，就等着无休止地受苦。

　　当然，真正的是行善还是作恶还是得看一个人的内心，到底是谦逊还是狂妄，是一颗善心还是一堆坏心眼。如果一个人能真正保持一颗善心，保持谦虚的品性，尊敬天地，不得罪鬼神，并且为人谦虚有礼貌，做好事，说好话，做好人，多做善事，并且做到尽善尽美，就一定会得到福报的。当然，如果心中狂妄自大，看不起任何人，在世界上为了功名利禄无恶不作，欺压别人，坏事做绝，那么是别想得到福报了，即使自己能享受到一时的福报，子孙后代也会惨遭祸患的，因为天地鬼神是看不过去这种情况的。古人说："思地狱苦，发菩提心。"如果能明白这个道理，就不会去作恶了。

鬼神喜欢谦虚善良的人，也乐于保护谦虚善良的人。而狂妄自大的人是最被鬼神所讨厌的。"稍有识见之士，必不忍自狭其量，而自拒其福也。况谦则受教有地，而取善无穷，尤修业者所必不可少者也。"

谦虚的人一般都是心胸宽广的，因为谦虚的人都知道这样做有好处。一个豁达的人，能够得到别人的好感，只有拥有别人的帮助，自己才能不断地进步。而那些骄傲自负的人，往往都是目中无人，看不起任何人，这样的人是得不到别人的好感的，当然也得不到别人的帮助。即使自身有什么错误的地方，也不会得到别人的指正。

当然，谦虚一定要是自己内心真正的想法，不是为了应付什么。如果表面上是一副谦谦君子的样子，而在内心里却是骄傲自负的，那么也是得不到任何好处的。所以说，一个人无论在任何地方，任何时候，都要做到谦虚谨慎，有所敬畏。

有志者事竟成

【原文】

古语云："有志于功名者，必得功名；有志于富贵者，必得富贵。"人之有志，如树之有根。立定此志，须念念谦虚，尘尘方便，自然感动天地，而造福由我。

今之求登科第者，初未尝有真志，不过一时意兴耳，兴到则求，兴阑①则止。

【注释】

①兴阑：兴尽。

【译文】

古人曾经说过："志向在于考上功名的人，就一定能取得功名；志向在于大富大贵的人，就一定会大富大贵。"人有了志向，就像树有了根。只要立下了志向，就必须要经常保持谦虚，处处不忘给人行方便，这样自然就能感动天地，自然就会降下福气给我们。

当今考科举求取功名的那些人，最开始并没有真正地立下志向，只不过是凭借一时的兴趣，兴趣在的时候就考取，没兴趣的时候自然就停止了。

【解读】

有了志向的人，如果努力去做的话，最终一定会实现自己的理想和志向。项羽的志向是打败秦国，他去努力了，最终打败了秦国；勾践的志向是复国，他忍气吞声、卧薪尝胆，最终打败了吴国，复兴了越国。

想干大事情的人首先要有个大志向。古语云："有志于功名者，必得功名；有志于富贵者，必得富贵。"或许有很多人对这句话都不是很赞同，有很多人，一辈子都醉心于科举考试，但是都没有成功，就像之前的张畏岩一样，文章写得那么好却依旧不能考中；有很多人都梦想着这辈子能有花不完的钱财，但是依旧衣不蔽体，食不果腹。这能说是他们没志向吗？

这些人当然是有志向，但是要注意一点，有志向的人并不一定能够实现自己的志向。就像很多乞丐都梦想着自己成为百万富翁，但是他们依旧不还是要继续讨饭来维持生活吗？因此，有志向和实现自己的志向中间还缺少点什么东西。正如了凡先生所说的那样："人之有志，如树之有根。"

人的志向，就像是树根一样。有了树根，枝叶才会茂盛。一棵树想要枝繁叶茂，根部就必须发达，没有根部，只是追求枝繁叶茂，这是不可能实现的事情。大树的根部，就是人的志向，立定志向之后，一生追求，虽死不改。譬如孔子，他在十五岁的时候就"吾十五而志于学"，从此之后，一生从未改变过。一棵树因为有根，才能茁壮地成长；那么人也只能是在拥有志向之后，才能获得成功。就比如汉高祖刘邦到咸阳服徭役的时候，正好赶上秦始皇御驾出巡，场面十分盛大，刘邦见到之后，从内到外都十分地羡慕，就感慨道："大丈夫当如此也。"从此，他就有了自己的志向，他立志要当一个帝王。结果呢，他成功了，他成为大汉朝的开国皇帝。而这一切，都是从他最初立下的志向开始的。

一个人的志向，其实就像是一棵树的树根，而这个人实现之后的志向，就应该是长成后的参天大树。从一个小小的树根长成参天大树的过程，就是从拥有志向到实现志向的过程。树木的生长需要养分，那么志向的实现需要什么呢？这需要很多东西，比如说个人的努力、别人的帮助以及恰到好处的机遇等等。还是说汉高祖刘邦，当他立下那个想当帝王的志向之后不久，就赶上了秦末农民起义战争的爆发，当时群雄并起，逐鹿中原，当时他抓住机会，在一群朋友的帮助下率众起义，经过大大小小的无数次战争，最后终于建立了大汉朝，实现了自己的皇帝梦。

所以说，有志向很好，但是要想使得自己的志向能够实现，不是光靠幻想，而是要靠自己的努力去争取。也就是说，不努力，不做出实际的行动，那志向永远也只能是一个志向，不会变成现实，只能深深地隐藏在自己的内心之中。说到了这里，或许还会有人发出疑问，很多人想要得到富贵，也很用心地去算计，去经营了，为什么还是得不到富贵呢？这可能是方法不对，也可能是心中有愧，没有真正地用心去做。

首先，想要实现自己的志向当然要有一个正确的方法，就比如说想赚钱就要努力地去奋斗，而不是天天买彩票等着某日得中大奖；想考功名就要努力学习，不要想着走后门或者是考试中作弊。

其次，只是有一个正确的方法还不行，还要用心去做。用心，说简单点就是要付出真心。譬如说为了赚钱而去工作，但是不用心，结果导致工作根本做不好，这样也是赚不到钱的，只有用心去做，把所有工作都完成得尽善尽美，那么早晚都会有发达的一天；再比如说考功名，为了能考中而努力学习，但是却不用心，学到的知识根本就记不住，也不能消化理解，这样不还是和没学一样，再考又和之前有什么区别呢？

只有用心，把所有的学问全部研究透彻，那还会考不中吗？所以说，想要真正地实现自己的志向必须真正用心地去努力，那才是通向志向的阳光大道。

当然了，了凡先生还认为要想实现自己的志向还有一点那就是"须念念谦虚，尘尘方便"，也就是说必须要谦虚。谦虚的人，大多数都十分低调，不愿意去与别人争一些毫无意义的东西，处处与人方便，待人平心静气，一团和气。之前说过，谦虚对人是很有好处的，起码你对别人好，别人自然也会对你好，当你需要帮助的时候，别人自然会伸出援助之手。而在通往实现志向的道路上，是绝对离不开别人的帮助的。

"今之求登科第者，初未尝有真志，不过一时意兴耳，兴到则求，兴阑则止。"意思是说当今考科举求取功名的那些人，最开始并没有真正地立下志向，只不过是凭借一时的兴趣，兴趣在的时候就考取，没兴趣的时候自然就停止了。兴趣不是志向。什么是兴趣，兴趣就是对某种事物喜好关注的情绪，可能是由于某些特点或者是某种特定的情况才引起的。兴趣不能长久，因为人都有一种厌烦的心理，无论什么样新鲜的东西，时间长了，都会让人产生厌恶的。

那么什么是志向呢？《说文解字》中说："志，心之所向。"也就是说志向是内心中最真实的想法。既然是人内心深处最真实的想法，那么人才能为它去奋斗终生。人，可以没有兴趣，但是不可以没有志向。一个人没有兴趣，那只能说这个人是一个无趣的人；但是一个人如果没有志向，那么这个人活在这个世界上是毫无意义的。

与民同乐和礼乐治国

【原文】

孟子曰："王之好乐甚，齐其庶几①乎？"予于科名亦然。

【注释】

①庶几：差不多。

【译文】

孟子说："大王既然这么喜欢音乐，那么齐国被您治理得也差不多了？"我认为考科举也是这个样子。

【解读】

在这里，了凡先生用了儒家的大圣人孟子的话作为这本《了凡四训》的结尾。这句话出自《孟子·梁惠王下》，意思是，孟子说："大王既然这么喜欢音乐，那么齐国被您治理得也差不多了？"

当时齐国的国君齐宣王非常喜欢音乐，大臣们都十分忧虑。后来有一次，齐国的大臣庄暴就把齐宣王喜欢音乐的事情告诉了孟子。孟子见到了齐宣王，说了这句话。

按照表面的理解，"王之好乐甚，齐其庶几乎"这句话的意思应该是：既然齐宣王那样喜欢音乐，那么齐国就应该治理得差不多了。这句话给人的第一印象貌似不知所谓，喜欢音乐，就能把一个国家治理好，天下间好像都没有这个道理。要是这么说的话，那么这个世界上的所有音乐家就都是优秀的政治家了，就都能领导一个国家了。

其实，这里并不是说一个统治者爱好音乐就能治理国家，而是一个统治者如果爱好音乐的话，可以通过适当的方法达到用音乐教化人民的目的，这样才能治理好国家。当然，这里面最重要的就是统治者要把自己喜欢的音乐传播给自己的子民，不只是光自己喜欢就行。其实这里面包含的道理就是"独乐乐不如众乐乐"。孟子认为，如果齐宣王能把自己喜欢的音乐推广给自己的子民，做到"与民同乐"，那么他就会得到百姓的拥护和爱戴。如果齐国的所有子民都拥护和爱戴齐宣王的话，那么齐国的凝聚力必然是十分强大，百姓们都拥护齐宣王，那么他们的立场就是相同的，这样的话齐国怎么能够不兴旺富强？齐国变得越来越好的话，那不就证明齐宣王把齐国治理得差不多了吗？

孟子的这句话最主要的意思就是让齐宣王明白与民同乐的道理，明白与民同乐的重要性。无论怎么样，只要是齐宣王真喜欢音乐的话，就一定要立志做到与民同乐。

当然，"乐"在这里并不仅仅指音乐，还包括一种制度，是古代用来教化人心的东西。再有，乐在这里面其实也可以指一种思想，这种思想就是"礼乐治国"。

孟子是儒家的圣人，是儒家的代表人物，他的思想当然也是属于儒家的思想，这些东西大家都知道。儒家思想作为统治者治国的思想，主要强调的是仁政。实行仁政只是儒家思想的核心思想，具体到做法上面来说的话，最重要的就是礼乐治国。那么什么是礼乐治国呢？礼乐，其实就是礼乐制度，是周公所制定的，后来受到孔老夫子推崇，按儒家思想的主张，理想的社会秩序是贵贱、尊卑、长幼、亲疏有别，在什么场合奏什么乐也有相应的规定，不能乱来。

礼乐治国分为"礼治"和"乐治"。"乐治"是为了培养人民的美好和谐的感情，"礼治"是要求人民遵守各种行为规范和道德规范。儒家很讲究礼乐治国，用乐来帮助教化，推行善道，这是极好的教化方式，所以古代很多圣贤都主张礼乐治国。礼乐治国能够教化人民，使得民心淳朴善良，那样整个国家才能有实现大治的基础。"乐"其实是十分重要的东西，很多地方都会用到，比如说一些宗教就很重视"乐"。例如佛教里面就常用梵呗，梵呗也是一种乐，也是修行佛法必不可少的工具。古代很多修佛的人，经常是高声唱佛，时间长了，达到物我两忘的境界。

如果一个国家的国君喜好雅乐，爱好礼乐，十分坚定地树立一个以礼乐治国的志向，并且从此之后能够坚定不移地施行礼乐治国的方针，并且一生都不懈怠，他的国家必然大治，国家也必然会繁荣富强。因此，孟子对齐宣王所说的话也可以理解为：既然齐宣王那样崇尚礼乐，那么就不妨坚定地树立一个以礼乐治国的方针，然后去施行，那么齐宣王一定能够把齐国治理得很好。

当然了，对于孟子这句话的意思，无论是理解为与民同乐还是理解为礼乐治国，都没有太大的影响，重要的是要为自己立下一个远大的志向，并且按照自己的志向坚定不移地去努力。

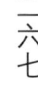

"予于科名亦然",这句话其实是表达了了凡先生对待科举的态度。真正有志于参加科举考试考取功名的人,就必须把考中功名当作自己毕生的志向,坚定不移、矢志不渝地努力前进。只要能够坚持下去,早晚一定能够金榜题名。

其实,不仅是科举考试,做什么事情都是一样,只要是立下了志向,就一定要坚定不移地向前进。只有向前进,才能最终获得实现志向的机会。过去的已经过去,现在的也将要过去,只有未来才是我们最终的目标。

图书在版编目（CIP）数据

了凡四训：详解版/（明）袁了凡著；陈美锦编译. — 北京：中国华侨出版社，2014.7（2024.6重印）
ISBN 978-7-5113-4773-2

I.①了⋯ II.①袁⋯ ②陈⋯ II.①家庭道德 — 中国 — 明代 ②《了凡四训》— 译文 IV.① B823.1

中国版本图书馆 CIP 数据核字（2014）第 153012 号

了凡四训：详解版

著　　者：〔明〕袁了凡
编　　译：陈美锦
责任编辑：刘晓燕
封面设计：冬　凡
图文制作：北京东方视点数据技术有限公司
经　　销：新华书店
开　　本：720 毫米 ×1020 毫米　1/16 开　印张：17.5　字数：300 千字
印　　刷：三河市华成印务有限公司
版　　次：2014 年 9 月第 1 版
印　　次：2024 年 6 月第 13 次印刷
书　　号：ISBN 978-7-5113-4773-2
定　　价：55.00 元

中国华侨出版社　北京市朝阳区西坝河东里 77 号楼底商 5 号　邮编：100028
发行部：（010）88893001　传　真：（010）62707370

如果发现印装质量问题，影响阅读，请与印刷厂联系调换。